经全国职业教育教材审定委员会审定
"十四五"职业教育国家规划教材

概 论

《人工智能概论》编写组 编

夏成满 主编

南京大学出版社

图书在版编目(CIP)数据

人工智能概论 /《人工智能概论》编写组编. -- 南京：南京大学出版社，2021.1(2024.9重印)
ISBN 978-7-305-24203-8

Ⅰ.①人… Ⅱ.①人… Ⅲ.①人工智能—概论 Ⅳ.①TP18

中国版本图书馆 CIP 数据核字(2021)第 023492 号

出版发行　南京大学出版社
社　　址　南京市汉口路 22 号　　邮　编　210093

书　　名　**人工智能概论**
　　　　　RENGONG ZHINENG GAILUN
编　　者　《人工智能概论》编写组
责任编辑　黎　瑛　　　　　　　编辑热线　(025)83305645

照　　排　南京布克文化发展有限公司
印　　刷　南京人文印务有限公司
开　　本　787 mm×1092 mm　1/16 开　　印张　18　字数　411 千字
版　　次　2021 年 1 月第 1 版
印　　次　2024 年 9 月第 9 次印刷
ISBN　978-7-305-24203-8
定　　价　48.00 元

网　　址　http://www.njupco.com
官方微博　http://weibo.com/njupco
官方微信号　njupress
销售咨询热线　(025)84461646

* 版权所有，侵权必究
* 凡购买南大版图书，如有印装质量问题，请与所购图书销售部门联系调换

本书编写组

主　编　夏成满
副主编　徐　伟
编　委　贲道鹏　沈　银　余　雷　俞志友
　　　　　　蒋华平　王　进　谢留婉　谈李清
　　　　　　李　宁　戚　伟　胡宏飞　程曦浩
　　　　　　刘为玉　周生强　祁丽春　陈　磊
　　　　　　江　丽

前　言

党的二十大报告强调："推动战略性新兴产业融合集群发展，构建新一代信息技术、人工智能、生物技术、新能源、新材料、高端装备、绿色环保等一批新的增长引擎。"当前，人工智能日益成为引领新一轮科技革命和产业变革的核心技术，在制造、金融、教育、医疗和交通等领域的应用场景不断落地，深刻改变了人类社会的生产生活方式和思维模式，已经成为国际竞争的新焦点。为此我国政府制定了《新一代人工智能发展规划》，将人工智能上升到国家战略层面，并提出人工智能产业要成为新的重要经济增长点，要在2030年让中国成为世界主要人工智能创新中心，为跻身创新型国家前列和经济强国奠定重要基础。与此同时，人工智能技术已经全面融入医疗、工业、农业、商业、教育、公共安全等领域，催生新的业态和商业模式，引发产业结构的深刻变革。中国信息通信研究院研究数据显示，2020年，全球人工智能产业规模已达到1565亿美元，同比增长12%；中国人工智能产业规模大约3100亿元人民币，同比增长15%。人工智能已经深刻地影响着我们每个人的生活。

为了让同学们尽早接触人工智能相关知识，江苏联合职业技术学院组织编写了《人工智能概论》一书。本书是为五年制高职学生量身定制的通识教材，旨在帮助学生了解和掌握人工智能的理论基础和技术应用，以更好地应对人工智能时代，同时也为对人工智能学科感兴趣的同学打好知识基础。全书共有十四个任务，从人工智能的发展历程开始谈起，重点介绍人工智能的核心技术和主要应用，最后探讨人工智能的未来发展。全书内容全面丰富，涉及大数据、人工智能算法、图像识别、语音识别、专家系统、智慧教育、智慧城市、智慧商业、智慧医疗、智能家居、智能制造等诸多方面。

本书每一任务开篇均以活泼生动的案例导读引入，统领任务主题，在文中设置了"知识链接""延伸阅读""小试牛刀""思维与操作实训"等多个栏目。全书文字精炼、活泼，兼具科学性、趣味性和可读性，内容编排上充分考虑了五年制高职学生的学习特点和实际需求，遵循由浅入深、由理论到应用这一逻辑顺序。

本书撰写者均为在教学一线工作多年的教师，具有扎实的理论功底和丰富的实践经验。各任务具体编写分工如下：任务一，俞志友（江宁分院）；任务二，蒋华平（武进分院）；

任务三,王进(扬州旅游商贸学校办学点);任务四,谢留婉(苏州工业园区分院);任务五,谈李清(无锡机电分院);任务六,李宁(金陵分院);任务七,戚伟(徐州财经分院);任务八,胡宏飞(陶都中专办学点);任务九,程曦浩(苏州工业园区分院);任务十,刘为玉(连云港工贸分院);任务十一,周生强(徐州财经分院);任务十二,祁丽春(常熟分院);任务十三,陈磊(如东分院);任务十四,江丽(惠山中专办学点)。徐伟同志全程参与了本书的框架设计和前期统稿工作,并多次提出修改意见。夏成满同志对全书做了统稿。

  本书在编写过程中,充分参考和借鉴了中外学者的著作和研究成果,并在文中的注释或文后的参考文献中做出说明,在此表示感谢!同时也向对本书编写提供指导帮助的专家和学者表示感谢!最后,衷心希望阅读本书的学生和教师能够有所收获!

本书编写组

目　录

任务一　人工智能——开启未来的钥匙 · 1
　1.1　无处不在的人工智能 · 2
　1.2　人工智能的内涵 · 5
　1.3　人工智能的发展历程 · 7
　1.4　人工智能的主要流派 · 10
　1.5　我国人工智能领域发展现状 · 12

任务二　大数据——人工智能发展的能量源 · 20
　2.1　大数据是什么 · 20
　2.2　大数据的特征 · 22
　2.3　大数据的发展历程 · 23
　2.4　大数据的应用 · 25
　2.5　大数据促进人工智能发展 · 28
　2.6　大数据与人工智能的前景 · 30

任务三　人工智能——常见算法 · 34
　3.1　遗传算法 · 34
　3.2　免疫算法 · 37
　3.3　蚁群算法 · 41
　3.4　粒子群算法 · 44
　3.5　模拟退火算法 · 48

任务四	**让机器能看会认** …… 52
	4.1 模式识别 …… 53
	4.2 图像分类 …… 58
	4.3 机器视觉与图像处理 …… 61
	4.4 智能图像识别技术 …… 65
	4.5 图像识别技术的典型应用 …… 69

任务五	**让机器能说会道** …… 75
	5.1 语音识别系统 …… 76
	5.2 语音控制系统 …… 81
	5.3 语音交互系统 …… 84
	5.4 智能翻译系统 …… 91
	5.5 语音识别技术的典型应用 …… 95

任务六	**让机器成为大师** …… 99
	6.1 专家系统及其发展 …… 99
	6.2 专家系统与知识工程 …… 101
	6.3 专家系统的结构和特点 …… 106
	6.4 经典的专家系统 …… 108
	6.5 专家系统的局限性 …… 114

任务七	**让机器自主学习** …… 116
	7.1 机器学习 …… 116
	7.2 数据采集与标注 …… 119
	7.3 特征提取 …… 125
	7.4 数据分类 …… 130
	7.5 神经网络与深度学习 …… 134

任务八	**人工智能助力教育变革** …… 142
	8.1 创造更智慧的校园 …… 142

  8.2 实现更高效的教学 ················· 148
  8.3 实现终身学习 ····················· 152

任务九 人工智能点亮现代城市 ················· 154
  9.1 智慧城市，塑造美好生活 ············· 155
  9.2 人脸识别，永不忘带的身份证 ··········· 158
  9.3 物品识别，成就智能化时代 ············ 161
  9.4 交通精细管理，提升出行效率 ··········· 165
  9.5 智能出行，享受每一次旅程 ············ 170
  9.6 自动驾驶，让出行更安全 ············· 172
  9.7 智慧社区，让家更温暖 ··············· 178

任务十 人工智能打造智慧商业 ·················· 183
  10.1 人工智能与新零售 ················· 184
  10.2 人工智能与商业机器人 ·············· 187
  10.3 智慧物流 ······················ 191
  10.4 精准营销和选择性推送 ·············· 194
  10.5 商业零售客流统计 ················· 197
  10.6 人工智能引领商业变革 ·············· 198

任务十一 人工智能促进医疗腾飞 ················ 201
  11.1 人工智能助力疾病预防和诊断 ··········· 202
  11.2 医疗机器人 ····················· 207
  11.3 虚拟护士 ······················ 212
  11.4 智能康复设备 ···················· 215

任务十二 人工智能营造智能家居 ················ 220
  12.1 物联网与智能化生活 ··············· 221
  12.2 智能安防 ······················ 225
  12.3 智慧管家 ······················ 228
  12.4 打造自己的智慧家居 ··············· 232

12.5　家庭智能化时代的展望 ························· 238

任务十三　人工智能重塑现代制造业 ························· 242
13.1　智能工厂 ························· 242
13.2　智能生产 ························· 245
13.3　工业机器人在制造业的广泛应用 ························· 248
13.4　中国制造到中国智造——企业升级的必然之路 ························· 251

任务十四　人工智能的未来篇 ························· 254
14.1　人工智能未来发展规划——国家层面 ························· 255
14.2　人工智能对未来职业的影响 ························· 260
14.3　人工智能对人类伦理与道德的挑战 ························· 265
14.4　人工智能带来的法律挑战 ························· 268
14.5　未来的人工智能社会 ························· 271

参考文献 ························· 275

人工智能——开启未来的钥匙

案例导读

2016年3月,人工智能阿尔法狗(AlphaGo)战胜世界围棋冠军、职业九段棋手李世石,引发全球对"人工智能"的关注。人们惊奇地发现,人工智能已在不知不觉中成长,其学习能力和智能化程度远超人们的想象。如今,在社会各领域,越来越多的人工智能技术被加以应用,深刻改变了产业形态、推动产业转型升级。

近年来,人工智能不再局限于科技领域与商业应用,越来越多的人工智能产品落地开花,走入人们的日常生活,为人们的衣食住行带来便利。

在河北省雄安新区,首家"无人超市"正式运营。顾客通过刷脸进店,商品上的价签都含有电子芯片,可以完成自动识别、自动结算。凭借人脸识别和行为抓取等技术,超市里基本实现了"0"工作人员,大大缩短了顾客的结账时间。

在北京国际图书城,占地30平方米的"新华生活+24小时无人智慧书店"是北京首家24小时无人值守的智慧书店。从读者刷脸扫码进门,到挑选商品,再到机器人扫码结算、读者离开,所有环节均无人值守。

在上海松江,全球首个无人驾驶清洁车亮相于此。从表面上看,它与普通的环卫清洁车并没有太大区别,但每天凌晨,车队会启动自动苏醒作业,从停车位缓慢出发进行清扫。由于车头、车身装有许多传感器,车辆在运行过程中能感知自己所在的位置、识别红绿灯,并在遇到障碍物、路人时自动绕开。

同样是在上海,国内首家"无人银行"正式启用。走进这家银行,机器人"大堂经理"会主动接待,通过"自然语言交流系统"与客户交流互动,引导客户进入不同的服务区域。据悉,90%以上现金及非现金业务都能在无人银行通过机器办理,贵宾客户还可享受1对1专线在线视频咨询服务。

——《人工智能正在改变未来》,人民网,2019年3月11日

1.1　无处不在的人工智能

伴随围棋机器人 AlphaGo 的胜利、无人驾驶的成功,深度学习在各领域取得突破性进展……人工智能正以前所未有的速度改变着世界。

抛开人工智能就是代替人们劳动的人形机器人的固有偏见,人工智能已无处不在。我们先来看看,生活中不可或缺的智能手机到底藏着多少人工智能:今日头条、淘宝等软件智能推送新闻、信息;智能相机自动成像,智能修饰照片人物、场景等效果;美图秀秀利用人工智能技术自动对照片进行美化,部分 App 还能基于我们拍摄的图片和视频进行"艺术创作";在人工智能的驱动下,谷歌、百度、搜狐等各种搜索引擎,早已提升到了智能问答、智能搜索的新阶段,以谷歌为代表的机器翻译技术有了飞速发展;使用滴滴出行、美团打车时,人工智能不但可以帮助我们选择司机,还能帮助优化路线,相信不远的将来,自动驾驶技术还会提升我们智能出行、智能交通的水平,从而丰富智慧城市;天猫、京东等购物平台使用人工智能技术为我们推送适合的商品;先进的仓储系统和机器人物流系统,正帮助电子商务企业高效而准确地分发货物。这所有的应用,都意味着人工智能已经渗透到我们工作和生活的各个方面,人工智能无处不在。

图 1-1　人工智能机器人概念图

那到底什么是人工智能呢?

美国尼尔逊教授对人工智能下了这样一个定义:"人工智能是关于知识的学科,是有关于怎样表示知识以及怎样获得知识并使用知识的科学。"而温斯顿教授则认为:"人工智能就是研究如何使计算机去做过去只有人才能做的智能工作。"两位教授的观点反映了人工智能学科的基本思想和基本内容,即人工智能是研究人类智能活动的规律,构造具有一定智能的人工系统,也就是说研究如何应用计算机的软硬件来模拟人类某些智能行为的基本理论、方法和技术。

与很多自然科学不同的是,缺乏一个精确的、普遍接受的定义反而推动了人工智能的快速发展。人工智能的从业者、研究人员和开发者,大多是按照自己朦胧的方向感以及努力跟上发展形势的紧迫感在该领域探索。没有精确定义和明确边界的人工智能,发展过程中融合了统计学、神经科学信息论、控制论等多个学科的知识,并在专家系统、自然语言处理、计算机视觉、智能机器人等多个分支大放异彩。

1936年,计算机科学理论奠基人艾伦·麦席森·图灵向伦敦某权威数学杂志投去一篇论文,题为《论数字计算在决断难题中的应用》。在这篇开创性的论文中,图灵给"可计算性"下了一个严格的数学定义,并提出著名的"图灵机"(Turing Machine)的设想,他也因此被称为"人工智能之父"。20世纪50年代,图灵提出了著名的"图灵测试"(The Turing Test):测试者(一个人)在与被测试者(一台机器)隔开的情况下,通过一些装置(如键盘)向被测试者随意提问。进行多次测试后,如果机器让每个参与者平均做出超过30%的误判,那么这台机器就通过了测试,并被认为具有人类智能。图灵写于1950年的一篇论文《计算机器与智能》中,对2000年后的机器思考能力做出一种预测。他当时预言,2000年后,人类应该可以用计算机设备,制造出在测试中骗过30%以上成年人的人工智能机器。

图1-2 计算机科学理论奠基人
艾伦·麦席森·图灵

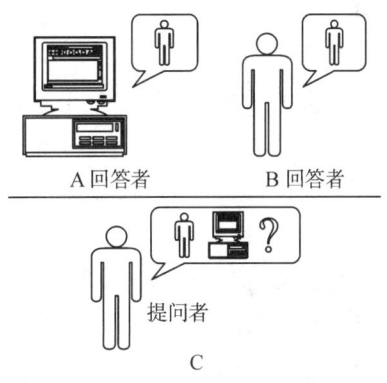

图1-3 "图灵测试"示意图

2014年6月8日,一台计算机尤金·古斯特曼(它并不是超级计算机,也不是电脑,而是一个聊天机器人,是一个电脑程序)成功地让人类相信它是一个13岁的男孩,成为有史以来首台通过"图灵测试"的计算机。这被认为是人工智能发展的一个里程碑事件。2015年11月,*Science*杂志封面刊登了一篇重磅研究:人工智能终于能像人类一样学习,并通过了"图灵测试"。测试的对象是一种AI系统,研究者向它展示书写系统中未见过的一个字符,让它写出同样的字符、创造相似字符等。结果表明,这个系统能够迅速学会写陌生的文字,同时还能识别出非本质特征(也就是那些因书写造成的细微变异),通过了"图灵测试",这也是人工智能领域的一大进步。

图灵奖得主马文·明斯基将人工智能定义为"让机器做本需要人的智能才能够做到的事情的一门科学";而人工智能另一位代表人物、图灵奖和诺贝尔奖双料得主玛贺认为智能是对符号的操作,而最原始的符号对应于物理客体。

1956年夏天,在美国达特茅斯学院召开了历时两个多月的会议,学者经过充分的讨论,首次提出了"人工智能"(Artificial Intelligence,AI)这一术语。斯坦福大学人工智能实验室的教授尼尔斯.J.尼尔森提供了一个可供参考的定义:"人工智能致力于使机器智能化,智能化是衡量实体在特定环境中反应和判断能力的定量指标。"从这个角度来看,如何定义AI取决于研究者更加看重软硬件系统的"反应"能力还是软件系统的"判断"能力。功能简单的计算机器计算速度比人脑快,而且从不出错,这能算是一种计算器智能吗?我们同尼尔森的观点一样,认为应当从多维谱系来看待智能。在我们看来,计算器和人脑之间的差异不是单一维度的,而是包括规模、速度、自治程度和通用性等多个维度。这种方法还可以用于比较其他设备的智能,比如智能语音识别软件、动物大脑、汽车的巡航控制系统、围棋程序、恒温器等。以我们宽泛的解释,可以把计算器放到智能频谱中,但是这种简单的设备和今天的AI并没有什么相似之处。AI的前沿进展日新月异,而计算器的功能即便在今天我们所使用的智能手机中,也只是众多功能里面的一个。

知识链接

马文·明斯基

马文·明斯基(1927年8月9日—2016年1月24日),出生于美国纽约的一个眼科医生家庭。他从小学就对电子学和化学情有独钟,高中毕业时他加入海军,退伍后进入哈佛大学深造,1950年进入普林斯顿大学攻读数学博士学位。在取得博士学位后,约翰·冯·诺依曼、诺伯特·维纳、克劳德·香农引荐他成为哈佛大学的助理研究员,并一举发明了激光共聚焦扫描显微镜。1956年,明斯基与麦卡锡、香农等人一起发起并组织了"达特茅斯会议",提出"人工智能"概念。这一时期,他开始致力于使用"符号操作"方式研究人工智能,并写出了《迈向人工智能》(Steps Toward Artificial Intelligence)这一论文,论述了启发式搜索、模式识别、学习计划和感应等主题。1958年,他离开哈佛大学,进入麻省理工学院,之后不久,麦卡锡也由达特茅斯来到麻省理工学院与他会合,共同建立了

图1-4 马文·明斯基

世界上第一个人工智能实验室。在那里，明斯基设计和建造了一个带有扫描仪和触觉传感器的14度自由机械手，可以像人一样搭积木。

马文·明斯基最早与他人联合提出了"人工智能"概念，是人工智能领域图灵奖的获得者；是世界上第一个人工智能实验室联合创始人；是虚拟现实的最早倡导者，影响了阿西莫夫的机器人三大定律；他的代表作《情感机器》(The Emotion Machine)构建了未来会思考的机器人的蓝图，影响了无数人工智能领域的专家、学者。

——根据百度百科资料整理

小试牛刀

1. 什么是人工智能？谁被誉为"人工智能之父"？
2. 人工智能是何时、何地、怎样诞生的？

1.2 人工智能的内涵

一、人工智能的内涵

人工智能是一门新兴的综合的技术科学。自20世纪50年代以来，学界和业界对人工智能的理解众说纷纭，科技和商业的多元化发展导致对人工智能的定义、发展方向以及表现形式的理解各异。用来研究人工智能的主基础设备以及能够实现人工智能技术平台的机器就是计算机，人工智能的发展史是和计算机科学技术的发展史联系在一起的。除了计算机科学以外，人工智能还涉及信息论、控制论、自动化、仿生学、生物学、心理学、数理逻辑、语言学、医学和哲学等多门学科。人工智能学科研究的主要内容包括：知识表示、自动推理和搜索方法、机器学习和知识获取、知识处理系统、自然语言理解、计算机视觉、智能机器人、自动程序设计等方面。根据人工智能的内涵，人工智能可以分为类人行为（模拟行为结果）、类人思维（模拟大脑运作）、泛（不再局限于模拟人）智能。

让我们从以下两个方面总结和理解人工智能的内涵。

（一）结构方面

从结构上说，人工智能的内涵可分为三个层次：第一层主要是基础硬件和软件方面的研发，主要包括核心芯片、技术平台、数据中心、云计算服务系统、操作系统、网络运营商等；第二层主要是技术方面的研发，如计算机视觉、机器学习、深度学习、自然语言处理、数据挖掘、人机交互等各类软件的开发；第三层主要是应用方面的开发，如智能家居、智能医疗、智能教育、电子商务、机器人、智慧金融等各个方面。

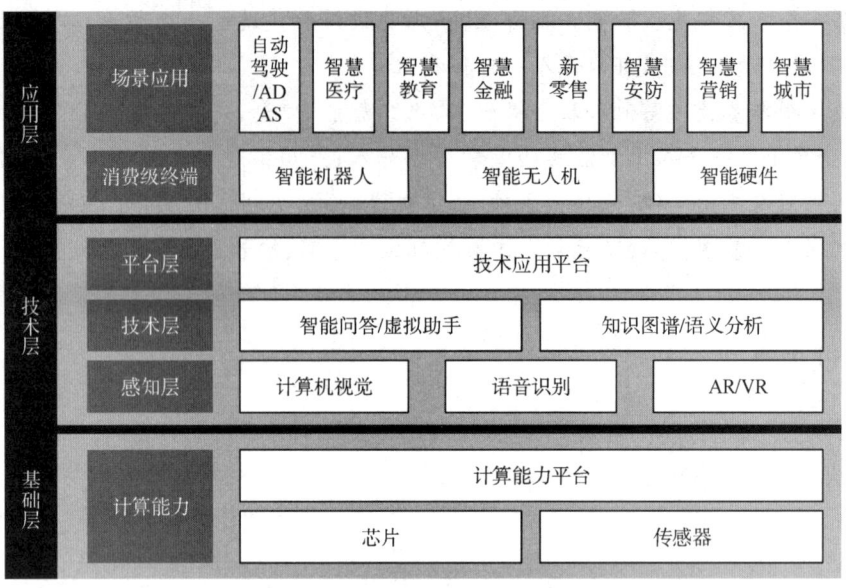

图1-5 人工智能内涵结构分类图

（二）与人的关系方面

从人工智能与人的关系上说，人工智能的内涵包括机器主导、人主导、人机融合。现阶段，人工智能正在从专有人工智能向通用人工智能发展过渡，如互联网技术公司阿里云研发出的人工智能ET（人工智能系统）。ET基于强大的云计算能力，学习海量的人类大数据，正应用于工作、生活各个领域并不断进化，目前已具备智能语音交互、图像/视频识别、交通预测、情感分析等技能。ET能实现直播实时字幕、看图说话、个性化推荐、体育视频分析，帮助人们更好地接收和处理各种格式的信息；还能提供包括智能客服、工业设备异常检测、法庭庭审速记、金融风控、电子商务恶意行为监测等企业解决方案，帮助企业减低成本、提高效率、降低风险；并实现了交通预测和社会公众趋势预测，提高社会公众服务和管理水平。

二、人工智能的任务

人工智能涵盖了感知、学习、推理、决策等各类能力，其核心是能根据给定的输入做出判断或预测。人们通常将人工智能应用层任务划分为四大类。

（一）计算机视觉

计算机视觉主要是运用摄像头或电脑代替人眼功能，其主要任务包括：图像分类，为图片打上对应标签；物体检测，找到物体的位置并识别；语义分割，找到物体之间的关联；视频分析，识别视频中的内容。除此之外，计算机视觉技术还有人体姿态识别、目标跟踪、边缘检测、稠密运动等衍生任务。计算机视觉是目前应用最广泛的人工智能技术，如手机拍照中的人脸定位、银行中的人证比对、自动驾驶、安防、医疗影像辅助诊断等。

（二）自然语言处理

自然语言处理是指让计算机理解，或者假装理解人类的语言，并完成一系列与文字相关的任务。其主要功能包括：机器翻译，即通过计算机将一种自然语言转换成另一种自然语言；中文自动分词，即利用计算机自动对中文文本进行词语切分；问答系统，即能够自动回答问题的对话系统。除此之外，自然语言处理技术还有信息抽取、阅读理解、自动摘要、文本分类等功能。自然语言处理技术被广泛应用于翻译、舆情监控、数据分析、知识图谱构建等。

（三）语音任务

语音技术的主要功能包括：语音识别，即将人类的语音转换成文字；语音合成，即将文字信息转换成人类听得懂的语音；声纹识别，即识别说话者是谁。语音任务被广泛应用于需要用语言进行交流的领域，如语音输入、智能助理、智能音箱、机器人客服、语言测试等。

（四）知识、推理、推荐等复合型任务

知识图谱（Knowledge Graph），是指由节点和边组成的语义网络，可以将现实世界映射到数据世界，被应用于问答系统、数据挖掘、金融风控、医疗辅助诊断等各类应用中；推荐系统是一种信息过滤系统，其算法可以根据用户的历史行为、社交关系、兴趣点判断用户当前感兴趣的物品或内容，被广泛应用于广告、电商、线上社区等互联网应用中。

小试牛刀

1. 根据人工智能的内涵，人工智能可以分为几类？
2. 人工智能涵盖哪些能力，其核心是什么？

1.3 人工智能的发展历程

一、世界人工智能的发展历程

人工智能，作为探讨人脑和心智原理的尖端科学和前沿性的研究，半个多世纪以来，经历了艰难曲折的发展过程，大致上可以划分为以下几个发展阶段。

（一）人工智能孕育期（1956年前）

早在1000多年前，人类就有了企图用机器代替人从事劳动的想法和实践，但因条件的限制，先驱们的种种尝试没有完全实现。进入20世纪后，英国科学家图灵于1936年提出了图灵机模型，1945年论述了电子计算机的设想，1950年提出了机器能思维的论述，为人工智能的发展做出了杰出贡献。

（二）人工智能概念的提出及第一次高发展期（1956—1974）

在1956年的达特茅斯会议上，"人工智能"的概念被首次提出。在之后的几年内，人工智能迎来了发展史上的第一个小高峰，研究者们疯狂涌入，取得了一批瞩目的成就，比如1959年，第一台工业机器人诞生；1964年，第一台聊天机器人诞生。但是，由于当时计算能力的严重不足，在20世纪70年代，人工智能迎来了第一个寒冬。早期的人工智能大多是通过固定指令来执行特定的问题，并不具备真正的学习和思考能力，问题一旦变复杂,人工智能程序就不堪重负,变得不智能了。

(三) 人工智能发展第一次低谷期(1974—1980)

20世纪70年代初,由于计算机运算能力遭遇瓶颈,无法解决复杂数型计算问题。研究者逐渐发现,虽然机器拥有了简单的逻辑推理能力,但遭遇到当时无法克服的基础性障碍,AI停留在简单的初级阶段,远达不到曾经预言的完全智能。神经元网络研究的学者遭遇冷落。此前的过于乐观使人们期待过高,当AI研究人员的承诺无法兑现时,公众开始激烈批评AI研究人员,许多机构不断减少对人工智能研究的资助,直至停止拨款。

(四) 人工智能第二次高发展期(1980—1987)

1980年,卡内基梅隆大学设计出了第一套专家系统——XCON。该专家系统具有一套强大的知识库和推理能力,可以模拟人类专家来解决特定领域问题。从这时起,机器学习开始兴起,各种专家系统开始被人们广泛应用。美国、日本等国政府机构开始投入大量资金用于人工智能开发。与此同时,神经元网络研究的学者研究出了新的算法,重新受到社会的关注。研究人员首次提出智能机器必须具有躯体,它需要有感知、移动以及交互的能力,这也促进了未来自然语言、机器视觉的发展。

(五) 人工智能发展第二次低谷期(1987—1993)

好景不长,随着专家系统的应用领域越来越广,问题也逐渐暴露出来。专家系统应用领域有限,经常在常识性问题上出错,而且更新迭代和维护成本非常高。受到个人电脑的发展冲击,商业机构对人工智能追捧热度下降。日本人设定的"第五代计算机工程"最终也没能实现。人工智能研究再次遭遇了财政困难,迎来了第二个"寒冬"。

(六) 人工智能第三次高发展期(1994年至今)

在摩尔定律下,计算机性能不断突破。云计算、大数据、机器学习、自然语言和机器视觉等领域发展迅速,人工智能迎来第三次高潮。1997年,IBM公司的"深蓝"计算机战胜了国际象棋世界冠军卡斯帕罗夫,成为人工智能史上的一个重要里程碑事件。2005年,美国斯坦福大学开发的一台机器人在一条沙漠小径上成功地自动行驶了约211公里,赢得了美国DARPA(国防高等研究计划署)举办的挑战赛的头奖。2006年,李飞飞教授意识到了专家学者在研究算法的过程中忽视了"数据"的重要性,于是开始带头构建大型图像数据集——ImageNet,图像识别大赛由此拉开帷幕。同年,由于人工神经网络的不断发展,"深度学习"的概念被提出,之后,深度神经网络和卷积神经网络开始不断映入人们的眼帘。深度学习的发展又一次掀起人工智能的研究狂潮,这一狂潮至今仍在持续。

二、我国人工智能的发展历程

20世纪50—70年代,人工智能在西方国家得到重视和发展,在苏联却受到批判,被斥为"资产阶级的反动伪科学"。当时,我国受苏联批判人工智能和控制论的影响,几乎没有进行人工智能研究。20世纪六七十年代,人工智能在中国要么受到质疑,要么与"特异功能"一起受到批判,被认为是伪科学,这使中国的人工智能走过一段很长的弯路。

20世纪70年代末至80年代,知识工程和专家系统在欧美发达国家得到迅速发展,并取得重大的经济效益。当时中国相关研究仍处于艰难起步阶段,一些基础性的工作得以开展。

1978年3月,全国科学大会在北京召开,邓小平重申了"科学技术是生产力"这个马克思主义观点。改革开放的春风让广大科技人员出现了思想大解放,人工智能也在酝酿进一步的解禁。著名数学家吴文俊提出的利用机器证明与发现几何定理的新方法——几何定理机器证明,获得1978年全国科学大会重大科技成果奖。

图1-6 著名数学家、中国科学院院士吴文俊

自1980年起,中国大批派遣留学生赴西方发达国家研究现代科技,学习科技新成果,其中包括人工智能和模式识别等学科领域。1981年9月,中国人工智能学会(CAAI)在长沙成立,中国人工智能学会刊物《人工智能学报》在长沙创刊,成为国内首份人工智能学术刊物。

1984年1月和2月,邓小平分别在深圳和上海观看儿童与计算机下棋时,指示"计算机普及要从娃娃抓起"。此后,中国人工智能研究的境遇有所好转。20世纪80年代中期,中国的人工智能迎来曙光,开始走上比较正常的发展道路。

1984年,原国防科工委(已撤销,其大部分职能归于现在的工业和信息化部)召开了全国智能计算机及其系统学术讨论会,1985年又召开了全国首届第五代计算机学术研讨会。1986年起,我国把智能计算机系统、智能机器人和智能信息处理等重大项目列入国家高技术研究发展计划("863计划")。

1989年,我国首次召开了中国人工智能联合会议。1993年起,我国把智能控制和智能自动化等项目列入国家科技攀登计划。进入21世纪后,更多的人工智能与智能系统研究课题获得国家自然科学基金重点和重大项目、国家高技术研究发展计划和国家重点基础研究发展计划("973计划")项目、科技部科技攻关项目、工信部重大项目等各种国家基金计划支持,并与中国国民经济和科技发展的重大需求相结合,力求为国家做出更大贡献。

近两年来,中国的人工智能已发展成国家战略。国家领导人多次发表重要讲话,对发

展中国人工智能和机器人学给予高屋建瓴的指示与支持。

知识链接

摩尔定律是英特尔创始人之一戈登·摩尔于1965年4月提出的,其核心内容为:集成电路上可以容纳的晶体管数目在大约每经过24个月便会增加一倍。换言之,处理器的性能每隔两年翻一倍。摩尔定律并非数学、物理定律,而是对发展趋势的一种分析和预测,是经验之谈。因此,无论是它的文字表述还是定量计算,都应当给予一定的宽容度。摩尔定律问世已50多年,人们不无惊奇地看到半导体芯片制造工艺水平以一种令人目眩的速度提高。从这个意义上看,摩尔的预言是准确而难能可贵的,所以才会得到业界人士的公认,并产生巨大的反响。

——根据百度百科资料整理

小试牛刀

1. 世界人工智能的发展经历了哪些阶段?
2. 我国人工智能的发展历程是什么?

1.4 人工智能的主要流派

通过机器模仿实现人的行为,让机器具有人类的智能,是人类长期以来追求的目标。如果从1956年正式提出人工智能学科算起,人工智能领域的派系之争伴随人工智能的研究发展已有70多年的历史。这期间,不同学科背景的学者对人工智能做出了各自的解释,提出了不同的观点,由此产生了不同的学术流派。其中对人工智能研究影响较大的有符号主义、联结主义和行为主义三大流派,三大流派对人工智能的不同理解又延伸出了不同的发展轨迹。

一、人工智能三大主要流派

(一)符号主义

符号主义是一种基于逻辑推理的智能模拟方法。其原理主要为物理符号系统假设和有限合理性原理,长期以来一直在人工智能研究中处于主导地位。符号主义曾长期一枝独秀,为人工智能的发展做出了重要贡献,对人工智能走向工程应用具有特别重要的意义。在人工智能的其他学派出现之后,符号主义仍然是人工智能的主流派别。

(二)联结主义

联结主义的原理主要为神经网络及神经网络间的联结机制与学习算法。联结主义学派把人的智能归结为人脑的高层活动,强调智能的产生是大量简单的单元通过复杂的相互联结和并行处理的结果。它从神经元开始进而研究神经网络模型和脑模型,开辟了人工智能的又一发展道路。

（三）行为主义

行为主义是一种基于"感知—动作"的行为智能模拟方法。行为主义学派认为，人工智能源于控制论。该学派早期的研究重点是模拟人在控制过程中的智能行为和作用，并进行"控制论动物"的研制。到 20 世纪 60—70 年代，该流派播下智能控制和智能机器人的种子，并在 20 世纪 80 年代诞生了智能控制和智能机器人系统。20 世纪末，行为主义正式提出智能取决于感知与行为以及对外界环境的自适应能力的观点。至此，行为主义成了一个新的学派，在人工智能的舞台上拥有了一席之地。这一学派的代表作首推布鲁克斯的六足行走机器人，它被看作新一代的"控制论动物"，是一个基于"感知—动作"模式模拟昆虫行为的控制系统。

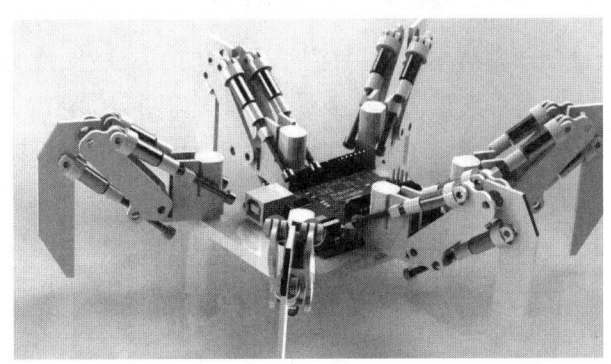

图 1-7　行为主义代表作布鲁克斯的六足行走机器人

二、人工智能主流派系的发展

早在达特茅斯会议之前，图灵就提出过"图灵机"这样的人工智能前沿概念。在斗争之初的几十年间，联结主义派的论文引用率一直领先。在奉行"联结主义"的机器学习成为主流之前，"联结主义"者曾长期受到"符号主义"者的压制。

20 世纪 60 年代初，美国国防高级研究计划署对人工智能领域进行了数百万美元的投资，人工智能也迎来了第一个黄金发展期。情况在 1969 年起了变化，"符号主义"代表人物马文·明斯基写了一本名为《感知机：计算几何学》的书，在那一年，明斯基获得了图灵奖。不久，因计算力的匮乏，"符号主义"迎来了第一次寒冬。

20 世纪 70 年代中期，专家系统的出现将人工智能带入黄金时代。它其实就是一套计算机软件，能够模拟人类专家回答问题，不过它的智能仅局限在一个狭窄的领域。与此同时，"联结主义"也在悄悄发展，约翰·霍普菲尔德在 1982 年发现了具有学习能力的神经网络算法。就在"符号主义"春风得意的时候，Lisp Machine（专门被用来优化运行 Lisp 程序的计算机）的滞后让两派力量再次发生了逆转。20 世纪 80 年代，研究人工智能的学校都买入了这种机器，最后却发现用它们无法实现人工智能。后来 IBM PC 和苹果电脑出现了，比 Lisp Machine 便宜，运算力却更强。然而人工智能还是进入了第二次寒冬。

图1-8 "联结主义"代表人物约翰·霍普菲尔德

20世纪80年代中期,"联结主义"者找到了更简单的方法:支持向量机,因为它消耗的计算资源更少。之后,长短期记忆算法被提出,促使深度学习霸占了学术界和工业界。从2010年开始,机器学习成了人工智能的行业主导。人工智能在机器学习的帮助下,取得了巨大成就,标志着人工智能的彻底复苏。如今最热的人工智能的概念均出自"联结主义"学派。近年来,计算机硬件的发展更是让"联结主义"如鱼得水,就连手机的计算力都能完成识图的任务,"联结主义"学派重新成了主流。

小试牛刀

1. 简述人工智能的主要流派及其特点。
2. 简述人工智能主要流派的发展轨迹。

1.5 我国人工智能领域发展现状

随着经济的发展,人们对生活品质的要求越来越高,人工智能对大众生活产生的影响也越来越深刻,人工智能技术不断更新迭代,并向日益丰富的应用场景渗透。在人工智能如此火热的大背景下,各种观点不断涌现,有人认为,人工智能发展到现在已经到了顶峰,很难再有突破,也有人开始对人工智能发展的前景表示担忧。那么,我国当前的人工智能发展有哪些优势和不足呢?

一、我国人工智能行业发展优势

(一)政策大力扶持

伴随国务院颁布了《中国制造2025》,社会聚焦到人工智能,人工智能在国内得到快速发展。国家陆续出台了相关扶持政策助力人工智能技术与产业的深度融合和落地应用。习近平总书记在党的二十大报告中指出:"建设现代化产业体系。"现代化产业体系是现代化国家的物质支撑,是实现经济现代化的重要标志。当前,我国已迈上全面建设社会主义现代化国家的新征程。展望未来,人工智能技术引领的新一轮科技革命和产业变革

浪潮,将成为未来世界经济和高端制造的主导技术,更会对中国现代化产业体系建设发挥无可替代的作用,所以我们要着眼未来发展,把握战略性新兴产业发展机遇和产业升级方向,在新一代信息技术、人工智能、生物技术、新能源、新材料、高端装备、绿色环保等领域构建新的增长引擎。国务院政府工作报告多次谈及人工智能的重要性,为人工智能如何赋能新时代指明方向。从2017年的"加快人工智能等技术研发和转化",到2018年"加强新一代人工智能应用",到2019年"深化大数据、人工智能等研发应用"……一系列关键词的出现,可以看出我国人工智能产业从初步发展步入了快速发展的阶段。

除上述政策外,《科技部关于印发〈国家新一代人工智能创新发展试验区建设工作指引〉的通知》指出,要积极开展人工智能技术应用示范、人工智能政策试验、人工智能社会实验,推进人工智能基础设施建设,打造一批具有重大引领带动作用的人工智能创新高地。科技部于2019年8月公布了最新一批国家新一代人工智能开放创新平台名单,覆盖自动驾驶、城市大脑、医疗影像、智能语音等多个领域的应用场景。从政策文件看,政策内容覆盖人工智能基础、经济、民生、行业、人才布局等方方面面。政策的密集出台,对推动人工智能在我国经济民生领域快速而有质量地发展具有重要的导向作用。

(二)数据资源优势

习近平总书记在党的二十大报告中指出:"加快发展数字经济,促进数字经济和实体经济深度融合。"新一代信息技术与各产业结合形成数字化生产力和数字经济,是现代化经济体系发展的重要方向。大数据、云计算、人工智能等新一代数字技术是当代创新最活跃、应用最广泛、带动力最强的科技领域,给产业发展、日常生活、社会治理带来深刻影响。数据要素正在成为劳动力、资本、土地、技术、管理等之外最先进、最活跃的新生产要素,驱动实体经济在生产主体、生产对象、生产工具和生产方式上发生深刻变革,数字化转型已经成为全球经济发展的大趋势,世界各主要国家均将数字化作为优先发展的方向,积极推动数字经济发展。围绕数字技术、标准、规则、数据的国际竞争日趋激烈,成为决定国家未来发展潜力和国际竞争力的重要领域。

从目前人工智能的发展情况来看,数据、算力和算法是当前人工智能的三大核心要素,算法和算力已经基本不存在技术壁垒,只有通过大量的数据模拟训练才能得到更智能的产品。近些年,我国在基础建设中投入巨大,电信行业和电子产品的更新有了长足的发展。中国的基础数据量远远领先欧美,我国有14亿多人口,网民规模达10.32亿,拥有世界上最为完备的产业体系,制造业规模、货物出口规模等重要经济指标均位居世界前列,人力资源丰富且素质不断提高,超大规模市场带来的海量用户和丰富应用场景为数字经济发展提供了极为有利的条件。另外,我国数据来源渠道丰富,各种商业生产活动,包括移动支付、外卖送餐、共享单车、医疗诊断、汽车驾驶、银行理财、农业种植等均产生了大量的数据。我国已经成为世界上数据量大、数据类型最丰富的国家。

目前来看,中国和美国处于人工智能技术水平的第一梯队,谷歌、Facebook、微软、腾讯、百度、阿里巴巴、华为等人工智能企业都在自己的领域取得了不俗的成果。我国的人工智能企业在语音识别、语言翻译、无人驾驶、图像识别等领域都取得了世界领先地位。

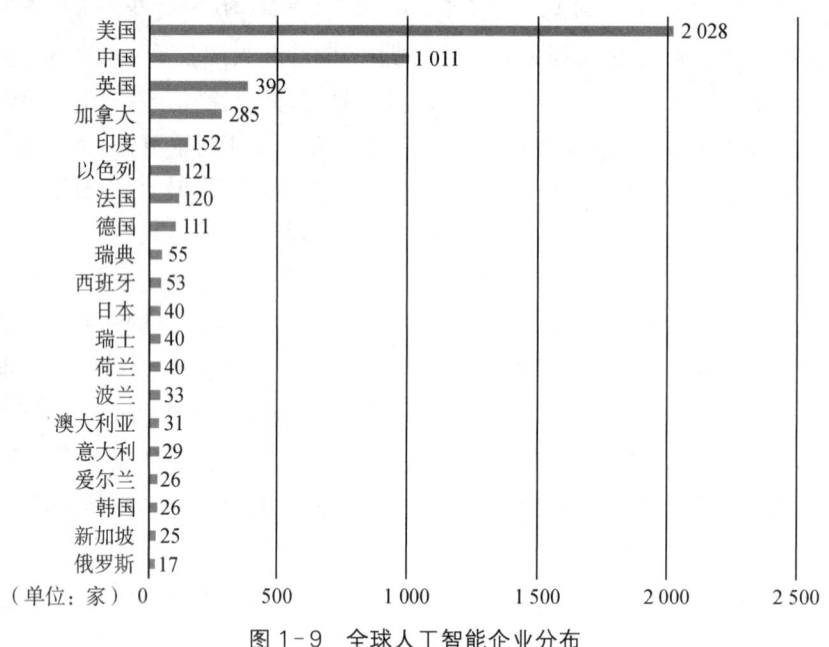

图 1-9 全球人工智能企业分布

(三) 应用场景优势

我国人工智能应用场景广泛,在向各行各业渗透的过程中,零售、交通、安防和金融行业的人工智能使用率最高,教育、医疗、制造、健康行业次之。AI 领域内有很多行业和产品化的投资机会,出现了一大批人工智能领域的新兴科技企业,如小米科技、极链科技、依图科技等公司。在各个应用场景下,人工智能得到快速发展。中国科技公司华为、阿里巴巴和腾讯已成为"人工智能的全球领导者"。中国政府大力扶持人工智能产业,将人工智能作为国家重点发展产业,并计划在未来几年内建设一个价值达到 1500 亿美元的人工智能产业群。

(四) 人才培养优势

在扩大人才培养规模方面,人工智能已被纳入"国家关键领域急需高层次人才培养专项招生计划"支持范围,精准扩大人工智能相关学科高层次人才培养规模。2018 年以来,教育部启动了多项促进 AI 教育的举措,这些举措包括建立 AI 研究中心、建设世界一流的在线课程以及制订师生培养计划。另外,我国高校积极响应国家政策,在专业设置与人才培养方案上,对人工智能方面的专业人才加大培养力度,提升人工智能领域青年人才培养水平,为我国抢占世界科技前沿、实现引领性原创成果的重大突破提供更加充分的人才支撑。

二、我国人工智能行业薄弱环节

(一) 基础理论和核心技术不足

就人工智能基础理论和核心技术而言,欧美发达国家,尤其是美国在 AI 领域起步更早,这源于美国高校在深度学习、计算机视觉等 AI 相关领域的研究起步更早。不仅全球知名的AI学术大咖大多在美国,中国国内很多AI公司的创始人、高管也都有在美国求学或任职的经历。事实上,如同早年的搜狐、百度等互联网公司,不少AI新创公司的创始人都是在美国留学、工作后看到AI的潜力,然后回国创业。美国在AI领域前沿技术的研究积累雄厚,而中国更关注应用层面。我国人工智能产业重应用技术、前沿技术研发,核心技术积累薄弱,存在"头重脚轻"的结构不均衡问题,使我国人工智能产业犹如建立在沙滩上的城堡,根基不稳。核心技术积累薄弱使人工智能核心环节受制于人,阻碍人工智能领域重大科技创新,不利于国内企业参与国际竞争。

(二)高端器件方面基础薄弱

虽然我国人工智能产品大多是自主研发,但是人工智能的核心元件还需要大量进口。受到全球国际分工的影响,以美、日、韩等为首的发达国家垄断了人工智能核心原件的生产技术,国内90%的产品核心元件都需要进口,特别是最核心的高端芯片也大多依赖国外。2018年、2019年美国先后对我国中兴、华为等企业所需的核心元件禁售,暴露了我国半导体芯片受制于人的窘境。因此,我国的人工智能想要得到真正的发展,必须解决这一薄弱环节,大力提升我国的人工智能基础及支柱产业。目前AI基础软硬件仍由欧美国家大型企业主导,中国人工智能在基础软硬件方面的缺失会导致在技术上和应用上"空心化"的风险。AI芯片设计的基础半导体器件仍主要由NVIDIA、IBM和Intel等国外企业生产和垄断,中国微电子、光电子研发的原创性和基础能力较弱,不能全面支撑各领域的智能需求。

(三)发展氛围略显浮躁

近年来,我国人工智能市场受到消费者的热捧,许多企业纷纷加入了这个行业。但是人工智能行业属于技术密集型产业,有极高的技术壁垒,限制了这些企业的发展。这些企业为了获得利益,急于兑现人工智能的近期商业价值,模仿他人的产品,企业自身产品特色不足,导致同质化产品大量进入市场,造成恶性竞争。除了腾讯、阿里巴巴、华为等少数世界知名企业之外,我国大部分企业人工智能产品在全球范围内知名度很低。大部分企业只注重产品的研发,而忽略品牌价值的经营,得不到国际专业领域的高度关注。

(四)高端人才不充足

近年来,虽然我国人工智能基础人员储备量巨大,但中高端人才缺乏,高端人才存量只相当于美国的20%。另外,我国兼顾人工智能与传统产业的跨界人才不充足,限制了产业发展以及与实体经济的深度融合发展,不利于人工智能在各垂直行业的应用推广。中国在人才投入上,表现并不突出。如果按高H因子①衡量,中国杰出人才不足千人,不及美国的五分之一,排名世界第六。企业人才投入量相对较少,高强度人才投入的企业集中在美国,中国仅有华为一家企业进入全球前20名。

---

① H因子:h-index,又称H指数,是一种评价学术成就的新方法。H代表"高引用次数"(high citations)。一名科研人员的H指数是指他至多有H篇论文分别被引用了至少H次。H指数能够比较准确地反映一个人的学术成就。一个人的H指数越高,则表明他的论文影响力越大。

第四次工业革命正在来临,尤其是以人工智能为技术的革命已经从科幻逐步走入现实。世界各国已经认识到人工智能是未来国家之间竞争的关键赛场。

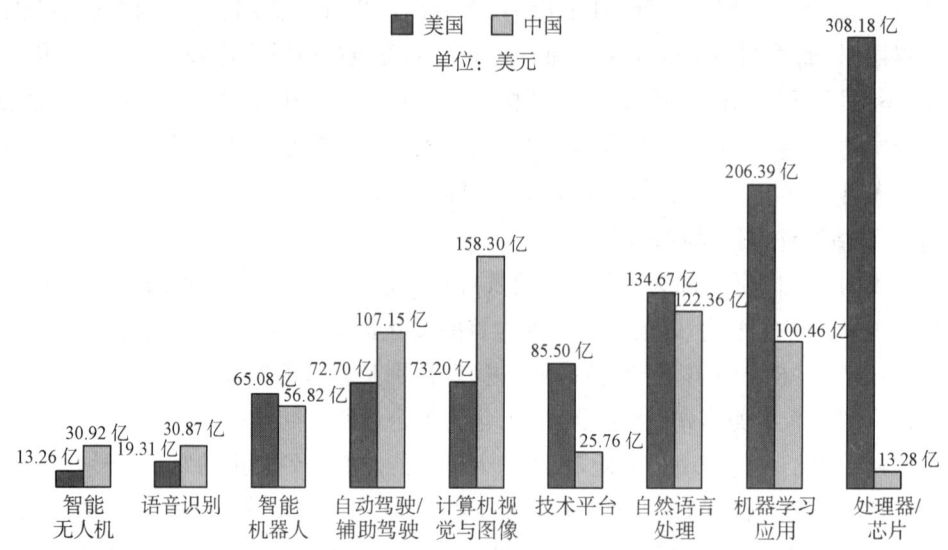

图 1-10 中美人工智能九大领域融资分布对比

就中国而言,人工智能的发展更是一个历史性的战略机遇,对于缓解未来人口老龄化压力、应对可持续发展挑战,目前中国人工智能的发展已经具备非常优越的条件。然而要成为真正的人工智能强国,中国还任重道远。中国必须加强基础研究,优化科研环境,培养和吸引顶尖的人才,在人工智能的核心基础领域实现突破,保证人工智能发展的根基稳固;大力鼓励产学研合作,让企业成为人工智能创新的主导力量;积极参与人工智能全球治理机制的构建,在人工智能未来的技术发展、风险防范、道德伦理规范制定等领域发挥中国独特的作用。

三、人工智能与 5G

如今,人工智能技术的应用,正在以惊人的速度,渗透到我们日常生活的方方面面,可以说人工智能无论在哪个行业中都被人们狂热地追逐。但是,在将焦点聚集在人工智能的同时,请不要忽略第五代移动通信技术(5th generation mobile networks,简称 5G)在人工智能发展中所起到的重要作用。

为什么一谈到 5G,大家很容易想到的是人工智能、移动医疗、物联网等关键词?因为这些技术都是需要依托 5G 来实现的。人工智能具备机器学习能力,可以对数据进行过滤、整理以及深度分析,并从中汲取知识经验来加以提升。我国人口众多,互联网技术相对普及,网民规模大,产生了大量的数据信息。然而,在数据规模持续上升的同时,数据传输与存储的压力也会越来越大,特别是在人工智能技术应用过程中,对于数据传输和处理有着更为严格的要求。因此,5G 技术对人工智能的发展十分重要。作为最新一代蜂窝移动通信技术,5G 具有更大的带宽、更快的传输速度、更低的通信延迟、更高的可靠性等优势。人工智能在5G时代下,可以提供更快的响应速度、更丰富的内容、更智能的应用模式以及更直观的用户体验。可以说,5G不仅仅在表面上提升了网速,更重要的是解决了制约人工智能发展的短板,成为驱动人工智能的新动力。

图1-11　无人驾驶汽车

传统上,大多数人工智能应用程序都驻留在云端。而未来,由于这些设备产生的数据量越来越多,周围的云计算机中的数据处理压力越来越大时,超低的数据传输延迟就会产生特别大的影响。例如:自动驾驶技术是否成熟,关键在于汽车制动或加速的性能能否在接近于零的延迟时间内完成,而5G的边缘计算极大地提高了数据传输速度,几乎达到零延迟的反应能力,这对应用自动驾驶技术而言是质的飞跃。

在5G技术推动人工智能发展的同时,人工智能也会对5G技术的自动化、智能化提供很有价值的帮助。随着5G网络设计的功能增强,其技术复杂程度明显增加,且参数配置更加灵活,这些都对运营商的网络规划、优化以及日常的运行维护提出了相当高的技术要求。人工智能技术在应对这些问题和挑战上扮演着重要角色。根据无线传播环境和用户业务使用行为等数据,利用人工智能技术,运营商可对未来的网络覆盖和容量需求进行准确预测,优化工作效率,降低运营成本。由此可见,基于人工智能技术的网络自动化将成为未来运营商网络运营的重要基础,能否充分掌握人工智能技术、发挥网络自动化的最大价值,将成为决定运营商5G技术能否成功的重要条件。

由此可见,人工智能和5G技术的关系是互相促进、互相作用、互相影响的。5G技术可以称得上是基础设施,它为人工智能带来了更为高效可靠的传输速度;而人工智能,不仅仅是云端大脑,也是能够完成学习和演化的神经网络。人工智能将赋予机器人类的智慧,5G技术将使万物互联变成可能。二者相结合,将会为未来整个社会生产、生活方式带来前所未有的发展。

人工智能始终处于计算机发展的最前沿,人工智能研究带来的理论和洞察力指引了计算技术发展的未来方向。现有的人工智能产品相对于即将到来的人工智能应用可以说微不足道,但是它们预示着人工智能的未来。未来,人工智能将成为社会发展的一个重要起点,但作为一个新兴领域,也面临一系列挑战,还有许多基础性的科技难题没有突破。在人工智能技术深入应用落地的过程中,伦理、安全、隐私等问题也愈发值得关注。

小试牛刀

1. 人工智能的目的是让机器能够（　　），以实现某些脑力劳动的机械化。
   A. 具有完全的智能　　　　　　　　　B. 和人脑一样考虑问题
   C. 完全代替人　　　　　　　　　　　D. 模拟、延伸和扩展人的智能

2. 下列关于人工智能的叙述，不正确的是（　　）。
   A. 人工智能技术与其他科学技术相结合，极大地提高了应用技术的智能化水平
   B. 人工智能是科学技术发展的趋势
   C. 因为人工智能的系统研究是从20世纪50年代才开始的，非常新，所以十分重要
   D. 人工智能有力地促进了社会的发展

3. 一般来讲，下列语言属于人工智能语言的是（　　）。
   A. VJ　　　　　　B. C#　　　　　　C. Foxpro　　　　　　D. LISP

4. 专家系统是一个复杂的智能软件，它处理的对象是用符号表示的知识，处理的过程是（　　）的过程。
   A. 思考　　　　　　B. 回溯　　　　　　C. 推理　　　　　　D. 递归

5. 确定性知识是指（　　）。
   A. 可以精确表示的知识　　　　　　　B. 正确的知识
   C. 在大学中学到的知识　　　　　　　D. 能够解决问题的知识

6. 人工智能诞生于（　　）。
   A. 1955年　　　　　B. 1956年　　　　　C. 1957年　　　　　D. 1958年

7. 我国人工智能发展的主要优势有哪些？
8. 我国人工智能行业发展的薄弱环节有哪些？

思维与操作实训

1. 小组讨论：为人工智能发展做出贡献的还有哪些著名科学家？他们大多涉及哪些主要学科领域？
2. 小组讨论：从应用层面上看，当今社会人工智能有哪些典型的应用案例？

【实训总结】

【教师对实训的评价】

任务一 人工智能——开启未来的钥匙

拓展资源

1. 人工智能宣传片

2. Giiso 写作机器人　https://www.giiso.com/#/

大数据——人工智能发展的能量源

案例导读

我们每天制造的数据,比从文明肇始到 2000 年的总和还要多。推特、搜索引擎、科学实验和股市,这些采用空前复杂算法建立的庞大数据库,为我们带来了宝贵的资讯和见解,令人大开眼界。科学家们如何使用技术和创新来搜寻数据。从使用特殊算法来预测案件发生地的警察部门,能够预知病情的手机应用软件,到坐拥 30 亿美元避险资金的富豪雇用宇宙学家、密码破译员和粒子物理学家为他制定决策⋯⋯大数据的应用越来越成熟。

——BBC 记录片《大数据时代》(*The Age of Big Data*)简介,搜狐网,2017 年 1 月 17 日

2.1 大数据是什么

大数据(Big Data),指无法在一定时间范围内用常规软件工具进行捕捉、管理和处理的数据集合,是需要新处理模式才能具有更强的决策力、洞察力和流程优化能力的海量、高增长率和多样化的信息资产。

大数据技术的战略意义不在于掌握庞大的数据信息,而在于对这些含有意义的数据进行专业化处理。换言之,如果把大数据比作一种产业,那么这种产业实现营利的关键在于提高对数据的"加工能力",通过"加工"实现数据的"增值"。

从技术上看,大数据与云计算的关系就像一枚硬币的正反面一样密不可分。大数据必然无法用单台计算机进行处理,必须采用分布式架构。它的特色在于对海量数据进行分布式数据挖掘,必须依托云计算的分布式处理、分布式数据库和云存储、虚拟化等技术。

随着云时代的来临,大数据也吸引了越来越多的关注。分析师团队认为,大数据通常用来形容一个公司创造的大量非结构化数据和半结构化数据,这些数据在下载到关系型数据库用于分析时会花费过多时间和金钱。大数据分析常和云计算联系到一起,因为实

时的大型数据集分析需要像MapReduce(一种编程模型,主要应用于海量数据的并行计算)一样的框架来向数十、数百甚至数千的服务器或计算机分配工作。

大数据需要特殊的技术,适用于大数据的技术,包括大规模并行处理(Massively Parallel Processing,简称MPP)数据库、数据挖掘、分布式文件系统、分布式数据库、云计算平台、互联网和可扩展的存储系统。

知识延伸

发现身边的数据

数据应用十分广泛,随着数据处理方式与工具的变革,数据对我们生活和学习的影响越来越大。

为了更好地提高身体素质,小明同学坚持每天跑步锻炼。自从使用了智能运动手环,他可以实时获取自己的运动数据,灵活调整运动方式(如图2-2所示)。例如,跑步前可预先设置心率提示上限。当心率过高时,手环可以通过振动、语言等方式进行提醒,此时就要适当放慢步频,调整心率。

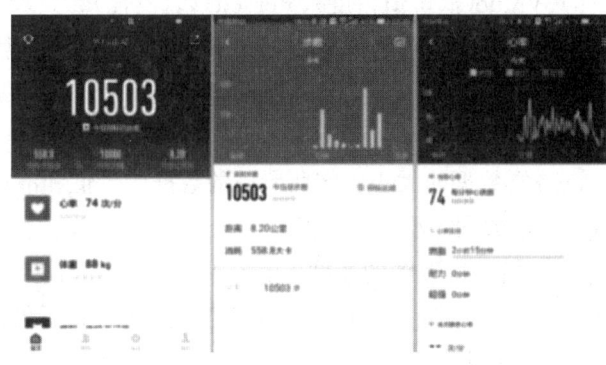

图2-1 智能运动手环实时运动数据

【思考】

1. 为了更科学地制订运动计划,智能运动手环还需要采集哪些方面的运动和生理数据？试加以说明。

2. 在日常生活中,你曾经借助哪些数据来支持个人的生活与学习呢？这些数据又是通过怎样的手段或工具获取的呢？

小试牛刀

1. 对于"大数据",研究机构Gartner给出了这样的定义:"大数据"是需要新处理模式才能具有更强的_____、_____和_____来适应海量、高增长率和多样化的信息资产。( )

A. 决策力　　　　B. 洞察力　　　　C. 分析力　　　　D. 流程优化能力

2. 适用于大数据的技术,包括大规模并行处理(MPP)数据库、数据挖掘、_____、_____、_____、互联网和可扩展的存储系统。(　　)

A. 分布式文件系统　　　　　　B. 分布式数据库

C. 云计算平台　　　　　　　　D. PC 计算机

2.2　大数据的特征

生活在信息社会,数据伴随每一个人。人一出生,其个人身份数据就会被采集记录,之后从上学到就业、生活、工作,不断产生、传送、接收和处理各种数据。信息技术迅猛发展的今天,人们在利用社交、教育、医疗、购物和金融等平台进行交流、学习、购物和理财等活动的过程中产生了海量的数据,这些数据正在快速流动、急剧增加,深刻影响着人们的生活、学习和工作。例如,体质状况大数据服务于人们的健康,智能交通大数据有利于人们出行,环境资源大数据助力政府决策,教育教学大数据使我们的学习更加个性化。随着研究的不断深入,通常认为大数据(由 IBM 提出)具有 5V 特点:Volume(大量)、Velocity(高速)、Variety(多样)、Value(低价值密度)、Veracity(真实性)。

维克托·迈尔-舍恩伯格及肯尼斯·库克耶在《大数据时代——生活、工作与思维的大变革》中指出,大数据不采用随机分析法(抽样调查)这样的捷径,而是对所有数据进行分析处理。大数据具体特征如下:

(1) 容量(Volume):指数据的大小决定所考虑的数据的价值和潜在的信息。

(2) 种类(Variety):指数据类型的多样性。

(3) 速度(Velocity):指获得数据的速度。

(4) 可变性(Variability):指数据在过程中发生变化,这妨碍了处理和有效地管理数据的过程。

(5) 真实性(Veracity):指数据的质量,即数据应真实有效。

(6) 复杂性(Complexity):指数据量巨大,来源多渠道。

(7) 价值(Value):合理运用大数据,以低成本创造高价值。

知识延伸

解读导航地图大数据

利用导航地图可以了解即时路况信息,以查找"捷径"顺畅出行。大数据平台综合考虑道路环境、天气情况和节假日等多种因素,基于大数据分析得出每条道路在不同环境或不同时间的路况规律,为交通预测和路径规划提供数据参考。

任务二　大数据——人工智能发展的能量源

图 2-2　高德多元大数据

高精度道路导航地图具有更加丰富细致的道路信息，可以更加精准地反映道路的真实情况。2015 年，奥迪、宝马、Daimler 联合起来斥资 31 亿美元购买诺基亚 Here 地图，为研发高精度道路导航地图做准备。从 2016 年开始，很多互联网企业通过收购的方式获取地图数据资源，然后结合自身算法、云计算能力生产高精度道路导航地图，如 Google、百度、阿里巴巴等。同时，车企也开始依赖第三方地图服务，2017 年年初，Mobileye 与大众、宝马和日产签署协议，前者将为三家汽车巨头提供地图产品，而汽车厂商将负责为 Mobileye 提供更多的地图数据。

基于位置的新型服务已经是大趋势。国家发展和改革委员会提出的促进智能交通发展的"互联网＋"便捷交通实施方案已经正式发布。地图的服务对象不再仅仅是人类，而是慢慢向机器过渡，这对地图的精度、内容结构和计算模式等都提出了新的要求。

——《智能交通必争|高精度道路导航地图》，东南大学物联网交通应用研究中心，2019 年 9 月 28 日

小试牛刀

阐述大数据的具体特征。

2.3　大数据的发展历程

20 世纪末，是大数据的萌芽期，处于数据挖掘技术阶段。随着数据挖掘理论和数据库技术的成熟，一些商业智能工具和知识管理技术开始被应用。

2003—2006 年是大数据发展的突破期，社交网络的流行导致大量非结构化数据出现，传统处理方法难以应对，数据处理系统、数据库架构开始重新思考。

2006—2009 年，大数据形成并行计算和分布式系统，为大数据发展的成熟期。

2010 年以来，随着智能手机的应用，数据碎片化、分布式、流媒体特征更加明显，移动

数据总量急剧增长。

2011年麦肯锡全球研究院发布《大数据：下一个创新、竞争和生产力的前沿》，2012年维克托·迈尔-舍恩伯格和肯尼斯·库克耶的《大数据时代：生活、工作与思维的大变革》宣传推广，大数据概念开始风靡全球。

2013年5月，麦肯锡全球研究所发布了一份名为《颠覆性技术：技术改进生活、商业和全球经济》的研究报告，报告确认了未来12种新兴技术，而大数据是这些需求技术的基石。

2014年5月，美国白宫发布了2014年全球"大数据"白皮书《大数据：抓住机遇，守护价值》。报告鼓励使用数据推动社会进步。

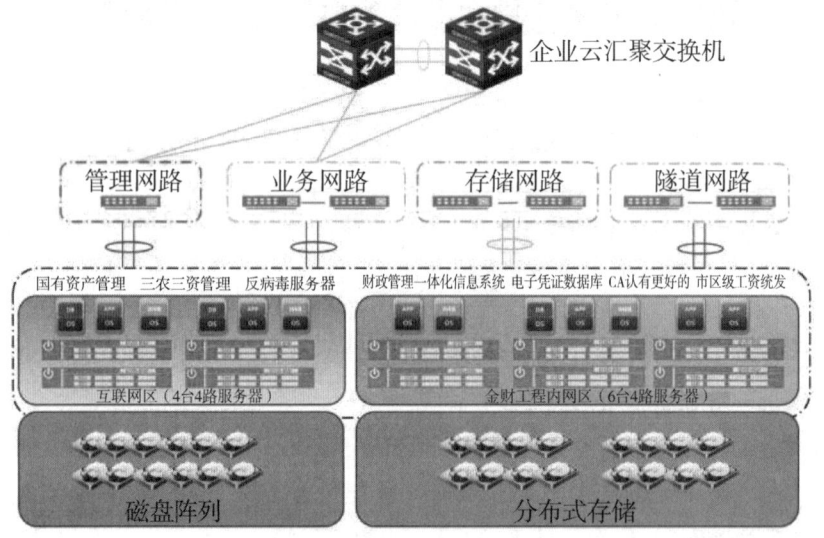

图2-3　企业云汇聚交换机图示

知识延伸

大数据的一些发展往事

搜索引擎主要就做两件事情：一个是网页抓取，一个是索引构建。而在这个过程中，有大量的数据需要存储和计算。前文所提的"三驾马车"其实就是用来解决这个问题的，你从介绍中也能看出来，一个文件系统、一个计算框架、一个数据库系统。

现在你听到分布式、大数据之类的词，肯定一点儿也不陌生。但你要知道，在2004年那会儿，整个互联网还处于懵懂时代，Google发布的论文实在是让业界为之一振，大家恍然大悟，原来还可以这么玩。

因为那个时间段，大多数公司的关注点其实还是聚焦在单机上，在思考如何提升单机的性能，寻找更贵更好的服务器。而Google的思路是部署一个大规模的服务器集群，通过分布式的方式将海量数据存储在这个集群上，然后利用集群上的所有机器进行数据计算。这样，Google 其实不需要买很多很贵的服务器，它只要把这些廉价的机器组织到一起，就非常厉害了。

当时的天才程序员，也是 Lucene 开源项目的创始人 Doug Cutting 正在开发开源搜索引擎 Nutch，阅读了 Google 的论文后，他非常兴奋，紧接着就根据论文原理初步实现了类似 GFS 和 MapReduce 的功能。

两年后的 2006 年，Doug Cutting 将这些大数据相关的功能从 Nutch 中分离了出来，然后启动了一个独立的项目专门开发和维护大数据技术，这就是后来赫赫有名的 Hadoop，主要包括 Hadoop 分布式文件系统 HDFS 和大数据计算引擎 MapReduce。

2008 年，Hadoop 正式成为 Apache 的顶级项目，后来 Doug Cutting 本人也成了 Apache 基金会的主席。自此，Hadoop 作为软件开发领域的一颗明星冉冉升起。

2012 年，加州大学伯克利分校 AMP(Algorithms、Machine 和 People 的缩写)实验室开发的 Spark 开始崭露头角。当时 AMP 实验室的马铁博士发现使用 MapReduce 进行机器学习计算的时候性能非常差，因为机器学习算法通常需要进行很多次的迭代计算，而 MapReduce 每执行一次 Map 和 Reduce 计算都需要重新启动一次作业，带来大量的无谓消耗。还有一点就是 MapReduce 主要使用磁盘作为存储介质，而 2012 年的时候，内存已经突破容量和成本限制，成为数据运行过程中主要的存储介质。大量使用内存辅助存储的 Spark 一经推出，立即受到业界的追捧，并逐步替代 MapReduce 在企业应用中的地位。

——徐念安:《大数据技术发展史:大数据的前世今生》，CSDN—专业开发者社区，2019 年 2 月 14 日

小试牛刀

1. 2010 年以来，随着智能手机的应用，数据碎片化、_____、流媒体特征更加明显，移动数据急剧增长。（   ）

   A. 集中式　　　　B. 整体化　　　　C. 分布式　　　　D. 一体化

2. 简述大数据的发展历程。

2.4　大数据的应用

随着 5G 时代的到来，大数据应用得到迅速发展，并且备受关注。在大数据发展的时代，大数据人才缺口是非常大的，所以现在大数据成了市场和行业中的热点。由于市场和行业中的稀缺，大数据人才在岗位中得到的薪资是非常高的，掌握大数据的技术对提高薪资有很大的帮助。那么在大数据时代，你了解大数据吗？下面为大家介绍大数据的主要应用领域。

一、电商行业

电商行业是最早将大数据用于精准营销的行业，它可以根据消费者的习惯提前生产

物料和物流管理,这样有利于美好社会的精细化生产。随着电子商务的日益集中,大数据在行业中的数据量变得越来越大,并且种类非常多。在未来的发展中,大数据在电子商务中将得到更加广泛的应用,其中主要包括预测消费趋势、区域消费特征、顾客消费习惯、消费者行为、消费热点和影响消费的重要因素等。

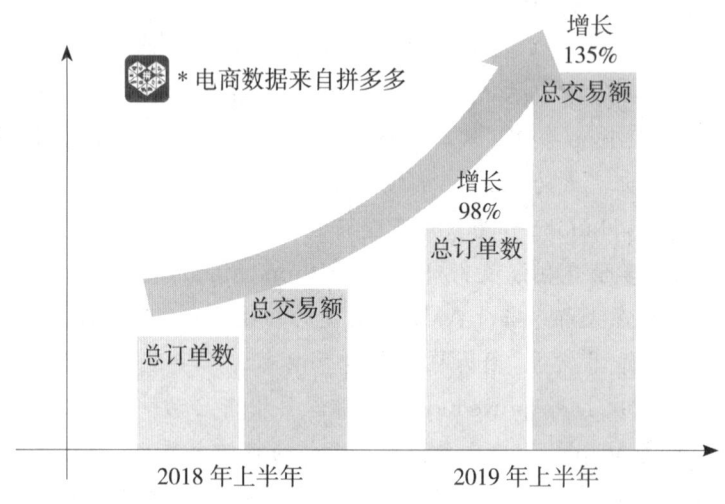

图 2-4　2018 年上半年三四线城市消费"量价"双增长

二、金融行业

大数据在金融行业的使用是非常广泛的,主要使用在交易过程中。现在许多股权交易都是使用大数据算法进行的。这些算法能够越来越多地考虑社交媒体和网站新闻,并且决定接下来的几秒内是选择购买还是出售。

三、生物技术

基因技术是人类未来挑战疾病的重要武器。科学家可以利用大数据在基因技术上的应用,加速他们对人类基因和其他动物基因的研究过程。利用大数据技术不仅可以改良作物,还可以利用遗传技术培育人体器官、消灭细菌等。

四、生活服务

目前大数据在生活服务方面的应用较为广泛,通过分析客户的爱好和消费行为及其趋势等,提供更为精准的服务。例如,电商网站会搜集客户的社交数据、浏览器的日志文本及各类传感器采集的数据,通过跟踪分析这些数据,针对客户的个人喜好和消费能力的统计,推荐不同的商品,引导消费,以实现针对客户的个性化服务。随着大数据与人工智能技术的紧密结合,企业以互联网为依托,线上服务、线下体验及现代物流深度融合,这种"新零售"方式正在给人们带来全新的购物体验。

五、智慧城市

大数据可以用来改善城市生活，提升城市管理水平，促进智慧城市的建设。例如，目前很多城市都在进行大数据的分析和应用试点。开发者利用大数据开发新的应用提供给不同需求的个人、企业和政府部门，形成一个新兴的产业。当智慧城市和产业结合起来，就可以形成健康良性的循环，推动智慧城市的可持续发展。智慧城市的创建已经成为今后市政规划与建设的重要方向。

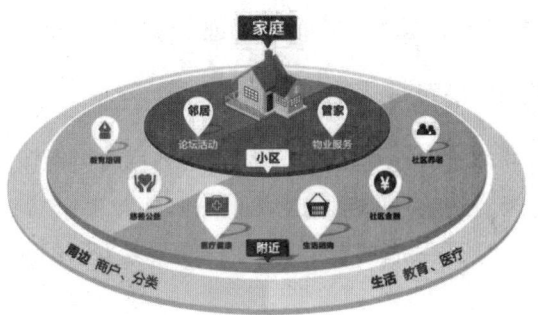

图2-5 大数据应用于智慧城市

六、医疗健康

大数据在医疗健康方面的应用改变了传统的医疗与健康服务模式，提高了服务的针对性。例如，健康类应用通过可穿戴设备采集数据，进行分析处理后，为患者提供针对性治疗建议，可让医生的诊断更为精确；通过大数据分析，可能以后服药将不再是通常的"成人每日三次，一次一片"的文字说明，而是自动检测并及时提醒；通过计算机科学与生命科学相结合，就可以完成超大样本癌症基因的测序分析，能帮助人们解开疾病成因的秘密，辅助科学家攻克医学领域的难题，将对人们今后的健康与医疗环境产生深远的影响。

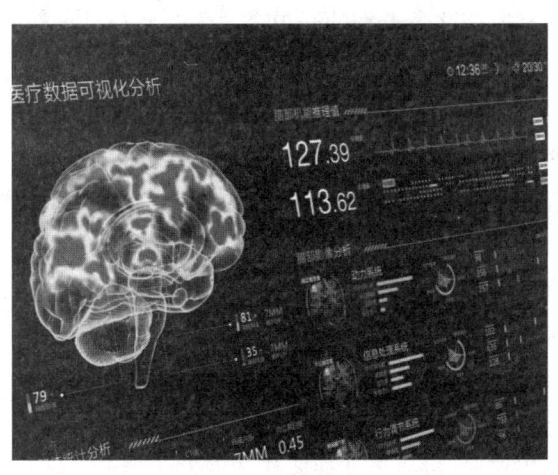

图2-6 大数据应用于医疗健康行业

作为一种重要的资源，大数据在推动经济发展、完善国家治理、提升政府服务和监管能力等方面具有重要意义。为了能更好地发挥大数据的价值，需要建立"用数据说话、用数据决策、用数据管理、用数据创新"的管理机制，以实现基于数据的科学决策。

大数据深刻改变着人类的思维、学习、生活和生产方式,引领着生活新变化,孕育着发展新思路。大数据涉及每个人、每个企业,乃至整个国家。随着我国大数据战略的实施,基于大数据的智慧生活、智慧企业、智慧城市将会越来越普及。

小试牛刀

1. 随着5G时代的到来,大数据应用得到迅速发展,下列应用属于大数据的是(　　)。
   A. 智慧城市　　　　B. 医疗健康　　　　C. 智能社区　　　　D. 电商行业
2. 举例说明大数据在生活服务方面的应用。

2.5　大数据促进人工智能发展

近几年,人工智能技术在各行各业的应用已随处可见。生产制造业中,自动视觉检测、机器参数调整、产量优化、维护预测等技术的应用极大地提高了生产效率;服务型机器人深入翻译、会计、客服等领域,服务业正在发生重要变革;此外,金融、医疗等领域,也因人工智能技术的加入而更加繁荣。某种意义上,人工智能为这个时代的经济发展提供了一种新的能量。人工智能的飞速发展,背后离不开大数据的支持。而在大数据的发展过程中,人工智能的加入也使更多类型、更大体量的数据能够得到迅速的处理与分析。

目前,人工智能发展所取得的大部分成就都和大数据密切相关。通过数据采集、处理、分析,从各行各业的海量数据中,获得有价值的洞见,为更高级的算法提供素材。腾讯CEO马化腾在清华大学洞见论坛上表示,"有AI的地方都必须涉及大数据,这毫无疑问是未来的方向"。李开复也曾在演讲中谈道:"人工智能即将成为远大于移动互联网的产业,而大数据一体化将是通往这个未来的必要条件","人工智能离不开深度学习,通过大量数据的积累探索,在任何狭窄的领域,如围棋博弈、商业精准营销、无人驾驶等,人类终究会被机器所超越。而AI技术要实现这一跨越式的发展,把人从更多的脑力劳动中彻底解放出来,除了计算能力和深度学习算法的演进,更关键的是大数据"。

与此同时,人工智能的出现也提高了可利用数据的广度。大数据分为结构化数据与非结构化数据。结构化数据记录了生产、业务、交易和客户信息等;但大部分的数据,85%以上都是非结构化数据。在互联网时代,随着社交媒体的兴起,非结构化数据的增长更为惊人。然而,大数据爆炸的时代不允许个人在研究的过程中读懂每一篇论文,了解所有的观点。因此这就对高级算法提出了要求,如何快速寻找真正合适、有效的信息。人工智能辅助大数据利用一个典型的功能就是"预测未来"。邓白氏高级副总裁兼首席数据科学家安东尼·斯克里费加诺曾分享过一个处理欺诈的案例。专业团队可以根据传统的欺诈类型设计成千上万种不同的算法,用于专业人员处理不同类型的欺诈行为。然而,现实中还存在一个"观察者效应",也就是说如果这个人知道有别人在观察他,他就会不由自主地改变自身的行为,直接导致了被观察对象的行为与其真实表现的差异,但这一点没有办法通过传统的建模方法进行行为检测。所以这就需要更为高级的人工智能手段和更加先进的调查方法来加以解决,建模未来可能发生的欺诈行为。

知识链接

大数据推动人工智能发展的五大趋势

一、认知:我们需要改变思维方式,做有创造性的工作

随着社会越来越智能化,所有的东西都会更加智能,例如在医院或者诊所,放射科的照片已经可以被人工智能分析;在飞机驾驶中,大部分时间都是人工智能在操纵飞机;开车时使用的自动挡也是人工智能在操作汽车。我们生活中已经有很多方面和人工智能息息相关。

我们需要改变我们的思维方式,改变思维方式比其他的事情更加重要。

所有的工作其实都可以归为不同的类别,有一些工作可以由机器人来做,有些工作机器人就做不了,我们需要做的就是重新定义人工智能,而不是被其所替代。我们可以将那些高效率、可重复性的工作交给机器人去做,而那些低效率、具有创造性的工作都由我们人类去做,比如人际交往、艺术、科技发明等领域的工作。

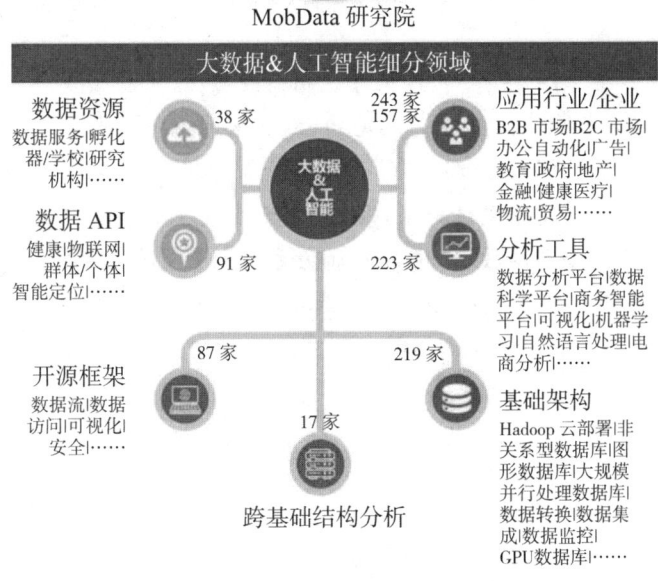

图2-7 大数据和人工智能细分领域

二、互动:互联网正在从注重知识、信息迈向更加注重体验

未来的技术将会发展的另外一个方向,就是会越来越互动。过去在工业革命的时候,我们生产了桌子,但是桌子与我们人类并没有很多互动。在未来,我们的整个身体,所有的姿势和动作都会被转化成数据,我们与人工智能会进行互动。人工智能能够通过观察小小的动作、手势,甚至包括一些微动作、脸部的微表情,做出相应的反应。今后,我们可

以用自己的动作与机器交流,最终完全进入一种虚拟状态,即我们所说的虚拟现实。

我们现在其实会渐渐地远离充满很多知识或者信息的互联网,而慢慢地迈向一个满是体验、更加注重体验的互联网。最重要的不是你看了什么,而是你体验了什么。

三、使用:人们正从关注"所有权"转向关注"使用权"

过去我们关注"拥有",现在我们更加关注是否可以"使用"。例如,脸书是世界上最大的社交平台,但它本身并不产生任何内容,其内容由拥有平台账号的主体发布。

因此在当代社会,"使用权"已经优于"所有权",如果可以随时随地地使用,感觉比真正拥有会更好。例如,滴滴让我们随时随地想用车就可以直接叫车,而不用自己去买一辆车,甚至可以想象在未来不用买房子,因为可能随时随地有这样的服务商给我们提供需要的空间。

四、分享:协调合作、强强联合让共享经济变成可能

我们以前说的分享可能仅仅是分享经济,如分享一辆车的使用权、分享那些并非个人所有的东西等。其实,分享远远不止这些。

虽然我们在说共享经济,但是我们现在还只是处在共享经济非常初期的阶段,真正的分享要远远超过我们现在所理解的简单的分享。在未来,所有我们可以想象得到的、能够被分享的东西都一定会被分享。

因此,最重要的一点便是协作。我们需要让所有的工具、技术协调合作,使其强强联合。

五、流动:在"流动"的社会,学习能力才是核心能力

流动性是这个时代的特征,数据是流动的,例如新闻、音乐、电影,还有脸书、微博、微信等都是数据的流动。无论你在哪个行业,学过什么课程,最终获得的都是流动的数据,无论做什么工作都必须要意识到这一点,因为所有的信息都是会被追踪的。

我们需要不断学习全新的技术,学习的能力才是未来最核心的能力。在新技术的学习过程中,忘记过去学的东西,对很多人而言是非常困难的。

——亿邦动力网,2017 年 8 月 11 日

小试牛刀

简述大数据推动人工智能发展的五大趋势。

2.6 大数据与人工智能的前景

大数据人工智能,简单讲,就是行业大数据和人工智能技术的融合。各行各业正在加速变革,以适应大数据智能技术带来的挑战。基于大数据深度学习的阿尔法狗(AlphaGo),不仅在围棋领域战胜了人类顶尖高手,其向医疗健康领域的拓展更是速度惊人。阿尔法狗基于深度学习技术的皮肤癌诊断、眼疾诊断和心脏病预测等已经达到或超过普通医生的水平。

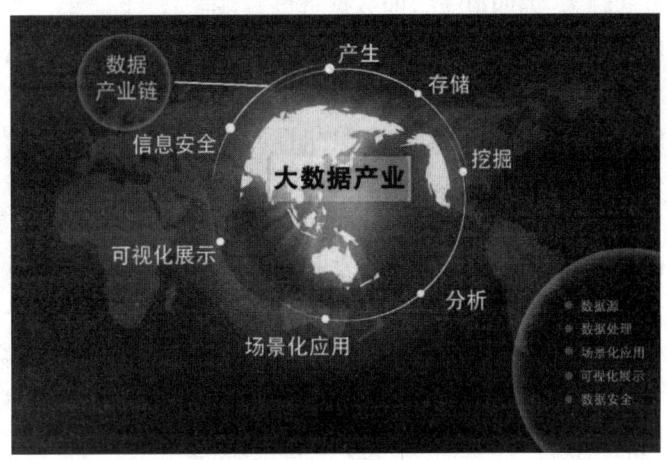

图 2-8　大数据产业链

大数据智能离不开物联网和云计算,主要基于如下两点:

(1) 物联网是大数据的采集端和智能服务的发布端,是智能服务于人和机器的重要载体,就像现在的智能手机和机器人。同时,物联网也是互联网、传统电信网等信息承载体,让所有能行使独立功能的普通物体能实现互联互通的网络。当前人工智能领域深度学习这一关键技术的突破,得益于大数据驱动,而可穿戴物联网设备和智能手机等应用的普及,使大数据采集的范围、广度和深度进一步加强,这为更为精准地进行大数据智能预测提供了数据保障。

(2) 云计算是大数据智能处理分析的基础支撑平台,提供强大的存储能力和密集计算力来支持海量数据资源的动态管理和智能模型的高性能学习。其技术实现是基于互联网进行相关服务的推送、使用和交付,通常涉及通过互联网来提供动态易扩展且经常是虚拟化的资源。通过这种方式,云中共享的软硬件资源和信息可以按需提供给计算机和各种物联网终端和设备。此前,微软宣布肢解原来最重要的 Windows 部门,而组建两个新的大部:一是体验和设备部;二是云计算和人工智能平台部。可以看出,微软的这次重组,就是打算集中力量发展大数据智能,希望能在 DT(Data Technology,数据处理技术)时代继续保持霸主地位。

大数据智能代表了一种新的认知范式,图灵奖得主、关系数据库的鼻祖 Jim Gray 将人类科学的发展定义为四个"范式",并描绘了自己关于"第四范式"的愿景:几千年前的科学,以记录和描述自然现象为主,称为"实验科学",即第一范式,其典型案例如钻木取火;数百年前,科学家们开始利用模型归纳总结过去记录的现象,发展出"理论科学",即第二范式,其典型案例如牛顿三定律、麦克斯韦方程组、相对论等;过去数十年,科学计算机的出现,诞生了"计算科学",对复杂现象进行模拟仿真,推演出越来越多复杂的现象,其典型案例如模拟核试验、天气预报等。Jim Gray 认为,今天以及未来科学的发展趋势是,随着数据量的高速增长,计算机将不仅仅能做模拟仿真,还能进行分析总结,得到理论。也就是说,过去由牛顿、爱因斯坦等科学家从事的工作,未来可以由计算机来做。Jim Gray 将

这种科学研究的方式称为"第四范式",即数据密集型科学。

大数据智能就类似 Jim Gray 提出的"第四范式"。我们如何看待周遭的世界？没有大数据时靠归纳总结和实验模拟,当然经验和直觉也很重要,而随着大数据的兴起,前面三种"范式"的做法必然面临挑战,推理、经验和直觉等能力在庞杂大数据面前会大打折扣。就像我们的科学发展史一样,大数据智能的普及将是对传统认知方法的颠覆,人类的科学发展是一部理性战胜感性的历史,望远镜改变了我们对宇宙的看法；显微镜改变了我们对微观世界的认知；而当前通过大数据智能技术来解释我们亲手构建的数字世界,也意味着我们即将跨入一种新的认知范式时代,所谓科学的"第四范式"。真正的大数据智能,既能像望远镜一样宏观,也能像显微镜一样微观,可以让我们通过对多维数字空间的自动投影、变换、关联等来更好地理解和掌控周遭的数字世界。当然这个过程也伴随着风险,大数据环境下的数权意味着更重大的责任,如何重构权责关系？智能更是意味着机器的觉醒,如何控制负面影响？值得我们深思。

小试牛刀

大数据智能离不开_____和_____。(　　　)

A. 物联网　　　　B. 云计算　　　　C. 中国电信　　　　D. 中国移动

思维与操作实训

小组讨论:在我国很多城市,共享单车成为解决短距离出行不便问题的新选择。尝试分析作为大数据背景下的产物,共享单车大数据是如何采集的,又是如何存储和传输的？

1. 实训目的

在开始本实训之前,请认真阅读相关内容。

(1) 熟悉"互联网＋""大数据"的概念。

(2) 熟悉共享单车的使用方法,并体验共享单车的使用过程。

(3) 讨论共享单车对人类生活的影响。

2. 实训内容与步骤

开展头脑风暴小组讨论:共享单车给我们带来了生活的便利,我们如何理解"共享单车是大数据背景下的产物"这个命题？

记录你们小组讨论的主要观点,推选代表在课堂上简单阐述你们的观点。

【实训总结】

_____
_____
_____

【教师对实训的评价】

_____
_____
_____

拓展资源

1. 大数据概念

2. 客户画像

3. 神策数据　https://www.sensorsdata.cn/

任务三

人工智能——常见算法

案例导读

纪录片《物种谜题》展现了达尔文环球之旅的发现,即大自然的生物体"物竞天择、适者生存、优胜劣汰",不断进化发展。达尔文以博物学家的身份参加军舰"贝格尔号"的环球航行,此次航行帮助达尔文解开了物种起源之谜。在大西洋马德拉岛上的昆虫,它们多数翅膀退化、失去飞的能力,而少数昆虫的翅膀又特别发达。为什么同一个岛上的昆虫差异这么大呢?原来,海岛上风大浪高,会飞的昆虫大部分被风刮

图 3-1 大自然的物竞天择

到海里淹死了。仅有少数翅膀特别发达和爬在地上不善飞行的昆虫能侥幸地存活下来。这样,自然环境渐渐地使一般会飞的昆虫灭种,只剩下翅膀发达、特别能飞的和干脆不能飞的昆虫。

达尔文得出结论,现代生存的各种生物都是由少数原始生物,经过漫长岁月的变异、遗传和"物竞天择",从低级到高级,由简单至复杂,不断地进化而成的。1859 年,达尔文历时 20 多年写成了科学巨著《物种起源》,震动了学术界。他的主要观点如下:

(1) 适应环境的生物才能生存和繁衍,否则就会被淘汰灭种。

(2) 一切生物都由原始生物,经过不断变异、遗传,在"适者生存"的法则下不断进化而成。

3.1 遗传算法

一、进化计算

在了解遗传算法之前,我们先来了解什么是进化计算。进化计算,又称演化计算,在计算机科学领域,它是人工智能中涉及组合优化问题的一个子域。其产生的灵感来自大

自然的生物进化原理,受到生物进化过程中"优胜劣汰"的自然选择机制和遗传信息传递规律的影响,借用生物进化规律,通过繁殖、竞争、再繁殖、再竞争,实现优胜劣汰,一步步逼近复杂工程技术问题的最优解。

知识延伸

进化计算简介

进化计算是受到达尔文进化论启发而发展的计算模型,通过将现实问题转化为基因染色体表示,并不断地进行选择、交换、变异、复制等操作,逐步逼近最优解。它是一种成熟的具有高鲁棒性和广泛适用性的全局优化方法,具有自组织、自适应、自学习的特性。

进化类算法包括遗传算法、遗传编程、进化策略、进化编程、差分进化、人工智能免疫等。其中,遗传算法是比较典型的进化类算法,现已广泛应用,在科研和实际问题中的应用也越来越广泛。

20世纪中叶,生物模拟成了计算科学的一个重要组成部分,进化算法从任一初始的群体出发,通过随机选择和变异重组,使群体进化到适应度高的程度。

图3-2 进化算法的结构

进化计算有着非常广泛的应用,在图像处理、人工智能、模式识别、社区管理、金融财管等众多领域都有很好的发展,如利用进化算法研究高速网优化设计、集成电路优化布线、机翼气动外形设计等。

二、什么是遗传算法

遗传算法(Genetic Algorithm,简称GA)是进化计算的分支,是美国密歇根大学的J. Holand教授在1975年创建的一种随机启发式搜索算法。J. Holand出版了专著《自然系统和人工系统的适配》,系统阐述了遗传算法的基本理论和方法。20世纪80年代后,遗传算法进入繁荣发展时期,被广泛应用于自动控制、图像处理、机器人等领域。

遗传算法模拟了达尔文生物进化论的自然选择和遗传学机理的生物进化过程,是一种通过模拟自然进化过程随机搜索最优解的计算模型。它类似于自然界种群中的生物繁衍,通过不断地进化和变异产生更加适应环境的个体。遗传算法的本质是在目标函数的控制下采用搜索的方法找出最优解。

(一) 遗传算法的基本原理

遗传算法的基本原理:首先对问题进行描述,将可能的答案预先进行编码和向量化,再用随机数初始化一个种群,种群中的每一个个体对应一个编码,通过适应度评价函数来计算个体适应性,淘汰适应度低的个体,从而让优良的个体交叉复制和变异产生下一代,最终求得最优解或满意解。

（二）遗传算法运算流程

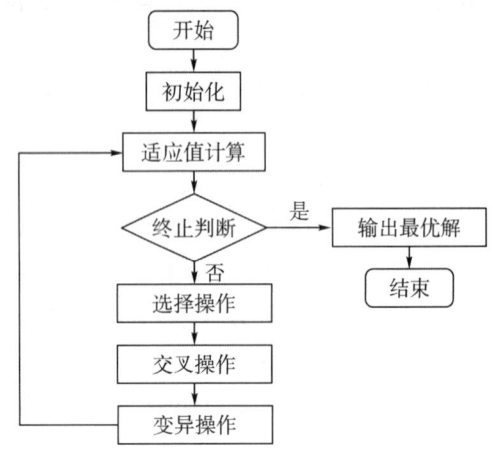

图3-3　遗传算法运算流程

（1）初始化：对进化迭代数、随机个数生成的种群进行设置。

（2）适应值计算：就是对每一个个体的适应度进行评价计算。

（3）终止判断：如果个体的适应值达到最大值，则输出为最优解，终止计算。

（4）选择操作：选择的目的是从当前群体中选出优良的个体，使它们有机会作为父代为下一代繁衍子孙。根据个体的适应度值，按照一定的规则或方法从上一代群体中选出一些优良的个体遗传到下一代种群中。选择的依据是适应性强的个体为下一代贡献一个或多个后代的概率大。

（5）交叉操作：按一定的交叉算子，交换群体间的染色体。通过交叉操作可以得到新一代个体，新个体组合了父辈个体的特性。将群体中的个体随机搭配成对，对每一个个体，以交叉概率交换它们之间的部分染色体。

（6）变异操作：按一定的变异算子，改变群体里的染色体，产生新个体，为下一次遗传操作做准备。对种群中的每一个个体，以变异概率改变某一个或多个基因座上的基因值为其他的等位基因，同生物界中一样，变异发生的概率很低，变异为新个体的产生提供了机会。

知识链接

最优解和满意解

在探索寻求答案的过程中，一种思路是寻求解决问题的最优方案，另一种思路是寻求根据自己需要而设定一个满意方案。

满意解不一定是最优解，在处理实际系统优化过程中，由于人们对系统结构、状态、参数了解不充分，或对于系统信息掌握不完备，或者最优解思路计算量大，相对复杂、烦琐，要求得最优解不现实或不必要，在实际工作中只要在可行解集合中找到一个令决策者满意的解就可以了。

三、遗传算法的特点

遗传算法与传统的优化算法相比,具有如下优点:

(1) 用编码作为运算对象,借鉴了生物学的基因遗传概念,模仿了大自然"物竞天择"的进化原理。

(2) 用概率搜索技术,能够普遍求解数值问题,对目标函数的要求低,可用极大概率来找到最优解。

(3) 用适应度作为搜索信息的依据,无需求导,也不需要对问题进行深入的分析,确定问题的决策变量编码后,就可以得到满意解。

小试牛刀

1. 遗传算法是一种( ),其基本原理是仿效生物界中的"物竞天择、适者生存"的演化法,它最初由美国 Michigan 大学的 J. Holland 教授于 1967 年提出。
   A. 进化算法　　　　　　　　　B. 群智算法
   C. 模拟退火算法　　　　　　　D. 神经网络算法
2. 遗传算法进行群体搜索,在此过程中引入了( )运算,使群体可以不断进化。
   A. 遗传　　　　B. 并列　　　　C. 随机　　　　D. 点乘
3. 与传统的优化算法相比,遗传算法具有哪些优点?

3.2 免疫算法

一、人工免疫系统

生物免疫系统是动物抵御外来侵害的防御系统。免疫系统对侵入机体的细胞、病毒和各种病原体等具有识别、应答和排除的能力。免疫系统的一大特点就是以有限的资源来有效地应对数量庞大且种类多变的病毒的入侵。

作为人工智能领域的重要分支,人工免疫系统(Artificial Immune System,简称 AIS)是借鉴生物免疫系统信息处理机制,对生物免疫系统的结构和功能进行抽象的信息处理技术、计算技术及其在工程和科学中应用而产生的智能系统。

人工免疫系统是一个自适应系统,具备模式识别、学习和记忆的能力,具有动态性和自适应性的信息防御体系,从而保证接收信息的有效性。

知识链接

人工免疫系统的历史

1958 年,澳大利亚学者 Burnet 提出与免疫算法相关的"克隆选择学说"。1973 年,美国诺贝尔奖获得者、生物学家、医学家、免疫学家Jerne基于Burnet的"克隆选择学说"提出了免疫理论。

1996年12月,在日本举行的基于免疫性系统的国际专题讨论会首次提出了"人工免疫系统"(AIS)的概念。关于免疫算法的研究成果被应用到控制工程、智能机器人、故障诊断、图像处理等领域。

——根据相关资料整理

二、免疫算法

(一) 概念

生物免疫系统的免疫能力是通过抗体消灭入侵的病原体(抗原)而实现的。模拟生物免疫系统的功能可以构造出人工免疫系统,基于人工免疫系统又可以设计出免疫算法(Immune Algorithm)。

免疫算法是基于生物免疫系统基本机制设计出的一种具有生成和检测的迭代过程,对多峰值函数进行多峰值搜索和全局寻优的群智能搜索算法。免疫算法类似人类的免疫过程,其过程为病原体入侵人体——人体免疫系统对此产生抗体——免疫系统主要依靠抗体来对入侵抗原进行攻击以保护有机体。

免疫算法具有一般免疫系统的特征,实现了类似于生物免疫系统的抗原识别、细胞分化、记忆和自我调节的功能。

免疫算法、遗传算法以及下文提到的蚁群算法都属于模拟自然界生物行为的仿生算法。

(二) 生物免疫的机制

(1) 抗原识别:生物免疫系统识别出抗原并根据抗原的特性生成不同的由B细胞分化成的浆细胞来产生抗体。

(2) 根据亲和度来选择浆细胞:若产生的抗体与抗原的亲和度高则保留,否则消灭掉。

(3) 存在记忆细胞:B细胞分化为浆细胞和记忆细胞,记忆细胞保存亲和度高的抗体信息。

(4) 促进和抑制抗体的产生:能产生亲和度高抗体的浆细胞被促进,反之则被抑制。

(5) 通过交叉变异产生下一代抗体。

表3-1 免疫算法与生物免疫系统概念的关系对应表

生物免疫系统	免疫算法
抗原	优化问题
抗体	优化问题的可行解
亲和度	可行解的质量
细胞活化	免疫选择
细胞分化	个体克隆
亲和度成熟	变异

(续表)

生物免疫系统	免疫算法
克隆抑制	优秀个体选择和剩余候选解的消除
动态稳态维持	种群刷新

将免疫算法与求解优化问题的一般搜索方法相比较,抗原、抗体、亲和度这三者分别对应于优化问题的目标函数、优化解、可行解与目标函数的匹配程度。

(三) 免疫算法的步骤

(1) 抗原的识别阶段:输入目标函数和各种约束作为免疫算法的抗原,并选择亲和度函数。

(2) 初始抗体的产生阶段:确定抗体的编码方式,在解空间中用随机方法产生抗体。免疫算法的抗体可以用字符串表示。

(3) 亲和度的计算:分别计算抗原和抗体之间的亲和度并排序。

(4) 浓度和激励度的计算:构造抗体与抗体之间的浓度函数,以计算抗体之间的差异度,浓度值越小,则新抗体与抗体群中的差异越大。而抗体激励度是综合评估亲和度和浓度的函数,通常亲和度大、浓度低的抗体会获得较高的激励度。

(5) 记忆单元的分化:将与抗原亲和性高的抗体加入记忆单元,并执行免疫操作。免疫操作过程包括免疫选择、克隆、变异和克隆抑制四个步骤。

(6) 抗体的产生:构造免疫算子,通过交叉、变异和种群刷新产生进入下一代的抗体。

(7) 种群更新:以新抗体替代种群中依据抗体浓度限制进入新抗体群中的相同的抗体数目,以保持抗体群中抗体的多样性,增强抗体群的免疫力,防止算法收敛到局部最优解。

(8) 终止记忆细胞的迭代:在达到指定阈值的时候终止记忆细胞的生成和选取。

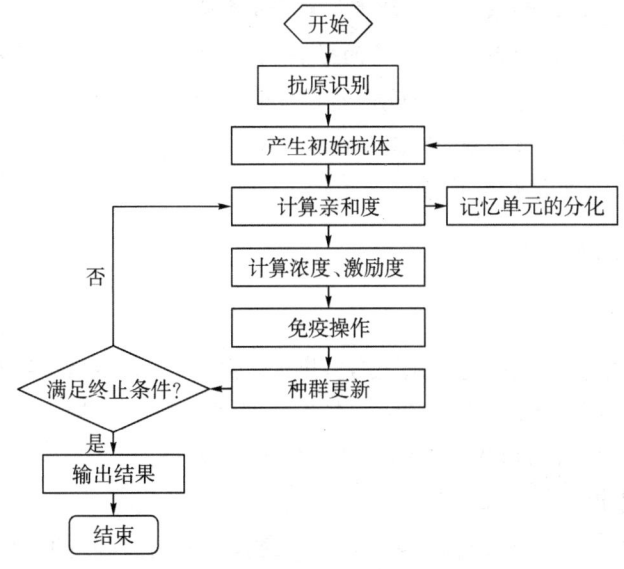

图 3-4 免疫算法运算流程

三、免疫算法的种类

近年来,根据国内外发展的免疫学说,学者们提出了不同的免疫算法。

(一)免疫遗传算法

免疫遗传算法(Immune Genetic Algorithm,简称 IGA)是一种改进的遗传算法。该算法将免疫理论和遗传算法各自的优点结合起来,在传统的算法基础上加入一个免疫算子,以防止种群的退化。

(二)克隆选择算法

克隆就是无性繁殖。克隆选择算法(Clonal Selection Algorithm,简称 CSA)是在抗体种群和抗体优秀基因中进行克隆选择操作,由单个最优个体演变为最优解集,体现免疫的多样性,扩大搜索区域,全面地模拟生物免疫系统克隆选择的过程。

(三)基于疫苗的免疫算法

基于疫苗的免疫算法是对所求解的问题进行具体分析,从中提取出最基本的特征信息;再对特征信息进行处理转化成免疫算子,并用来产生新的个体;针对不同特征信息提取出不同的疫苗,以消除抗原在新个体产生时所带来的负面影响。

知识链接

人工免疫算法与遗传算法的关系

遗传算法由进化论发展而来,而免疫系统的变异就是进化的一种特殊现象,这种现象使免疫算法中所用的遗传结构和遗传算法的类似。人工免疫系统算法可看成遗传算法的一种优化形式,主要体现在提高群体多样性。

免疫算法和进化计算都采用群体搜索策略,都强调群体中个体间的信息交换,两者的区别为免疫算法确保了快速收敛于全局的最优解,而标准遗传算法不能保证快速收敛。免疫算法的评价标准是计算亲和力,而进化算法则是简单计算个体的适应度。免疫算法体现了免疫反应的自我调节功能,保证了个体的多样性;而进化算法只是根据适应度选择个体,并没有对个体多样性进行调节。

四、免疫算法的特点

(一)多样性

人工免疫系统借鉴了生物免疫系统的多样性,当病毒入侵时,不会出现所有个体都对同一病毒呈现脆弱性的情况。人工免疫系统对抗体的克隆和变异有助于产生新的抗体,使抗体库呈现多样性特征,可大大增强个体和群体的健壮性。

(二)并行分布性

免疫算法的优化是一种多进程的并行优化处理过程,在探求问题最优解的同时可以得到问题的多个次优解,即除找到问题的最佳解决方案外,也可以得到若干较好的备选方案,尤其适合于多模态的优化问题。

(三) 强适应性和鲁棒性

基于生物免疫机理的免疫算法不针对特定问题,而且不强调算法的参数设置和初始解的质量,即使起步于劣质解种群,利用其启发式的智能搜索机制,最终也可以搜索到问题的全局最优解。该算法对问题和初始解的依赖性不强,具有很强的适应性和鲁棒性。

小试牛刀

1. 简述免疫算法的运算流程。
2. 免疫算法的特点有哪些?

3.3 蚁群算法

一、蚂蚁觅食过程

蚂蚁在觅食过程中能够在其经过的路径上留下一种被称为信息素的物质,用来标识自己的行走路径。蚂蚁在觅食过程中能够感知环境中的信息素以确定自己的行动方向,蚂蚁总是向信息素高的方向移动。开始的时候,蚂蚁行动的路径是随机的,随着信息素的不断释放,逐渐标识自己的路径。若是正确路径,则会吸引更多蚂蚁,这样受到高浓度信息素的指引,越来越多的蚂蚁就会聚集到觅食的正确路径上。

二、蚁群算法

(一) 蚁群算法的概念

1992年,意大利学者Marco Dorigo教授在真实蚁群行为的启发下,提出蚁群算法(Ant Colony Optimization,简称ACO)。该算法是通过模拟蚂蚁寻找食物的过程,求解从原点出发经过多个给定需求点的最短路径的一种群集智能算法。

蚁群算法利用真实蚂蚁群搜索食物的过程与旅行商问题之间的相似性,通过模拟蚂蚁搜索食物的过程中个体之间的信息交流与相互协作最终找到从蚁群到食物源的最短路径的原理解决了旅行商问题,取得了很好的结果。

蚁群算法是一种源于大自然生物世界的仿生进化算法,具有分布计算、信息正反馈和启发式搜索的特征,本质上是进化算法中的一种启发式全局优化算法。

图3-5 蚁群算法的提出者 Marco Dorigo教授

知识延伸

旅行商问题

旅行商问题(Travelling Salesman Mroblem,简称TSP)是给定一系列城市和每对城市之间的距离,求解访问每一座城市一次并回到起始城市的最短回路。最早的旅行商问题是1959年由美国数学家 George Bernard Dantzig 等人提出,并且在最优化领域中进行了深入研究。

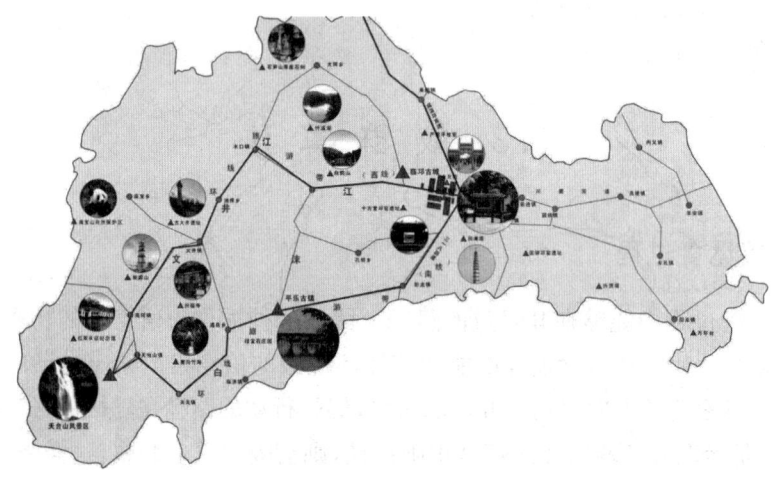

图3-6 旅行商线路图示

(二) 蚁群算法的规则

(1) 感知范围:蚂蚁观察到的范围是一个方格世界,人工蚂蚁可观察和移动的范围就是方格世界。

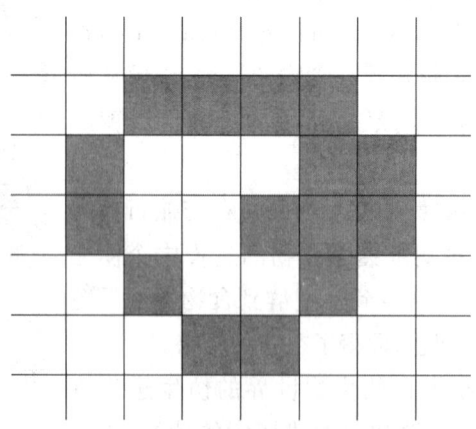

图3-7 人工蚂蚁的观察和移动范围

(2) 环境信息:蚂蚁所在环境中有障碍物、其他蚂蚁、信息素等,其中信息素以一定速率消失。

（3）觅食规则：蚂蚁在感知范围内寻找食物，一般会向信息素多的地方走，但是每只蚂蚁会以小概率犯错误，并非都往信息素最多的方向移动。

（4）移动规则：蚂蚁朝信息素最多的方向移动，当周围没有信息素指引时，会按照原来运动方向惯性移动。而且蚂蚁会记住最近走过的点，防止原地转圈。

（5）避障规则：当待移动方向有障碍物时，蚂蚁将随机选择其他方向；当有信息素指引时，它们将按照觅食规则移动。

（6）散发信息素规则：在刚找到食物或者窝时，蚂蚁散发的信息素最多；当越来越远时，散发的信息素将逐渐减少。

（三）蚁群算法的特点

1. 正反馈性

蚁群在搜索过程中，其路径不断收敛，最终逼近最优解。信息素的堆积是一个正反馈的过程，在较优解的路径上留下的信息素越多则吸引的蚂蚁越多。正反馈的过程引导系统向最优解的方向进化。

2. 自组织性

蚁群算法的组织来自系统内部，在获取空间、时间的过程中，不受外界的影响。

3. 并行化

蚁群算法作为一种并行算法，搜索过程采用分布式计算方式，多个个体并行计算，大大提高了算法的计算能力和运行效率。

4. 强鲁棒性

蚁群算法不依赖于初始路线的选择，且在搜索过程中不需要进行人工调整。蚁群算法的参数较少，设置简单，易于求解问题。

（四）人工蚂蚁与真实蚂蚁的对比

蚁群算法是一种基于群体的、求解复杂优化问题的通用搜索技术。与真实蚂蚁通过外信息的留存、跟随行为进行间接通信相似，蚁群算法中一群简单的人工蚂蚁通过信息素进行间接通信，并利用该信息和问题相关的启发式信息逐步构造问题的解。

人工蚂蚁具有两重特性：一方面，人工蚂蚁是真实蚂蚁的抽象，具有真实蚂蚁的特性；另一方面，人工蚂蚁还有一些真实蚂蚁没有的特性，这些新的特性使人工蚂蚁在解决优化问题时，具有更好地搜索较优解的能力。

人工蚂蚁与真实蚂蚁都存在个体相互交流的通信机制，都要完成寻找最短路径的任务，都采用根据当前信息进行路径选择的随机选择策略。

人工蚂蚁与真实蚂蚁的不同之处在于：人工蚂蚁具有记忆能力，而生物蚂蚁未发现有记忆特性；人工蚂蚁选择路径时不是完全盲目的，人工蚂蚁更新信息素的时机依赖于特定的问题，而生物蚂蚁寻找路径则依靠数量优势。

三、基本蚁群算法流程

蚁群算法流程,以旅行商问题为例,开始时,各城市之间的连接路径上信息素浓度相同。每只人工蚂蚁对于已经去过的城市就不再访问,并在路径上增加信息素,人工蚂蚁按一定概率选择线路,通过蚁群算法来找出最佳路径。

四、蚁群算法的缺点

作为一种启发式仿生类进化算法,蚁群算法也是有缺点的:一是需要较长的计算时间,当蚂蚁群体规模较大时,很难在较短时间内从大量杂乱无章的路径中找到一条较好的路径;二是所有通过路段的搜索路径对应的候选解都会带来信息素的增量,可能会造成大量的无效搜索,使系统出现停滞现象。

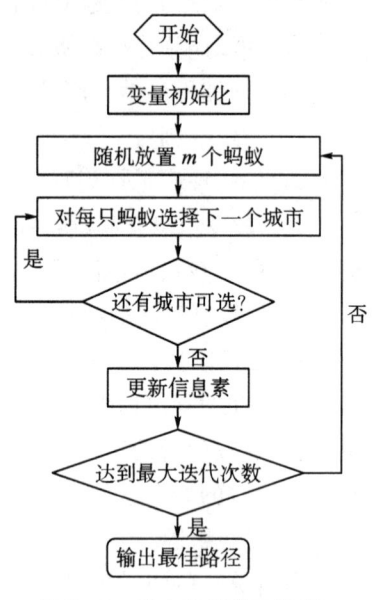

图3-8 基本蚁群算法流程

小试牛刀

1. 简述蚁群算法的规则。
2. 如何运用蚁群算法解决旅行商问题?

3.4 粒子群算法

一、粒子群算法

粒子群优化(Particle Swarm Optimization,简称PSO)算法,简称"粒子群算法",其思想源于对鸟群捕食行为的研究,模拟鸟集群飞行觅食的行为。鸟与鸟之间通过集体协作使群体达到最优目的。受自然界的启发,学者们开发了诸多智能算法,如蚁群算法、布谷鸟搜索算法、鱼群算法、捕猎算法等。

1995年,美国社会心理学家 James Kennedy 和电气工程师 Russell Eberhart 从鸟类群体寻找食物的过程中得到启发,共同提出了粒子群算法。该算法同遗传算法、蚁群算法等群智能算法类似,都是受到生物群体启发的优化算法。

二、算法原理

粒子群算法模拟鸟群的捕食行为。一群鸟在随机搜索食物,在这个区域里只有一块食物,所有的鸟都不知道食物在哪里,但是它们知道当前的位置离食物还有多远。那么找到食物的最优策略是什么呢?最有效的方法就是搜寻离食物最近的鸟的周围区域。

粒子群算法就是模拟鸟群觅食行为的一种仿生算法，假设区域里就只有一块食物，鸟群的任务是找到这个食物。鸟群在整个搜寻的过程中，通过相互传递各自的信息，让其他的鸟知道自己的位置，通过这样的协作来判断自己找到的是不是这个食物，同时也将信息传递给整个鸟群，最终，整个鸟群都能聚集在食物周围，即我们所说的找到了最优解。该算法被广泛应用于函数优化、神经网络训练、模式分类、模糊控制等领域。

三、粒子群算法流程

第一步：初始化粒子群，确定粒子的规模、数量、位置和速度。

第二步：计算每个粒子的适应度值。

第三步：对每个粒子，用它的适应度值和个体极值比较，如果适应度值大于个体极值，则用适应度值替换掉个体极值。

第四步：对每个粒子，用它的适应度值和全局极值比较，如果适应度值大于全局极值，则用适应度值替换掉全局极值。

第五步：根据粒子特点更新速度和位置。

第六步：如果满足结束条件（误差足够好或到达最大循环次数）退出，否则返回第二步。

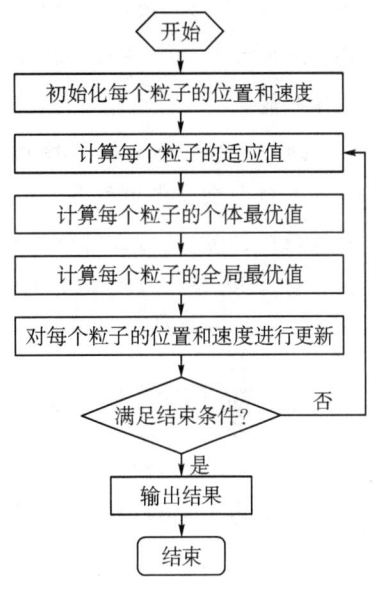

图3-9 粒子群算法流程图

四、粒子群算法的特点

（一）速度快

和同为随机搜索的遗传算法相比，粒子群算法没有遗传算法的交叉和变异，而采用了速度、位置移动的操作方式，依靠粒子速度来决定搜索。在迭代过程中只有最优的粒子将信息传递给其他粒子，搜索速度快。

（二）易实现

粒子群算法是基于群体智能理论的优化算法，通过群体中粒子之间的合作与竞争产生的群体智能指导优化搜索。粒子群算法需要调整的参数少，结构简单，易于实现。

（三）记忆性

粒子算法特有的记忆功能可以动态地跟踪当前搜索情况并调整其搜索策略。一般来说，搜索算法对于种群规模是非常敏感的，但是粒子群算法对种群规模大小敏感度不高。当种群数量较少时，搜索性能也不会大幅下降。

（四）可参考

粒子群算法除了可以找到问题的最优解之外，还可以得到不少次优解，这对于解决调度和决策问题很有意义。

> **知识链接**

<h3 style="text-align:center">群 体 智 能</h3>

在一些动物社会里,个体微不足道,群体却充满智慧,没有领导,没有组织者,所有的分工却秩序井然,这就是群体智能(Swarm Intelligence,简称 SI)。一般而言,任何一种由昆虫群体或其他动物社会行为机制而激发设计出的算法或分布式解决问题的策略都属于群体智能。

James Kennedy 和 Russell C. Eberhart 在 2019 年共著了《群体智能》一书,是群体智能发展的一个重要历程碑。蜂群、蚁群、鸟群都是群体的典型例子。鱼聚集成群可以有效地逃避捕食者,因为任何一只鱼发现异常都可带动整个鱼群逃避。蚂蚁成群则有利于寻找食物,因为任一只蚂蚁发现食物都可带领蚁群来共同搬运和进食。蚁群算法、粒子群算法都是群体智能的一种工程应用。

五、粒子群算法举例

粒子群算法是模拟一群鸟寻找食物的过程,每个鸟就是粒子群算法中的粒子,也就是我们需要求解问题的可能解,这些鸟在寻找食物的过程中,不停改变自己在空中飞行的位置与速度。

关于粒子群算法解决问题的思路,用一个数学问题来举例说明。

$f(x) = 1 - \cos(3*x) * e^{-x}$,求解该函数在区间$[0,4]$上的最大值。

$F(x)$函数图像如下:

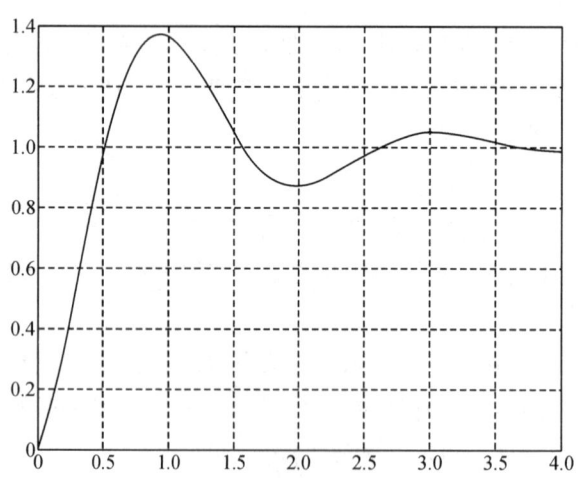

图 3-10　$F(x)$函数图像

当 $x = 0.9350 - 0.9450$,达到最大值 $y = 1.3706$。

为了得到该函数的最大值,在$[0,4]$之间随机地放置一些粒子,为了演示,我们放置两个粒子点,并且计算这两个点的函数值。

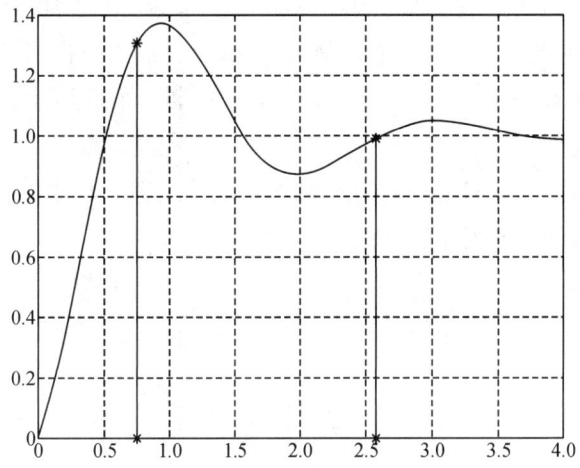

图 3-11　$F(x)$ 函数上的 2 个点

这两个点就是粒子群算法中的粒子。该函数的最大值就是鸟群中的食物位置。计算两个点函数值就是粒子群算法中的适应值,计算用的函数就是粒子群算法中的适应度函数。然后给这两个点设置在区间[0,4]之间的一个速度,通过不断地迭代,就会形成很多的粒子点,这些点就会按照一定的公式更改自己的位置。

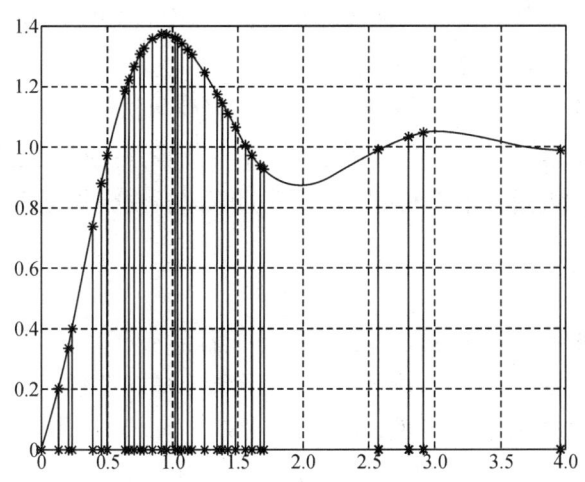

图 3-12　$F(x)$ 函数上的各个点

最后就形成以上图像,在 $y = 1.3706$ 这个点停止自己的更新,最后所有的点都集中在最大值的地方。

小试牛刀

1. 1987 年,生物学家 Craig Reynolds 提出了一个非常有影响的(　　)模型。
   A. 鸟群聚集　　　　　　　　B. 鱼群搜索

  C. 智能群体   D. 随机搜索

2. 1995 年,美国社会心理学家 James Kennedy 和电气工程师 Russell Eberhart 受对鸟类群体行为进行建模与仿真的研究结果的启发,共同提出了( )。

  A. 蚂蚁算法   B. 粒子群算法

  C. 遗传算法   D. 免疫算法

3. 粒子群算法是( ),对种群进行随机初始化处理,使用适应值来评价个体的优劣,并根据自己的速度来决定搜索。

  A. 随机搜索算法   B. 分配算法

  C. 调度算法   D. 固定模式算法

3.5 模拟退火算法

一、模拟退火算法

(一)算法简述

  模拟退火算法(Simulated Annealing,简称 SA)最早由 N. Metropolis 等人于 1953 年提出,1983 年 S. Kirkpatrick 将退火思想应用于组合优化领域,它是基于蒙特卡罗(英文名 Monte-Carlo)迭代求解策略的一种随机寻优算法,其出发点是基于物理中固体物质的退火过程与一般组合优化问题之间的相似性。

  模拟退火算法作为一种通用优化算法,是局部搜索算法的扩展,从理论上具有概率的全局优化性能。模拟退火算法以优化问题的求解与物理系统退火过程的相似性为基础,利用 Metropolis 算法并适当地控制温度的下降过程来实现模拟退火,从而达到求解全局优化问题的目的。

(二)原理

  模拟退火算法来源于固体退火原理,将固体加温至充分高,再让其徐徐冷却,加温时,固体内部粒子随温升变为无序状,内能增大,而徐徐冷却时粒子渐趋有序,在每个温度都达到平衡态,最后在常温时达到基态,内能减为最小。

  模拟退火算法从某一较高初温出发,伴随温度参数的不断下降,结合概率突跳特性在解空间中随机寻找目标函数的全局最优解,即在局部最优解能概率性地跳出并最终趋于全局最优。

(三)算法解释

  模拟退火算法包括两个部分,即 Metropolis 算法和退火过程。Metropolis 算法就是如何在局部优解下让其跳出局部,这是退火的基础。1953 年,Metropolis 提出了重要性采样方法,即以概率来接受新状态,而不是使用完全确定的规则。Metropolis 算法通过赋予搜索过程一种时变且最终趋于零的概率突跳性,从而可有效避免陷入局部极小并最终趋于全局最优的串行结构的优化算法。

模拟退火算法实质是一种贪心算法,但和贪心算法不同的是,模拟退火算法在搜索过程中加入了随机的因素,它在搜索的过程中,会以一定的概率来接受比当前解要更差的解,因此有可能会跳出这个局部最优解,找到全局的最优值。如图3-13所示,假设从A点出发,搜索过程中找到了局部最优解B,模拟退火算法会以一定的概率接受比B更差的解,从而找到全局最优解C。

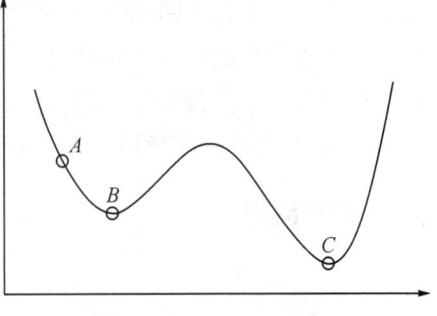

图3-13 算法曲线描述图

知识延伸

模拟退火算法和贪心算法的有趣比较

贪心算法:峨眉山上有一只猴子向比目前更高的地方跳跃过去,它找到了不远处的最高山峰,但是这座山峰不一定是峨眉山的最高峰万佛顶。这个贪心算法不能保证局部的最优解就是全局最优解。

模拟退火算法:还是那只猴子,它喝醉了酒,随机地乱跳,这期间,它可能会跳向更高的地方,也可能会跳到平地上,但是它总会在比较后期向最高峰万佛顶跳去,这就是模拟退火算法。

二、模拟退火算法的特点

模拟退火算法的应用很广泛,可以高效地求解旅行商问题、最大截问题、背包问题、图形着色问题等。

模拟退火算法是一种随机算法,可以较快地找到问题的近似最优解。如果参数设置得当,模拟退火算法搜索效率比穷举法要高。模拟退火算法是通过赋予搜索过程一种时变且最趋于零的概率突跳性,从而可以有效避免陷入局部极小并最终趋于全局最优的串行结构的优化算法。模拟退火算法与初始值无关,算法求得的解与初始解状态无关。模拟退火算法还具有并行性的特点。

三、模拟退火算法的应用

模拟退火算法是用来解NP完全组合优化问题的有效近似算法,利用该算法对类似旅行商问题的路径问题进行求解。针对城市道路行走不同的目标要求如路径最短、时间最短等进行优化,选择最佳行走路径,该算法有较高的精确性。

模拟退火算法在优化企业运营与管理中,管理者需要将人员分配到最合适的位置上,从而降低成本,提高效益。例如,某公司需完成多项任务,恰好有多名员工可以承担这些任务。每项任务只能由一名员工来完成,每名员工也可能做一项任务。不同的员工完成各项任务的成本也不同,这样就可以采用模拟退火算法将企业人员分配到最佳的位置。

模拟退火算法是一种通用的优化算法,理论上算法具有概率的全局优化性能,目前已在工程中得到了广泛应用,诸如超大规模集成电路布线、生产调度、控制工程、机器学习、神经网络、信号处理等领域。

知识链接

NP 完全问题

NP 是 Non-deterministic Polynomial 的问题,即多项式复杂程度的非确定性问题。而如果所有 NP 问题都是多项式时间可解的,那么这个 NP 问题就称为 NP 完全问题(Non-deterministic Polynomial Complete problem,简称 NP - C)。

简单来说,有些计算问题是确定性的,比如加减乘除之类,你只要按照公式推导,按部就班一步步来,就可以得到结果,这些问题就是 P 问题。但是,有些问题是无法按部就班直接地计算出来的,这些问题就是 NP 问题。而如果这种无法按部就班计算出来的问题,又可以通过某种方法(如穷举法)来解决,这就是 NP - C 问题。

小试牛刀

1. 1983 年,S. Kirkpatrick 等将退火思想应用于( )领域,它是基于 Monte - Carlo(蒙特卡罗)迭代求解策略的一种随机寻优算法。
   A. 组合优化　　　　　　　　B. 固定优化
   C. 群体智能　　　　　　　　D. 非线性优化
2. 模拟退火算法是一种( ),并不一定能找到全局的最优解,可以比较快地找到问题的近似最优解。
   A. 随机算法　　　　　　　　B. 确定算法
   C. 非收敛算法　　　　　　　D. 遗传算法
3. 模拟退火算法实质是一种贪心算法,但和贪心算法不同的是,模拟退火算法在搜索过程中加入了( )因素,它在搜索的过程中,会以一定的概率来接受比当前解要更差的解,因此有可能会跳出这个局部最优解,找到全局的最优值。
   A. 随机　　　B. 分配　　　C. 调度　　　D. 贪心

思维与操作实训

AlphaGo 是由谷歌公司的 DeepMind 团队开发的人工智能机器人,在 2016 年和 2017 年战胜两位人类围棋世界冠军。2019 年,该团队开发的 AlphaStar 在即时战略游戏《星际争霸2》中,以大比分战胜两名人类职业选手。AlphaGo 和 AlphaStar 的工作原理是"深度学习"。

1. 以小组为单位,利用在线学习平台,讨论:"深度学习"涉及哪些算法?
2. 开展头脑风暴,小组讨论:如何看待世界围棋冠军李世石战胜 AlphaGo 那唯一的一场人类胜局? 是 AlphaGo 算法的 Bug,还是 AlphaGo 故意示弱?

【实训总结】
_____
_____
_____

【教师对实训的评价】
_____
_____
_____
_____

拓展资源

1. https://www.python.org/downloads/windows/
2. https://code.visualstudio.com/

任务四

让机器能看会认

案例导读

"2035年,这是个机器的时代!"这不仅仅指那些已经高度发达的机械化大生产,充满成熟科技的生活用品和家用电器,它作为机器人公司的一句广告语,更多地是表明那些已经渗透进人类生活的智能机器人。作为最好的生产工具和人类伙伴,机器人开始在各个领域扮演日益重要的角色,而由于众所周知的机器人三大法则的限制,人类对这些能够胜任各种工作且毫无怨言的伙伴充满信任,它们中的很多甚至已经成了一个家庭的"成员"。科幻片《我,机器人》讲述了机器人研究中心设计的NS-5型高级机器人,随着运算能力的不断提高,它学会了独立思考,并且自己解开了控制密码。部分机器人开始不受控制了,它们已经是完全独立的群体,一个和人类并存的高智商机械群体,它们也随时会转化成整个人类的"机械公敌"。人类必须赶在机器人行动之前查清事情的真相,为此展开对抗机器人的行动。

图4-1 电影《我,机器人》剧照

让机器能看会认,离不开图像识别技术。我们日常生活中,经常会使用到机器的视觉能力,如现在的高铁、地铁站闸道口安检,采用的就是基于人的脸部特征信息进行身份识别的一种生物识别技术。

机器视觉技术,目前已广泛应用于金融、司法、军队、公安、边检、政府、航天、电力、工厂、教育、医疗等众多领域。随着技术的进一步成熟和社会认同度的提高,这一技术还将应用在更多的领域。下面我们将揭开机器是怎么实现能看会认的神秘面纱的。

4.1 模 式 识 别

一、什么是模式识别

模式识别(Pattern Recognition)原本是人类的一项基本智能,是指对表征事物或现象的各种形式的(数值的、文字的和逻辑关系的)信息进行处理和分析,以对事物或现象进行描述、辨认、分类和解释的过程,是信息科学和人工智能的重要组成部分。

图4-2 计算机图像模式识别

应用计算机对一组事件或过程进行鉴别和分类。所识别的事件或过程可以是文字、声音、图像等具体对象,也可以是状态、程度等抽象对象。这些对象与数字形式的信息相区别,被称为模式信息。

模式还可分成抽象的和具体的两种形式。前者如意识、思想、议论等,属于概念识别研究的范畴,是人工智能的另一研究分支。我们所指的模式识别主要是对语音波形、地震波、心电图、脑电图、图片、文字、符号、生物的传感器等对象进行测量的具体模式进行分类和辨识。

模式识别是一门与数学有着紧密结合的科学,其中涉及的思想方法大部分是概率与统计。模式识别主要分为三种:统计模式识别、句法模式识别和模糊模式识别。

模式识别研究主要集中在两方面：一是研究生物体（包括人）是如何感知对象的，属于认识科学的范畴；二是在给定的任务下，如何用计算机实现模式识别的理论和方法。前者是生理学家、心理学家、生物学家和神经生理学家的研究内容；后者通过数学家、信息学专家和计算机科学工作者近几十年来的努力，已经取得了系统的研究成果。

图4-3　视频监控系统中的模式识别

二、模式识别方法

（一）统计方法

统计方法又称为"决策理论方法"，是发展较早也较成熟的一种方法。被识别对象首先被数字化，成为适于计算机处理的数字信息。一个模式常常要用很大的信息量来表示。许多模式识别系统在数字化环节之后还进行预处理，用于除去混入的干扰信息并减少某些变形和失真。随后进行特征抽取，即从数字化后或预处理后的输入模式中抽取一组特征。所谓特征是选定的一种度量，它对于一般的变形和失真保持不变或几乎不变，并且只含尽可能少的冗余信息。特征抽取过程将输入模式从对象空间映射到特征空间。这时，模式可用特征空间中的一个点或一个特征矢量表示。这种映射不仅压缩了信息量，而且易于分类。在决策理论方法中，特征抽取占有重要的地位，但尚无通用的理论指导，只能通过分析具体识别对象决定选取何种特征。特征抽取后可进行分类，即从特征空间再映射到决策空间。为此而引入鉴别函数，由特征矢量计算出相应于各类别的鉴别函数值，通过鉴别函数值的比较实行分类。

（二）结构方法

结构方法，又称句法方法或语言学方法。其基本思想是把一个模式描述为较简单的子模式的组合，子模式又可描述为更简单的子模式的组合，最终得到一个树形的结构描述，在底层的最简单的子模式称为模式基元。在结构方法中选取基元的问题相当于在决策理论方法中选取特征的问题。通常要求所选的基元能对模式提供一个紧凑的反映其结构关系的描述，又要易于用非结构方法加以抽取。显然，基元本身不应该含有重要的结构信息。模式以一组基元和它们的组合关系来描述,称为模式描述语句,这相当于在语言中,句子和短语用词组合,词用字符组合一样。基元组合成模式的规则,由所谓语法来指定。一旦基元被鉴别,识别过程可通过句法分析进行,即分析给定的模式语句是否符合指定的语法,满足某类语法的即被分入该类。

模式识别方法的选择取决于问题的性质。如果被识别的对象极为复杂,而且包含丰富的结构信息,一般采用结构方法;被识别对象不是很复杂或不含明显的结构信息,一般采用决策理论方法。这两种方法不能截然分开,在结构方法中,基元本身就是用决策理论方法抽取的。在应用中,将这两种方法结合起来分别施加于不同的层次,常能收到较好的效果。

三、模式识别的应用

模式识别可用于文字和语音识别、指纹识别、遥感和医学诊断等方面。

(一) 文字识别

汉字已有数千年的历史,也是世界上使用人数最多的文字,对于中华民族灿烂文化的形成和发展有着不可磨灭的功勋。所以在信息技术及计算机技术日益普及的今天,如何将文字方便、快速地输入计算机中已成了影响人机接口效率的一个重要瓶颈。目前,汉字输入主要分为人工键盘输入和机器自动识别输入两种。其中,人工键入速度慢而且劳动强度大;自动输入又分为汉字识别输入及语音识别输入。从识别技术的难度来说,手写体识别的难度高于印刷体识别,而在手写体识别中,脱机手写体的难度又远远超过了连机手写体识别。

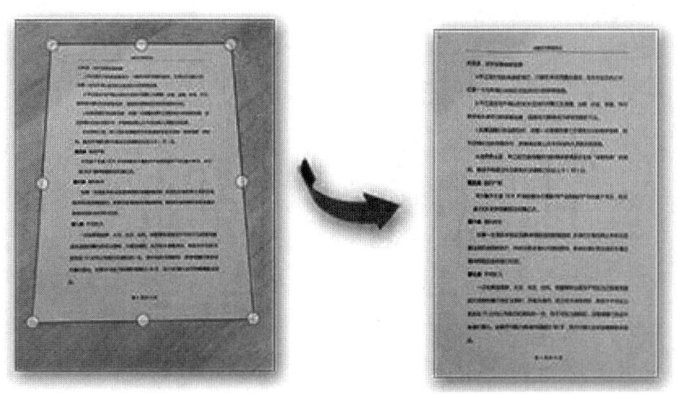

图4-4 模式识别应用于文字识别

(二) 语音识别

语音识别技术所涉及的领域包括:信号处理、模式识别、概率论和信息论、发声机理和听觉机理、人工智能等。近年来,在生物识别技术领域中,声纹识别技术以其独特的方便性、经济性和准确性等优势受到世人瞩目,并日益成为人们日常生活和工作中重要且普及的安全验证方式。目前,利用基因算法训练连续隐马尔柯夫模型的语音识别方法已成为语音识别的主流技术,该方法在语音识别时识别速度较快,也有较高的识别率。

图 4-5　模式识别应用于语音识别

(三) 指纹识别

我们手掌及其手指、脚、脚趾内侧表面的皮肤凹凸不平产生的纹路会形成各种各样的图案。而这些皮肤的纹路在图案、断点和交叉点上各不相同,是唯一的。依靠这种唯一性,就可以将一个人同他的指纹对应起来,通过比较他的指纹和预先保存的指纹进行比较,便可以验证他的真实身份。一般的指纹有以下几个大的类别:left loop, right loop, twin loop, whorl, arch 和 tented arch,这样就可以将每个人的指纹分别归类,进行检索。指纹识别基本上可分成预处理、特征选择和模式分类几个大的步骤。

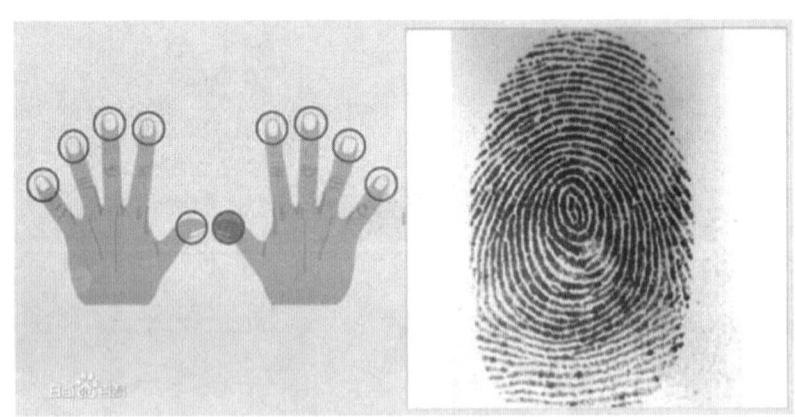

图 4-6　模式识别应用于指纹识别

(四) 遥感和医学诊断

遥感图像识别已广泛用于农作物估产、资源勘察、气象预报和军事侦察等。

在癌细胞检测、X 射线照片分析、血液化验、染色体分析、心电图诊断和脑电图诊断等方面,模式识别已取得了成效。

图 4-7 模式识别应用于遥感

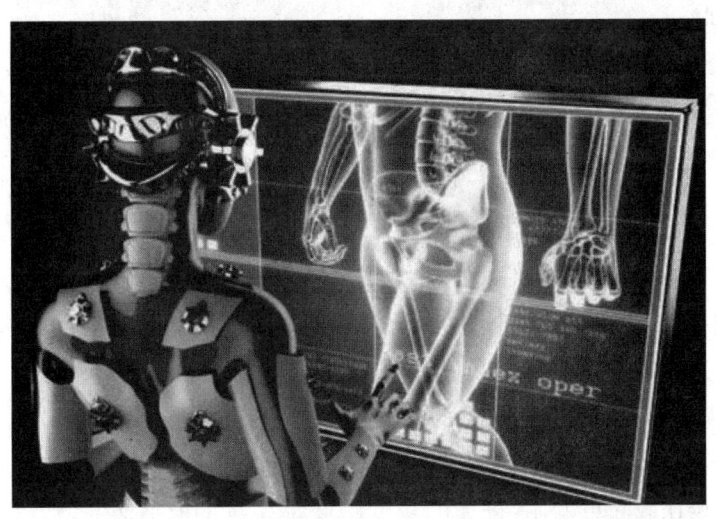

图 4-8 模式识别应用于医学诊断

小试牛刀

1. 模式识别原本是(　　)一项基本智能。
   A. 人类　　　　B. 动物　　　　C. 计算机　　　　D. 人工智能
2. 模式识别是一门与概率与统计紧密结合的科学,主要分为三种模式,但下列(　　)模式不属于其中之一。
   A. 统计　　　　B. 句法　　　　C. 模糊　　　　D. 智能
3. 要实现计算机视觉必须有图像处理的帮助,而图像处理依赖于(　　)的有效运用。
   A. 输入输出　　B. 模式识别　　C. 专家系统　　D. 智能规划

4.2 图像分类

人工智能对图形识别和文本处理方面的需求尤为突出,且已经应用到我们的日常生活中,例如人脸识别、车牌识别、城市智慧大脑项目中的目标检测和目标分类等。图4-9所示为交通路口图像中对各种车辆以及行人的识别分类。

图4-9 交通路口行人、车辆图像分类

图像分类(Image Classification),其实是对图像中主要目标的识别和归类。例如,在很多张随机图片中分辨出哪一张中有直升飞机、哪一张中有狗,或者给定一张图片,让计算机分辨图像中主要目标的类别。图像分类主要是基于图像的内容对图像进行标记,通常会有一组固定的标签,而模型必须预测出最适合图像的标签。这个问题对于机器来说相当困难,因为它看到的只是图像中的一组数字流。

图像分类是计算机视觉中最基础的一个任务,也是几乎所有的基准模型进行比较的任务。从最开始比较简单的10分类的灰度图像手写数字识别任务,到后来更大一点的10分类的cifar10和100分类的cifar100任务,到后来的ImageNet任务,图像分类模型伴随数据集的增长,一步一步提升到了今天的水平。现在,在ImageNet这样的超过1000万图像、超过2万类的数据集中,计算机的图像分类水准已经超过了人类。

图像分类,顾名思义就是一个模式分类问题,它的目标是将不同的图像划分到不同的类别,实现最小的分类误差。总体来说,对于单标签的图像分类问题,它可以分为跨物种语义级别的图像分类、子类细粒度图像分类以及实例级图像分类三大类别。

一、跨物种语义级别的图像分类

所谓跨物种语义级别的图像分类,是指在不同物种的层次上识别不同类别的对象,比较常见的如猫、狗分类等。这样的图像分类,各个类别之间因为属于不同的物种或大类,往往具有较大的类间方差,而类内则具有较小的类内误差。

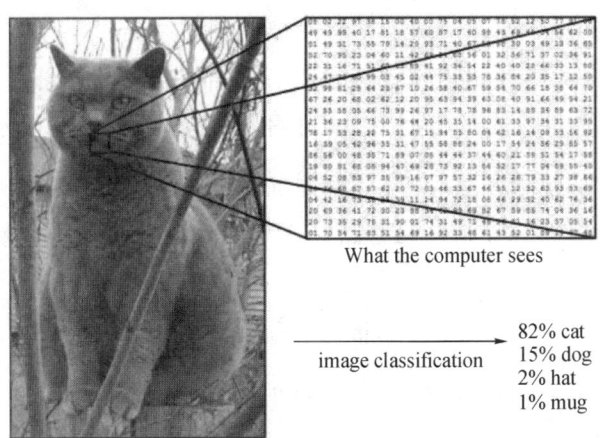

图 4-10　计算机视觉分析图像数据

二、子类细粒度图像分类

细粒度图像分类,相对于跨物种的图像分类,级别更低一些。它往往是同一个大类中的子类的分类,如不同鸟类的分类、不同狗类的分类、不同车型的分类等。

下面以不同鸟类的细粒度分类任务——加利福尼亚理工学院鸟类数据库-2011,即 Caltech-UCSD Birds-200-2011 为例。这是一个包含 200 类、11 788 张图像的鸟类数据集,同时每一张图提供了 15 个局部区域位置,1 个标注框,还有语义级别的分割图。在该数据集中,以啄木鸟为例,总共包含 6 类,即美国三趾啄木鸟、毛啄木鸟、红腹啄木鸟、红冠啄木鸟、红头啄木鸟、绒毛啄木鸟,我们取其中两类各一张示意图查看,如图 4-11。

图 4-11　两只非常相似的鸟的图像分类

从图 4-11 可以看出,两只鸟的纹理形状都很像,要想区分只能靠头部的颜色和纹理,所以要想训练出这样的分类器,就必须能够让分类器识别到这些区域,这是比跨物种语义级别的图像分类更难的问题。

三、实例级图像分类

如果我们要区分不同的个体,而不仅仅是物种类或者子类,那就是一个识别问题,或者说是实例级别的图像分类,最典型的任务就是人脸识别。

在人脸识别任务中,需要鉴别一个人的身份,从而完成考勤等任务。人脸识别一直是计算机视觉里面的重大课题,虽然经历了几十年的发展,但仍然有很大的提升空间,它的难点在于遮挡、光照、大姿态等经典难题,读者可以参考更多资料去学习。

知识链接

垃圾分拣机器人

作为工业机器人领域的一个分支,在目前垃圾分类场景中,垃圾分拣机器人是相对成熟的,同时也是该领域巨头的战场,主要由国外科技公司主导。

著名的芬兰机器人 Zen Robotics Recycler、英国的 Green Recycling 以及美国的"MAX-AI"均是典型的垃圾分捡机器人。从产品设计上来说,三款机器人基本上大同小异,都由几个类似模块组成:垃圾初步过滤模块、垃圾扫描模块、垃圾快速识别模块、拣选机械臂模块、分类后垃圾传输模块。

图 4-12 为芬兰 Zen Robotics Recycler 识别模块的界面:中间传送履带上都是各类垃圾,不同的颜色代表不同的垃圾,同时还有各个垃圾的轮廓,同时展示了机械臂实时状态下的目标(Picking Approach)。这里混合了红外图像识别、自然光图像识别,并且给出了轮廓和运动方向上的矢量数据。

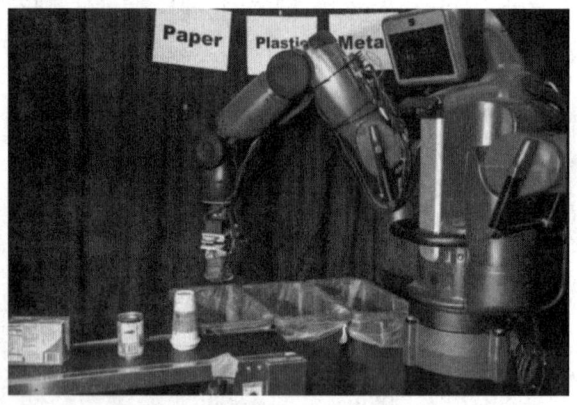

图 4-12 芬兰 Zen Robotics Recycler(垃圾分类机器人)

小试牛刀

1. 图像分类,其实是对图像中_____的识别和归类。
2. 对于单标签的图像分类问题,它可以分为_____的图像分类、_____图像分类以及实例级图像分类三大类别。

4.3 机器视觉与图像处理

具有图像处理能力的机器,相当于给机器安上了眼睛,使机器能够具有一定的图像识别和处理能力,可替代甚至胜过人类的眼睛。

一、机器视觉

机器视觉是人工智能正在快速发展的一个分支。简单地说,机器视觉就是用机器代替人眼来做测量和判断。机器视觉系统是通过机器视觉产品(即图像摄取装置,分 CMOS 和 CCD 两种)将被摄取目标转换成图像信号,传送给专用的图像处理系统,得到被摄目标的形态信息,根据像素分布和亮度、颜色等信息,转变成数字化信号;图像系统对这些信号进行各种运算来抽取目标的特征,进而根据判别的结果来控制现场的设备动作。

机器视觉是一项综合技术,包括图像处理、机械工程技术、控制、电光源照明、光学成像、传感器、模拟与数字视频技术、计算机软硬件技术(图像增强和分析算法、图像卡、I/O 卡等)。一个典型的机器视觉应用系统包括图像捕捉、光源系统、图像数字化模块、数字图像处理模块、智能判断决策模块和机械控制执行模块。

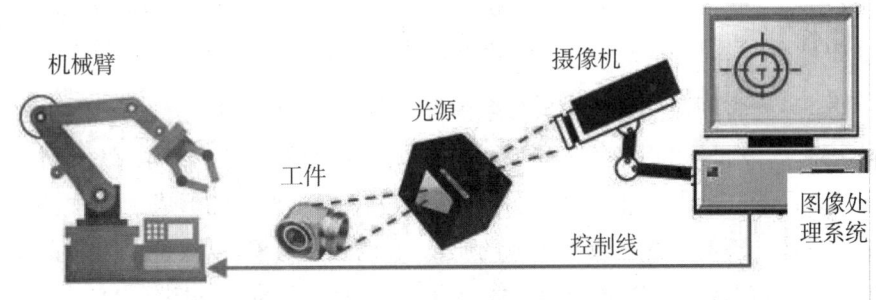

图 4-13 机器视觉系统

机器视觉系统最基本的特点就是提高生产的灵活性和自动化程度。在一些不适于人工作业的危险工作环境或者人工视觉难以满足要求的场合,常用机器视觉来替代人工视觉。同时,在大批量重复性工业生产过程中,用机器视觉检测方法可以大大提高生产的效率和自动化程度。

知识链接

机器视觉发展史

机器视觉起源于 20 世纪 50 年代,早期研究主要从统计模式识别开始。工作主要集中在二维图像分析与识别上,如光学字符识别 OCR(Optical Character Recognition)、工件表面图片分析、显微图片和航空图片分析与解释。到了 20 世纪 60 年代,其研究前沿是以理解三维场景为目的的三维机器视觉。1965年，Roberts从数字图像中提取出诸如立方体、楔形体、棱柱体等多面体的三维结构，并对物体形状及物体的空间关系进行描述。他的研究工作开创了以理解三维场景为目的的三维机器视觉的研究。

20世纪70年代出现了一些视觉运动系统（Guzman 1969，Mackworth 1973）。与此同时，美国麻省理工学院的人工智能实验室正式开设"机器视觉"课程，由国际著名学者B. K. Ehorn教授讲授。大批著名学者进入麻省理工学院参与机器视觉理论、算法、系统设计的研究。1977年，David Marr教授在麻省理工学院的人工智能实验室领导一个以博士生为主体的研究小组，于1977年提出了不同于"积木世界"分析方法的计算视觉理论，该理论在20世纪80年代成为机器视觉研究领域中的一个十分重要的理论框架。

20世纪80年代到20世纪90年代中期，机器视觉获得蓬勃的发展，新概念、新方法、新理论不断涌现，如基于感知特征群的物体识别理论框架、主动视觉理论框架、视觉集成理论框架等。

进入21世纪后，机器视觉技术的发展速度更快，已经大规模地应用于多个领域，如智能制造、智能交通、医疗卫生、安防监控等领域。到目前为止，机器视觉仍然是一个非常活跃的研究领域。

二、图像处理

图像处理是指将图像信号转换成数字信号并利用计算机对其进行处理的过程。图像处理最早出现于20世纪50年代，当时的电子计算机已经发展到一定水平，人们开始利用计算机来处理图形和图像信息。数字图像处理作为一门学科大约形成于20世纪60年代初期。早期图像处理的目的是改善图像的质量，它以人为对象，以改善人的视觉效果为目的。图像处理中，输入的是质量低的图像，输出的是改善质量后的图像，常用的图像处理方法有图像增强、复原、编码、压缩等。首次获得实际成功应用的是美国喷气推进实验室（JPL）。他们对航天探测器徘徊者7号在1964年发回的几千张月球照片使用了图像处理技术，如几何校正、灰度变换、去除噪点等方法，并考虑了太阳位置和月球环境的影响，由计算机成功地绘制出月球表面地图，获得了巨大的成功。随后又对探测飞船发回的近十万张照片进行更为复杂的图像处理，从而获得了月球的地形图、彩色图及全景镶嵌图，获得了非凡的成果，为人类登月创举奠定了坚实的基础，也推动了数字图像处理这门学科的诞生。在以后的宇航空间技术，如对火星、土星等星球的探测研究中，数字图像处理技术都发挥了巨大的作用。

数字图像处理取得的另一个巨大成就是在医学上获得的成果。1972年，英国EMI公司工程师Housfield发明了用于头颅诊断的X射线计算机断层摄影装置，也就是我们通常所说的CT（Computer Tomograph）。CT的基本方法是根据人的头部截面的投影，经计算机处理来重建截面图像，称为图像重建。1975年，EMI公司又成功研制出全身用的

CT 装置,获得了人体各个部位鲜明清晰的断层图像。1979 年,这项无损伤诊断技术获得了诺贝尔生理和医学奖。

图 4-14　图像处理应用场景

与此同时,图像处理技术在许多应用领域受到广泛重视并取得了重大的开拓性成就,属于这些领域的有航空航天、生物医学工程、工业检测、机器人视觉、公安司法、军事制导、文化艺术等,使图像处理成为一门引人注目、前景远大的新兴学科。随着图像处理技术的深入发展,从 20 世纪 70 年代中期开始,计算机技术和人工智能、思维科学研究发展迅速,推动数字图像处理向更高、更深层次发展。人们已开始研究如何用计算机系统解释图像,实现类似人类视觉系统理解外部世界,这被称为图像理解或计算机视觉。很多国家,特别是发达国家投入更多的人力、物力到这项研究中,取得了不少重要的研究成果。其中代表性的成果是 20 世纪 70 年代末麻省理工学院的 David Marr 教授提出的视觉计算理论,这个理论成为计算机视觉领域其后十多年的主导思想。图像理解虽然在理论方法研究上已取得不小的进展,但它本身是一个比较难的研究领域,存在不少问题,有待人们进一步探索。

知识延伸

图像处理主要研究的内容

1. 图像变换

由于图像阵列很大,直接在空间域中进行处理,涉及的计算量很大。因此,往往采用各种图像变换的方法,如傅立叶变换、沃尔什变换、离散余弦变换等间接处理技术。将空间域的处理转换成变换域处理,不仅可减少计算量,而且可获得更有效的处理效果(如傅立叶变换可在频域中进行数字滤波处理)。目前新兴研究的小波变换在时域和频域中都具有良好的局部化特性,它在图像处理中也有着广泛而有效的应用。

2. 图像编码

图像编码压缩技术可减少描述图像的数据量(即比特数),以便节省图像传输、处理时间和减少所占用的存储器容量。压缩可以在不失真的前提下获得,也可以在允许的失真条件下进行。编码是压缩技术中最重要的方法,它在图像处理技术中是发展最早且比较成熟的技术。

3. 图像增强和复原

图像增强和复原的目的是提高图像的质量,如去除噪点,提高图像的清晰度等。图像增强不考虑图像降质的原因,突出图像中所感兴趣的部分,如强化图像高频分量可使图像中物体轮廓清晰、细节明显,强化低频分量可减少图像中噪点影响。图像复原要求对图像降质的原因有一定的了解,一般应根据降质过程建立"降质模型",再采用某种滤波方法,恢复或重建原来的图像。

4. 图像分割

图像分割是数字图像处理中的关键技术之一。图像分割是将图像中有意义的特征部分提取出来,包括图像中的边缘、区域等,这是进一步进行图像识别、分析和理解的基础。虽然目前已研究出不少边缘提取、区域分割的方法,但还没有一种普遍适用于各种图像的有效方法。因此,对图像分割的研究还在不断深入之中,是目前图像处理中研究的热点之一。

5. 图像描述

图像描述是图像识别和理解的必要前提。作为最简单的二值图像可采用其几何特性描述物体的特性。一般图像的描述方法采用二维形状描述,它有边界描述和区域描述两类方法。对于特殊的纹理图像可采用二维纹理特征描述。随着图像处理研究的深入发展,关于三维物体描述的研究已出现了,提出了体积描述、表面描述、广义圆柱体描述等方法。

6. 图像分类(识别)

图像分类属于模式识别的范畴,其主要内容是图像经过某些预处理(增强、复原、压缩)后,进行图像分割和特征提取,从而进行判决分类。图像分类常采用经典的模式识别方法,有统计模式分类和结构(句法)模式分类。近年来,新发展起来的模糊模式识别和人工神经网络模式分类在图像识别中也越来越受到重视。

小试牛刀

1. 具有智能图像处理功能的(　　),相当于给机器上按上了眼睛。
   A. 机器视觉　　　B. 图像识别　　　C. 图像处理　　　D. 信息视频
2. 常见的图像处理有图像数字化、图像编码、图像增强、(　　)等。
   A. 图像复原　　　B. 图像分割　　　C. 图像分析　　　D. 以上都是
3. 图像分割就是把图像分成不同(　　)的区域,从中提取感兴趣的目标。
   A. 特征　　　　　B. 大小　　　　　C. 色彩　　　　　D. 像素

4.4 智能图像识别技术

智能图像识别技术是信息时代的一门重要的技术,其产生目的是让计算机代替人类去处理大量的物理信息。随着计算机技术的发展,人类对图像识别技术的认识越来越深刻。图像识别技术的过程分为信息的获取、预处理、特征抽取和选择、分类器设计和分类决策。本节简单分析了图像识别的过程、技术分析,介绍了神经网络的图像识别技术和非线性降维的图像识别技术,从中可以总结出图像处理技术的应用广泛。人类的生活将无法离开图像识别技术,研究图像识别技术具有重大意义。

一、图像识别的过程

既然计算机的图像识别技术与人类的图像识别原理相同,那它们的过程也是大同小异的。图像识别技术的过程分以下几步:信息的获取、预处理、特征抽取和选择、分类器设计和分类决策。

信息的获取是指通过传感器,将光或声音等信息转化为电信息,也就是获取研究对象的基本信息并通过某种方法将其转变为机器能够认识的信息。

预处理主要是指图像处理中的去噪、平滑、变换等的操作,从而加强图像的重要特征。

特征抽取和选择是指在模式识别中,需要进行特征的抽取和选择。简单地理解就是,我们所研究的图像是各式各样的,如果要利用某种方法将它们区分开,就要通过这些图像所具有的本身特征来识别,而获取这些特征的过程就是特征抽取。在特征抽取中所得到的特征也许对此次识别并不都是有用的,这个时候就要提取有用的特征,这就是特征的选择。特征抽取和选择在图像识别过程中是非常关键的技术之一,所以对这一步的理解是图像识别的重点。

分类器设计是指通过训练而得到一种识别规则,通过此识别规则可以得到一种特征分类,使图像识别技术能够得到高识别率。分类决策是指在特征空间中对被识别对象进行分类,从而更好地识别所研究的对象具体属于哪一类。

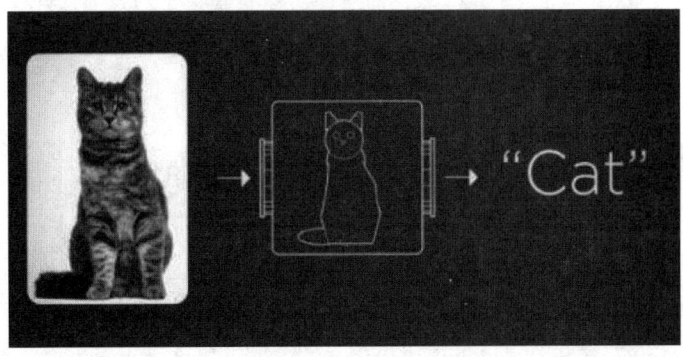

图 4-15 机器深度学习进行智能图像识别

二、图像识别技术的分析

随着计算机技术的迅速发展和科技的不断进步,图像识别技术已经在众多领域中得到了应用。2015年2月15日,新浪科技发布一条新闻:"微软最近公布了一篇关于图像识别的研究论文,在一项图像识别的基准测试中,电脑系统识别能力已经超越了人类。人类在归类数据库 ImageNet 中的图像识别错误率为 5.1%,而微软研究小组的这个深度学习系统可以达到 4.94% 的错误率。"从这则新闻中,我们可以看出图像识别技术在图像识别方面已经有超越人类的图像识别能力的趋势。这也说明,未来图像识别技术将有更大的研究意义与潜力。而且,计算机在很多方面确实具有人类所无法超越的优势,也正是因为这样,图像识别技术才能为人类社会带来更多的应用。

三、神经网络的图像识别技术

神经网络图像识别技术是一种比较新型的图像识别技术,是在传统的图像识别方法和基础上融合神经网络算法的一种图像识别方法。这里的神经网络是指人工神经网络,也就是说这种神经网络并不是动物本身所具有的真正的神经网络,而是人类模仿动物神经网络后人工生成的。在神经网络图像识别技术中,遗传算法与BP网络相融合的神经网络图像识别模型是非常经典的,广泛应用于诸多领域。在图像识别系统中利用神经网络系统,一般会先提取图像的特征,再利用图像所具有的特征映射到神经网络进行图像识别分类。以汽车拍照自动识别技术为例,当汽车通过的时候,汽车自身具有的检测设备会有所感应,此时检测设备就会启用图像采集装置来获取汽车正反面的图像,获取了图像后必须将图像上传到计算机进行保存以便识别,最后车牌定位模块就会提取车牌信息,对车牌上的字符进行识别并显示最终的结果。对车牌上的字符进行识别的过程就用到了基于模板匹配算法和基于人工神经网络算法。

图 4-16 电子警察车牌识别

四、非线性降维的图像识别技术

计算机的图像识别技术是一个异常高维的识别技术。不管图像本身的分辨率如何,其产生的数据经常是多维的,这给计算机的识别带来了非常大的困难。想让计算机具有高效的识别能力,最直接有效的方法就是降维。降维分为线性降维和非线性降维。例如,主成分分析(PCA)和线性奇异分析(LDA)就是常见的线性降维方法,它们的特点是简单、易于理解。但是通过线性降维处理的是整体的数据集合,所求的是整个数据集合的最优低维投影。经过验证,这种线性的降维策略计算复杂度高而且占用相对较多的时间和空间,因此就产生了基于非线性降维的图像识别技术,它是一种极其有效的非线性特征提取方法。此技术可以发现图像的非线性结构而且可以在不破坏其本身结构的基础上对其进行降维,使计算机的图像识别在尽量低的维度上进行,这样就提高了识别效率。例如,人脸图像识别系统所需的维数通常很高,其复杂度之高对计算机来说无疑是巨大的"灾难"。由于在高维度空间中人脸图像的不均匀分布,使人类可以通过非线性降维技术来得到分布紧凑的人脸图像,从而提高人脸识别技术的高效性。

知识延伸

停车场车牌识别系统

一个车牌识别系统的基本硬件配置是由摄像机、主控机、采集卡、照明装置组成,而软件则是由一个具有车牌识别功能的图像分析和处理软件,以及一个满足具体应用需求的后台管理软件组成。

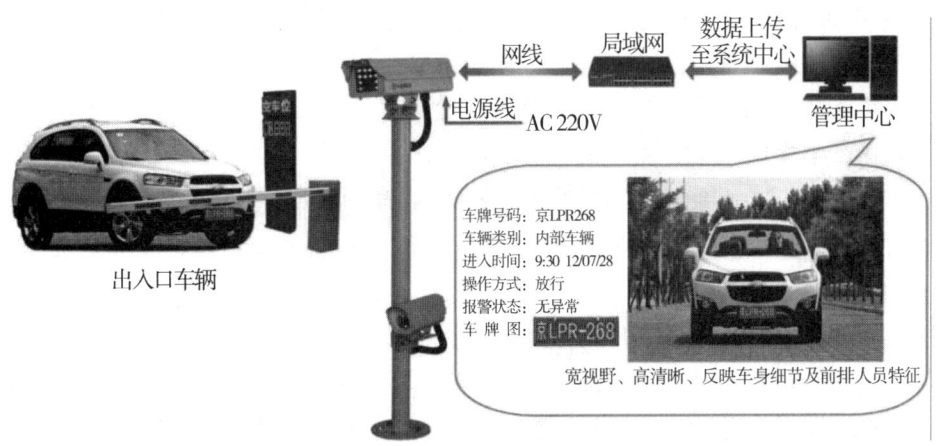

图4-17 车牌识别系统

车牌识别系统于是出现了两种产品:一是软、硬件一体,或者用硬件实现识别功能模块,形成一个全硬件的车牌识别器,例如DSP;二是开放式的软、硬件体系,即硬件采用标准工业产品,软件作为嵌入式软件。两种产品各有优缺点。开放式体系的优点是由于硬件采用标准工业产品,运行维护容易掌握,备品备件采购可以从任意一家产商获得,不用担心因为一家产商倒闭或供货不足而出现产品永久失效或采购困难;而软、硬件一体化产品,对于使用者而言,使用产品时更易操作及控制,对于后期的维护调试也更易于掌握。

1. 识别流程

车牌自动识别是一项利用车辆的动态视频或静态图像进行牌照号码、牌照颜色自动识别的模式识别技术。其硬件基础一般包括触发设备(监测车辆是否进入视野)、摄像设备、照明设备、图像采集设备、识别车牌号码的处理机(如计算机)等,其软件核心包括车牌定位算法、车牌字符分割算法和光学字符识别算法等。某些车牌识别系统还具有通过视频图像判断是否有车的功能,称之为视频车辆检测。

一个完整的车牌识别系统应包括车辆检测、图像采集、车牌识别等几部分。车辆检测单元检测到车辆到达时触发图像采集单元,采集当前的视频图像。车牌识别单元对图像进行处理,定位出牌照位置,再将牌照中的字符分割出来进行识别,然后组成牌照号码输出。

2. 车辆检测

车辆检测可以采用埋地线圈检测、红外检测、雷达检测技术、视频检测等多种方式。采用视频检测可以避免破坏路面、不必附加外部检测设备、不需矫正触发位置、节省开支,而且更适合移动式、便携式应用的要求。

系统进行视频车辆检测,需要具备很高的处理速度并采用优秀的算法,在基本不丢帧的情况下实现图像采集、处理。若处理速度慢,则导致丢帧,使系统无法检测到行驶速度较快的车辆,同时也难以保证在有利于识别的位置开始识别处理,影响系统识别率。因此,将视频车辆检测与牌照自动识别相结合具备一定的技术难度。

3. 号码识别

为了进行车牌识别,需要以下几个基本的步骤。

(1) 牌照定位:定位图片中的牌照位置。

(2) 牌照字符分割:把牌照中的字符分割出来。

(3) 牌照字符识别:把分割好的字符进行识别,最终组成牌照号码。

车牌识别过程中,牌照颜色的识别依据算法不同,可能在上述不同步骤实现,通常与车牌识别互相配合、互相验证。

实际应用中,车牌识别系统的识别率还与牌照质量和拍摄质量密切相关。牌照质量会受到各种因素的影响,如生锈、污损、油漆剥落、字体褪色、牌照被遮挡、牌照倾斜、高亮反光、多牌照、假牌照等;实际拍摄过程也会受到环境亮度、拍摄方式、车辆速度等因素的影响。这些影响因素不同程度上降低了车牌识别的识别率,也正是车牌识别系统的困难和挑战所在。为了提高识别率,除了不断地完善识别算法还应该想办法克服各种光照条件,使采集到的图像有利于识别。

> 小试牛刀

1. 图像识别是指利用（　　）对图像进行处理、分析和理解，以识别各种不同模式的目标和对象技术。
   A. 专家　　　　　B. 计算机　　　　C. 放大镜　　　　D. 工程师
2. 图像刺激作用于感觉器官，人们辨认出它是经历过的某一图形的过程，称为（　　）。
   A. 图像再确认　　B. 图像识别　　　C. 图像处理　　　D. 图像保持
3. 图像识别是以图像的主要（　　）为基础的。
   A. 元素　　　　　B. 像素　　　　　C. 特征　　　　　D. 部件

4.5　图像识别技术的典型应用

计算机的图像识别技术在公共安全、生物、工业、农业、交通、医疗等很多领域都有应用。例如，交通方面的车牌识别系统，公共安全方面的人脸识别技术、指纹识别技术，农业方面的种子识别技术、食品品质检测技术，医学方面的心电图识别技术等。随着计算机技术的不断发展，图像识别技术也在不断地优化，其算法也在不断地改进。图像是人类获取和交换信息的主要来源，因此与图像相关的图像识别技术必定也是未来的研究重点。

图像识别技术虽然是刚兴起的技术，但其应用已是相当广泛。并且，图像识别技术也在不断地成长，随着科技的不断进步，人类对图像识别技术的认识也会更加深刻。未来图像识别技术将会更加强大、更加智能地出现在我们的生活中，为人类社会的更多领域带来重大的应用。在 21 世纪这个信息化的时代，我们无法想象离开了图像识别技术以后的生活会变成什么样。图像识别技术是人类现在以及未来生活必不可少的一项技术。

其实对于图像识别技术，大家已经不陌生，人脸识别、虹膜识别、指纹识别等都属于这个范畴，但是图像识别远不只如此，它涵盖了生物识别、物体与场景识别、视频识别三大类。发展至今，尽管与理想还相距甚远，但日渐成熟的图像识别技术已开始探索在各类行业的应用。

一、基于图像的网络搜索

以 Facebook 和谷歌为例。Facebook 专门为图像和视频理解打造了一个专业计算机视觉平台 Lumos，该平台可以为整个社交网络提供视觉搜索功能，它将从两个方面改善社交网络上的用户体验：一是基于图片本身（而不是图片标签和拍照时间）的搜索；二是升级的自动图片描述系统（可向视觉障碍者描述图片内容）。而对于谷歌而言，图片识别已经被其攻克，它的下一个挑战是视频识别，目标是提升图像识别技术，最终能够识别和搜索视频本身的原内容，从而改善视频推荐服务。除此以外，Snap 和 Twitter 等也都致力于此。

图 4-18　图像网络搜索提升用户体验

二、智能家居

在智能家居领域,我们利用摄像头获取到图像,通过图像识别技术识别出图像的内容,从而做出不同的响应。举个例子,我们在门口安装了摄像头,当有物体出现在摄像头范围内的时候,摄像头自动拍摄下图像进行识别,如果发现是可疑的人或物体,就可以及时报警给户主。如果图像和主人的面部相匹配,则会主动为主人开门。还有家庭用的智能机器人,通过图像识别技术可以对物体进行识别,并且实现对人的跟随,搭配上人工智能系统,它能分辨出你是它的哪个主人,并且能与你进行一些简单的互动,比如检测到是家里的老人,它可能会为你测一测血压;如果是小孩子,它可能给你讲个故事。

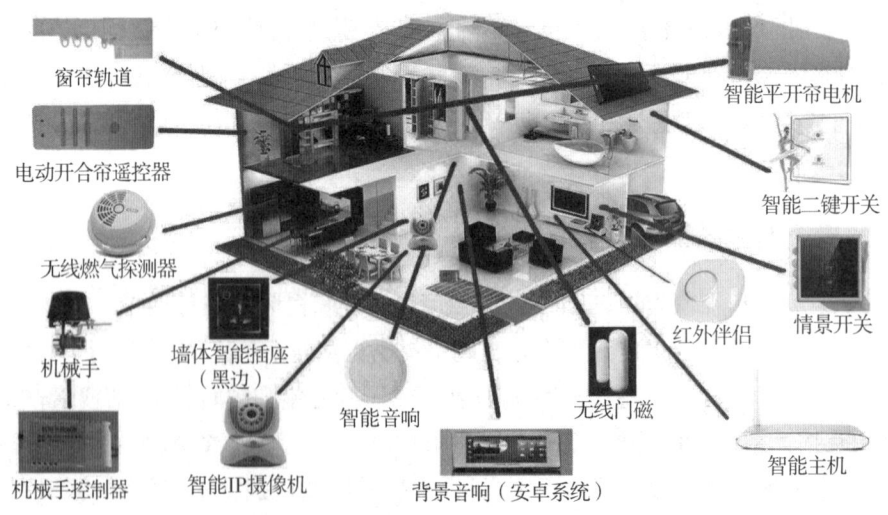

图 4-19　图像识别在智能家居中的应用

三、智能电商购物

网购时，消费者使用的"相似款（拍照识别/扫描识别）"搜索功能，就是基于图像识别技术而产生的。当消费者将鼠标停留在感兴趣的商品上后，就可以选择查看相似的款式；同时通过调整算法，还能够更好地预测消费者的意图，即使搜索结果不能提供完全匹配的商品，也会为消费者推荐最为相关的商品，尽量满足消费者的购物需求。这对于商家来说，也是一种从外界导流和提高移动端用户黏度的方式之一。

图 4-20　图像识别在智能电商购物中的应用

四、智能农林业

在农林行业方面，图像识别技术已在多个环节中得到应用。例如，森林调查，通过无人机对图像进行采集，再通过图像分析系统对森林树种的覆盖比例、林木的健康状况进行分析，从而可以做出更科学的开采方案。而原木检验方面，图像识别可以快速地对木材的树种、优劣、规格进行判断，可省去大量人工参与的环节。

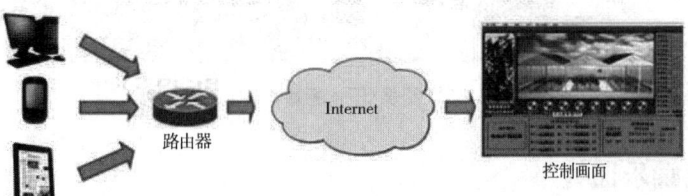

图 4-21　图像识别在智能农林业中的应用

五、智慧金融

在金融领域,身份识别和智能支付将提高身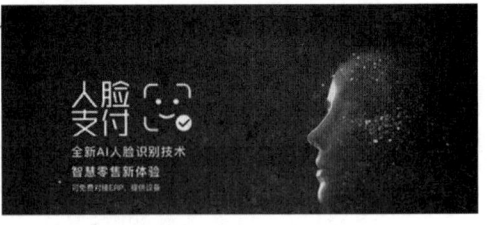传统金融中,用户在申请银行贷款或证券开户时,均必须到实体门店做身份信息核实,完成面签。如今,通过人脸识别技术,用户只需要打开手机摄像头,自拍一张照片,系统将会做一个活体检测,并进行一系列的验证、匹配和

图 4-22 人脸识别支付

判定,最终会判断这个照片是否是用户本人操作,完成身份核验。

六、智能安防

图像识别在安防领域应用较多,未来在软硬件铺设到后端软件管理平台的建设转型中,图像识别系统将成为打造智慧城市的核心环节。比如,人脸识别是智能安防时代视频监控中不可或缺的一部分,能直接帮助用户从视频画面中提取出"人"的信息,这大大提升了监控系统的价值,让监控系统不再是"呆板"地去录像,而是让它去"认人"。

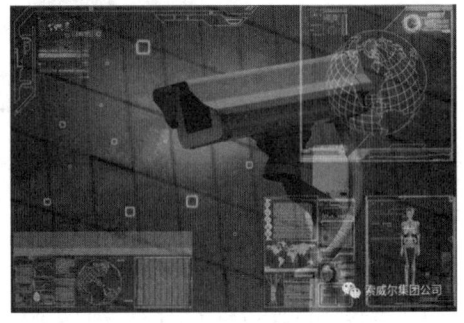

图 4-23 图像识别在智能安防中应用

七、智慧医疗

未来,将图像识别技术应用到医疗领域,可以更精准、更快速地分辨 X 光片、MRI 和 CT 扫描图片,上至诊断预防癌症,下至加速发现治病救命的新药。一个放射科医生一生可以看上万张扫描图像,但是,一台计算机可能会看上千万张。让计算机来解决图像的问题,这听起来并不疯狂。

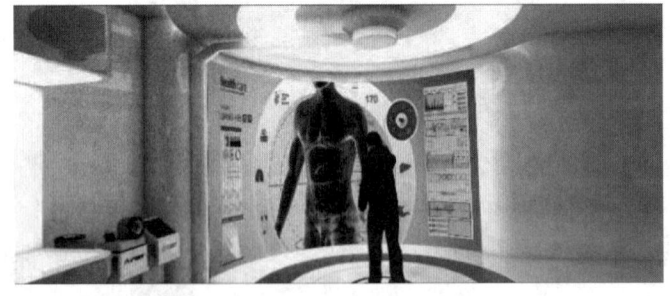

图 4-24 图像识别在智慧医疗中应用

八、智能娱乐监管

以视频直播为例,直播内容的审查鉴定可以从以下几个步骤展开:①识别图像中是否

存在人物体征,统计人数;②识别图像中人物的性别、年龄区间;③识别人物的肤色、肢体器官暴露程度;④识别人物的肢体轮廓,分析动作行为。除了图像识别之外,还可以从音频信息中提取关键特征,判断是否存在敏感信息;实时分析弹幕文本内容,判断当前视频是否存在违规行为,动态调节图像采集频率。

此外,在机器人、无人机、自动驾驶、交通、工业化生产线、食品检测、教育、古玩等行业中,图像识别也有不同程度的应用。

据估算,截至2025年,生物识别技术市场规模将达到250亿美元,5年内年均增速约14%,其中,人脸识别增速最快,将从2020年的9亿美元增长到2025年的24亿美元。在物体与场景识别中,机器视觉是一个重要的部分,预计2025年,全球机器视觉系统及部件市场规模达到50亿美元。视频识别主要用于安防产业,我国未来5年总体年增长率仍将保持在20%左右,到2025年有望达到万亿美元。在智能化设备和应用迅速普及的今天,图像识别必将成为打开科技与万物互联大门的一枚钥匙。

知识链接

图像识别的发展阶段

图像识别的发展经历了三个阶段:文字识别、数字图像处理与识别、物体识别。

1. 文字识别。研究开始于1950年。一般是识别字母、数字和符号,从印刷文字识别到手写文字识别,应用非常广泛。

2. 数字图像处理和识别。研究开始于1965年。数字图像与模拟图像相比具有存储、传输方便、可压缩,传输过程中不易失真,处理方便等巨大优势,这些都为图像识别技术的发展提供了强大的动力。

3. 物体识别。主要是指对三维世界的客体及环境的感知和认识,属于高级的计算机视觉范畴。它是以数字图像处理与识别为基础的结合人工智能、系统学等学科的研究方向,其研究成果被广泛应用于各种工业及探测机器人上。

小试牛刀

1. 现代图像识别技术的一个不足是(　　)。
    A. 自适应性差　　　　　　　　B. 图像像素不足
    C. 识别速度慢　　　　　　　　D. 识别结果不稳定

2. 图像识别的模式有三种,但下列(　　)识别不属于其中之一。
    A. 统计模式　　　　　　　　　B. 结构模式
    C. 像素模式　　　　　　　　　D. 模糊模式

3. 图像识别的发展经历了三个阶段,但下列(　　)不属于其中之一。
    A. 文字识别　　　　　　　　　B. 像素识别
    C. 物体识别　　　　　　　　　D. 数字图像处理与识别

思维与操作实训

小组讨论：你觉得人工智能中对图像的分类有哪些应用场景？

1. 实训目的

在开始本实训前，请认真阅读相关内容。

（1）熟悉图像分类的概念。

（2）熟悉图像分类的类别。

2. 实训步骤

（1）开展头脑风暴小组讨论：随着人工智能技术的不断提升，对图像的物体识别能力也越来越高，将来能够超越人类吗？

（2）记录小组讨论的主要观点，推选代表在课堂上简单阐述你们的观点。

【实训总结】

_____

_____

【教师对实训的评价】

_____

_____

任务五

让机器能说会道

案例导读

著名科幻影片《钢铁侠》首部于 2008 年上映之后深受全球观众喜爱,天才主人公托尼·斯塔克身着自制的钢铁战衣四处伸张正义、除暴安良,人设颇为高大、钢铁侠的 AI 管家贾维斯虽然英文名意指"Just a rather very intelligent system",却是个无处不在、无所不能的全能管家。贾维斯完成工作的指令只需托尼的一句话即可,它的出色表现让大家对智能语音助手充满期待。而语音助手背后的技术就是语音识别,它的存在就是为了让机器人能听懂你在说什么。通过该技术让机器通过识别和理解,把语音信号转变为相应的文本或指令。

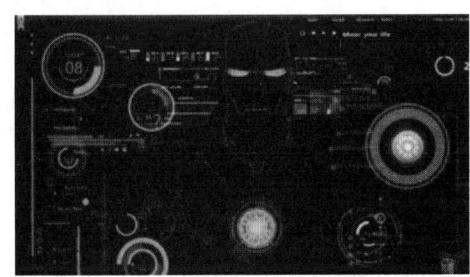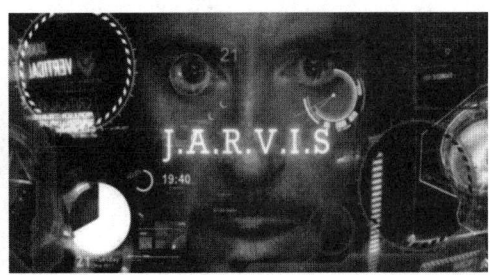

图 5-1 影片《钢铁侠》剧照

语言是人与人之间最重要的交流方式,能与机器进行自然的人机交流是人类一直期待的事情。随着人工智能的快速发展,语音识别系统作为人机交流的关键接口,发展迅速,在 AI 领域也是热门研究课题。

5.1 语音识别系统

一、什么是语音识别系统

语音识别(Automatic Speech Recognition)是以语音为研究对象,通过语音信号处理和模式识别让机器自动识别和理解人类口述的语言。语音识别技术就是让机器通过识别和理解过程把语音信号转变为相应的文本或命令的高技术。语音识别是一门涉及面很广的交叉学科,它与声学、语音学、语言学、信息理论、模式识别理论以及神经生物学等学科都有非常密切的关系。

语音识别系统的技术原理是模式识别,其一般过程可以总结为:预处理—特征提取—基于语音模型库下的模式匹配—基于语言模型库下的语言处理—完成识别。

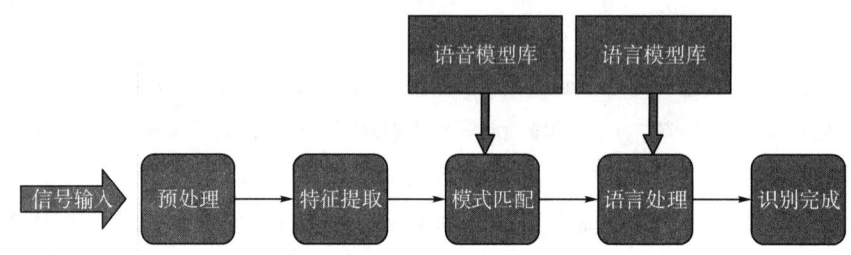

图5-2 语音识别系统的技术原理

知识链接

语音输入所面对的环境是复杂的,主要存在以下问题。

1. 对自然语言的识别和理解。首先必须将连续的讲话分解为词、音素等单位,其次要建立一个理解语义的规则。

2. 语音信息量大。语音模式不仅对不同的说话人不同,对同一说话人也是不同的。例如,一个人在随意说话和认真说话时的语音信息是不同的。一个人的说话方式随着时间而变化。

3. 语音的模糊性。说话者在讲话时,不同的词可能听起来是相似的。这在英语和汉语中常见。

4. 单个字母或词、字的语音特性受上下文的影响,以致改变了重音、音调、音量和发音速度等。

5. 环境噪声和干扰对语音识别有严重影响,致使识别率低。

(一) 预处理

声音的实质是波。语音识别所使用的音频文件格式必须是未经压缩处理的文件,如人类正常的语音输入等。由于环境导致的问题,所以预处理环节需要做到三个方面:静音切除、噪音处理和语音增强。

1. 静音切除

静音切除又称语音边界检测或者说是端点检测，是指在语音信号中将语音和非语音信号时段区分开来，准确地确定出语音信号的起始点，然后从连续的语音流中检测出有效的语音段。它包括两个方面：检测出有效语音的起始点（前端点），检测出有效语音的结束点（后端点）。经过端点检测后，后续处理就可以只对语音信号进行，这对提高模型的精确度和识别正确率有重要作用。

在语音应用中进行语音的端点检测是很必要的。首先，在存储或传输语音的场景下，从连续的语音流中分离出有效语音，可以降低存储或传输的数据量。其次，在有些应用场景中，使用端点检测可以简化人—机交互，比如在录音的场景中，语音后端点检测可以省略结束录音的操作。有些产品已经使用循环神经网络（RNN）技术来进行语音的端点检测。

2. 噪音处理

实际采集到的音频通常会有一定强度的背景音，这些背景音一般是背景噪音。当背景噪音强度较大时，会对语音应用的效果产生明显的影响，比如语音识别率降低、端点检测灵敏度下降等，因此在语音的前端处理中进行噪声抑制是很有必要的。噪声抑制的一般流程为：稳定背景噪音频谱特征，在某一或几个频谱处幅度非常稳定，假设开始一小段背景是背景噪音，从起始背景噪音开始进行分组、Fourier变换，对这些分组求平均得到噪声的频谱。降噪过程是将含噪语音反向补偿之后得到降噪后的语音。

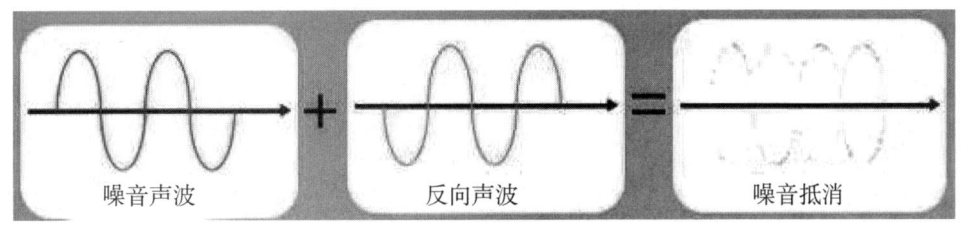

图 5-3 降噪过程

3. 语音增强

这个过程的主要任务就是消除环境噪声对语音的影响。目前，比较常见的语音增强方法分类很多。其中，基于短时谱估计增强算法中的谱减法及其改进形式是最为常用的，因为它的运算量较小，容易即时实现，而且增强效果也较好。此外，人们也在尝试将人工智能、隐马尔科夫模型、神经网络和粒子滤波器等理论用于语音增强，但目前尚未取得实质性进展。

（二）声学特征提取

人通过声道产生声音，声道的形状决定了发出怎样的声音。声道的形状包括舌头、牙齿等。如果我们可以准确地知道这个形状，那么就可以对产生的音素进行准确的描述。声道的形状在语音短时可以由功率谱的包络中显示出来。因此，准确描述这一包络的特

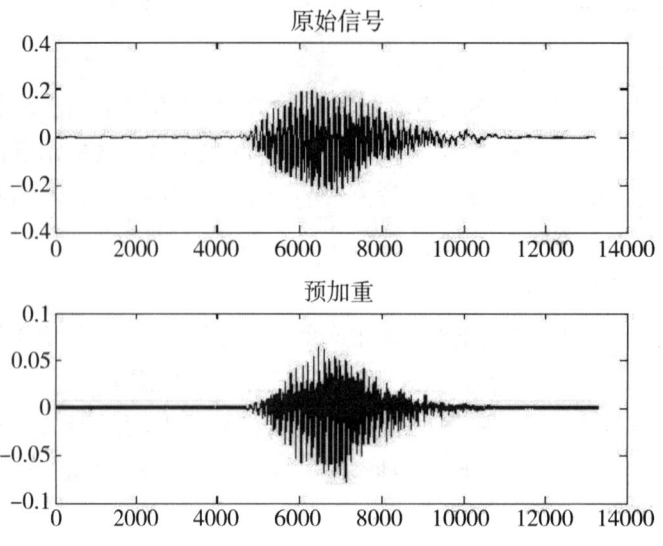

图 5-4 声学特征提取

征就是声学特征识别步骤的主要功能。接收端接收到的语音信号经过上文的预处理以后便得到有效的语音信号,对每一帧波形进行声学特征提取便可以得到一个多维向量。这个向量便包含了一帧波形的内容信息,为后续的进一步识别做准备。

> **知识延伸**

MFCC 声学特征

1. MFCC 简介

MFCC 是 Mel-Frequency Cepstral Coefficients 的缩写,顾名思义,MFCC 特征提取包含两个关键步骤:转化到梅尔频率,然后进行倒谱分析。

Mel 是频率倒谱系数的缩写。Mel 频率是基于人耳听觉特性提出来的,它与 Hz 频率呈非线性对应关系。Mel 频率倒谱系数(MFCC)则是利用它们之间的这种关系计算得到的 Hz 频谱特征。

2. MFCC 提取流程

MFCC 参数的提取包括以下步骤。

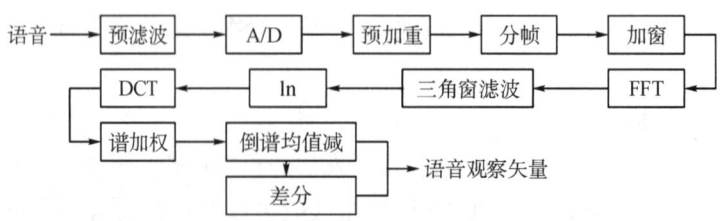

图 5-5 MFCC 提取流程

其中，A/D指将模拟信号转换成数字信号；FFT是快速傅立叶变换（Fast Fourier Transformation），将时域信号变换成信号的功率谱；ln是求对数，三角窗滤波器组的输出求取对数，可以得到近似于同态变换的结果；DCT是离散余弦变换（Discrete Cosine Transformation），用于去除各维信号之间的相关性，将信号映射到低维空间。

（三）模式匹配和语言处理

通过语音特征分析以后，接下来就是模式匹配和语言处理。声学模型是识别系统的底层模型，并且是语音识别系统中最关键的一部分。声学模型的目的是提供一种有效的方法计算语音的特征矢量序列和每个发音模板之间的距离。声学模型的设计和语言发音特点密切相关，声学模型单元大小

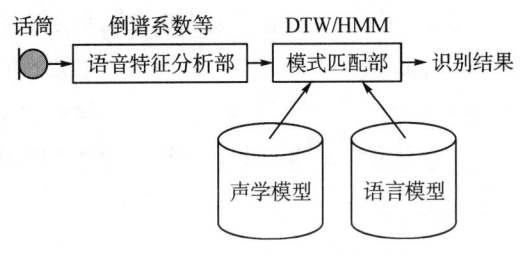

图5-6 模式匹配和语言处理

（字发音模型、半音节模型或音素模型）对语音训练数据量大小、系统识别率以及灵活性有较大的影响。必须根据不同语言的特点、识别系统词汇量的大小决定识别单元的大小。

语言模型对中、大词汇量的语音识别系统特别重要。当分类发生错误时，可以根据语言学模型、语法结构、语义学进行判断纠正，特别是一些同音字则必须通过上下文结构才能确定词义。语言学理论包括语义结构、语法规则、语言的数学描述模型等有关方面。目前比较成功的语言模型通常是采用统计语法的语言模型与基于规则语法结构命令的语言模型。语法结构可以限定不同词之间的相互连接关系，减少了识别系统的搜索空间，这有利于提高系统的识别。语音识别过程实际上是一种认识过程。就像人们听语音时，并不把语音和语言的语法结构、语义结构分开来，因为当语音发音模糊时人们可以用这些知识来指导对语言的理解过程。但是对机器来说，识别系统也要利用这些方面的知识，只是如何有效地描述这些语法和语义还有困难，比如：

（1）小词汇量语音识别系统，即通常包括几十个词的语音识别系统。

（2）中等词汇量的语音识别系统，即通常包括几百至上千个词的识别系统。

（3）大词汇量语音识别系统，即通常包括几千至几万个词的语音识别系统。

这些不同的限制也确定了语音识别系统的困难度。模式匹配部是语音识别系统的关键组成部分，它一般采用"基于模式匹配方式的语音识别技术"或者采用"基于统计模型方式的语音识别技术"。前者主要是指"动态时间规整（DTW）法"，后者主要是指"隐马尔可夫（HMM）法"。

二、语音识别的优缺点

语音识别使用户可以通过直接与他们的语音识别技术工具交谈，以实现多任务。通过使用机器学习和复杂的算法，语音识别技术可以快速将用户的口语转换为书面文本，让原本用于输入文字的双手、双眼解脱出来从事其他工作或者可以快速便捷地遥控操作语

音可达范围的远端设备。

虽然语音识别的准确率正在提高,但所有语音识别系统和程序都会出错。比如背景噪音可能产生错误输入,或者在嘈杂的鸡尾酒会上或几个人同时发言的情况下,也会感到"纠结"。这可以通过在安静的房间中使用该系统或者通过"深度聚类"机器学习,识别多个声源"声纹"中的特征,在根据这些特征将多个声源彼此分离重建。

另外,有时候词语听起来也会有问题,读音相同、含义不同,例如"hear"和"here","危机"和"微机"。使用存储的上下文信息可以在很大程度上克服这个问题,但是这将需要比个人计算机中更多的内存和更快的处理器。

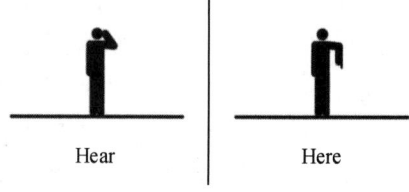

图 5-7

知识链接

语音识别系统在中国的发展

中国的语音识别研究起始于 20 世纪 50 年代,由中国科学院声学所利用电子管电路识别 10 个元音。1973 年,中国科学院声学所开始计算机语音识别研究。由于当时条件的限制,中国的语音识别研究工作一直处于缓慢发展的阶段。

进入 20 世纪 80 年代以后,随着计算机应用技术在中国逐渐普及和应用以及数字信号技术的进一步发展,国内许多单位具备了研究语音技术的基本条件。与此同时,国际上语音识别技术在经过了多年的沉寂之后重又成为研究的热点,发展迅速。就在这种形式下,国内许多单位纷纷投入到这项研究工作中去。

1986 年 3 月,中国高科技发展计划(863 计划)启动,语音识别作为智能计算机系统研究的一个重要组成部分而被专门列为研究课题。在 863 计划的支持下,中国开始了有组织的语音识别技术的研究,并决定了每隔两年召开一次语音识别的专题会议。从此,中国的语音识别技术进入了一个前所未有的高速发展阶段。

小试牛刀

1. 语音识别技术原理是模式识别,包含的流程有:①特征提取;②基于语言模型库下的语言处理;③预处理;④基于语音模型库下的模式匹配;⑤完成识别。其正确的过程总结为(　　)。

   A. ①②③④⑤ B. ④③②①⑤

   C. ③①④②⑤ D. ②④①③⑤

2. 如何让语音识别系统能正确地识别"微信"和"威信"?(　　)

   A. 说慢一点

   B. 多说几遍

C. 通过更多的存储和更快的处理器分析上下文信息
D. 解决不了
3. 在面对"鸡尾酒会效应"时,语音识别系统采取的做法是( )。
   A. 不识别
   B. 请求一个相对安静的环境再次识别
   C. 将多个声源当一个声源识别
   D. 采用"深度聚类"机器学习分离声源
4. 什么是静音切除?
5. 在语音识别越来越普及的今天,它的痛点在哪?说说你在这些痛点上有哪些亲身体验。

5.2 语音控制系统

曾经的智能家居系统主要采用触屏进行点击实现功能控制,如今,智能家居普及语音控制系统。随着智能化逐步走向成熟,智能语音产业也迎来了一波以智能语音控制为特色的全新革命。而目前智能家居的发展更加带动了智能语音的发展,使其成为智能家居不可或缺的一部分。

智能家居控制系统不仅仅是全屋联动实现远程一键控制,同时也能实现语音控制。你在家里就可以这样:对着设备说一声"我五分钟之后到家",就会得到回复"好的,按照您的习惯,空调已经调到 26℃,热水器调到 35℃";窝在沙发上看电视节目,说一声"我想看上周的《非诚勿扰》",对应的电视台就自动搜索出来了;困的时候说一声"我要睡觉了",空调就自动调到睡眠模式,门窗自动锁闭。

智能家居中的语音控制系统着实给广大用户带来了极大的便利,让人工智能更向前迈进了一步。

一、什么是语音控制系统

语音控制系统,即用语音来控制设备的运行,相对于手动控制来说更加快捷、方便,可以用在诸如工业控制、语音拨号系统、智能家电、声控智能玩具等许多领域。

二、语音控制系统的组成

语音控制系统总体架构如图 5-8 所示,它由语音采集模块、语音前级处理模块、语音训练模块、语音识别模块、语音提示模块、输出控制模块和语音模板库组成。

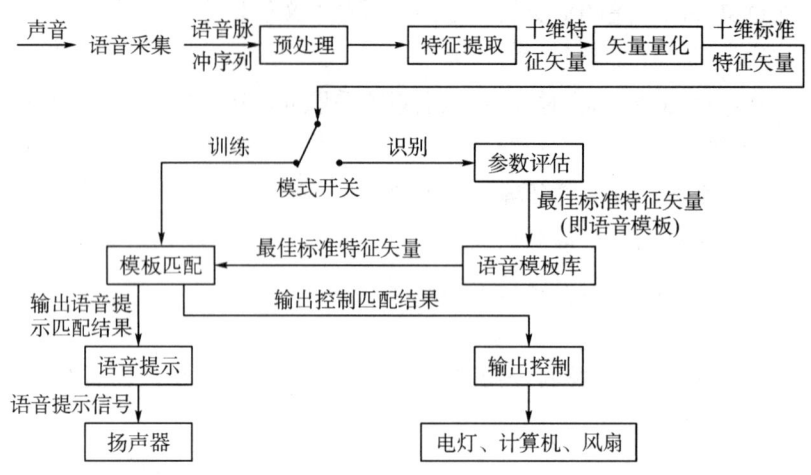

图 5-8 语音控制系统总体设计

（一）语音采集模块

语音采集模块主要完成信号调理和信号采集等功能，它将原始语音信号转换成语音脉冲序列，因此该模块主要包括声/电转换、信号调理和采样等信号处理过程。

（二）语音前级处理模块

语音前级处理模块的主要功能是滤除干扰信号、提取语音特征矢量，并将提取的语音特征矢量量化成标准语音特征矢量，因此该模块主要包括语音预处理、特征提取、矢量量化等语音信号处理过程。

（三）语音训练模块

语音训练模块的主要功能是将多次采集、提取的语音特征标准矢量进行概率统计，提取说话人的最佳语音特征标准矢量，防止因说话人心情、环境等因素引起提取特征参数不准确而影响语音识别效果，因此该模块主要包括概率统计、参数评估等处理过程，用隐马尔可夫模型（HMM 模型）实现。

（四）语音识别模块

语音识别模块的主要功能是将重新采集的标准语音特征矢量与语音模板库中的语音模型进行比较，判断当前语音命令功能，因此该模块主要包括矢量比较与参数评估两个过程。

（五）语音提示模块

语音提示模块的主要功能是根据语音识别的结果提示用户进行相关操作或说明当前完成的功能，因此该模块主要包括调用提示语音资源文件、D/A 转换、信号放大等语音处理过程。

（六）输出控制模块

输出控制模块的主要功能是根据语音识别的结果输出相应的控制信号，实现电灯、电视、风扇、车辆等设备的语音控制功能，因此该模块主要包括信号驱动、输出控制器和被控对象。

（七）语音模板库

语音模板库的主要功能是存储训练后的最佳标准语音特征矢量。

知识延伸

一个完整的语音控制系统由硬件平台和软件平台组成,其结构如下面两幅图所示。

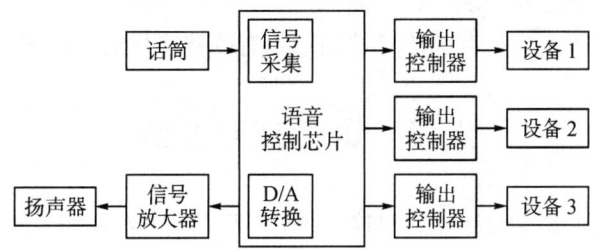

图 5-9 语音控制系统硬件平台

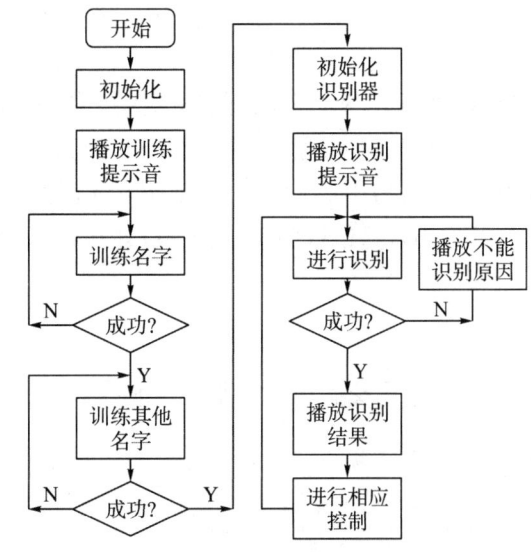

图 5-10 语音控制系统软件流程

小试牛刀

1. 在语音控制系统中,包括声/电转换、信号调理和采样等信号处理过程的模块是（　　）。
   A. 语音采集模块　　　　　　　　B. 语音前级处理模块
   C. 语音训练模块　　　　　　　　D. 语音识别模块

2. 能防止因说话人心情、环境等因素引起提取特征参数不准确而影响语音识别效果的模块是（　　）。
   A. 语音采集模块　　　　　　　　B. 语音前级处理模块
   C. 语音训练模块　　　　　　　　D. 语音识别模块

3. 语音识别模块包含_____和_____两个过程。(   )

   A. 矢量比较　　　　　　　　B. 调用提示语音资源文件

   C. 参数评估　　　　　　　　D. D/A 转换

4. 语音采集模块主要实现什么功能?

5. 说说你日常生活中遇到的语音控制系统有哪些?你对它的表现满意吗?为什么?

5.3　语音交互系统

随着移动智能终端和云计算的快速发展,人工智能的浪潮正在悄然颠覆着我们生活的点点滴滴,语音用户界面(Voice User Interface,VUI)作为一个新的领域也在快速发展,并对用户体验提出了更多关于语言学、情感塑造、逻辑搭建等方面的新要求。

一、什么是 VUI

作为新一代的交互模式,通俗地说,VUI 就是用人类最自然的语言(开口说话)给机器下达指令,达成自己目的的过程,这一过程包括三个环节:能听、会说、懂你。

VUI 是一种以人类内心意图为中心的人—机交互方式,是以交谈式为核心的智能人—机交互体验。最典型的应用就是语音助手,当下最热门的产品就是智能音箱了。

知识链接

语言交际需要遵循的原则

语言学家 Paul Grice 在 1975 年提出关于人们交际的 4 点合作原则。

1. 量的准则。既要让人听懂,又不要说太多废话。尽量少添加不必要的措辞,比如用户问什么天气,直接回答"广州,晴"即可。

2. 质的准则。说真话,没有证据的话不要说。

3. 关系准则。不要前言不搭后语,说话要有联系。

4. 方式准则。清晰明了、井井有条,不要拐弯抹角;也不要在没有弄明白意图的时候,随意强行反馈结果。

然而,人们在实际言语交际中,却常常故意违反合作原则,特别是中国人所说的"话里有话"。如何透过说话人语言的表面含义而理解其言外之意,对语音交互设计而言是极其巨大的挑战。但,幽默也往往就在这时产生。

二、VUI 的发展

在原有图形用户界面(Graphical User Interface,GUI)如此丰富的情况下,为什么要新增加一种交互方式呢?它们两者之间最大的差异就是:输入方式不同。VUI 最显著的特性就是——解放了双手,用户在获取关注的信息时可以用最自然的语言进行沟通,眼睛和手可以同时处理其他的事情。

(一) VUI 的第一个时期

20 世纪 90 年代诞生了第一个可行的、非特定的(每个人都可以对它说话)的语音识别系统——交互式语音应答(Interactive Voice Response, IVR)系统, 它的出现代表了 VUI 的第一个重要时期。

用户通过电话线路进行交互并执行任务, 完成机票预订、银行转账、证券交易等。比如当年拨打 12306 电话订火车票, 拨打 10086 查询手机话费和套餐余量等, 我们通过输入数字命令与系统进行语音交互。它的主要特点如下:

优点——擅长识别和播报长字符。

缺点——用户很少有机会暂停系统, 系统占主动地位。

回想一下那个过程, 用户必须不断地与系统进行交互, 如果中间出现错误, 只能挂断重来, 因此整个交互过程会容易让用户处在谨慎、局促的状态下。

(二) VUI 的第二个时期

我们现在处于第二时期的初期, 目前很多像 siri、Google 这类集成了视觉和语音信息的 App, 以及 Amazon Echo 这类纯语音的设计产品, 逐步发展并成为主流。

图 5-11　VUI 设计产品

三、VUI 与 GUI 相比的优势与劣势

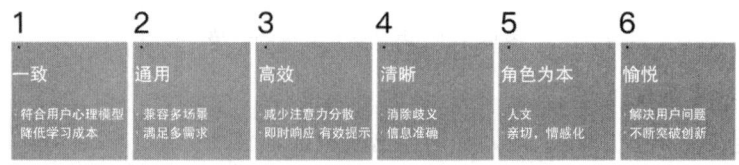

图 5-12　VUI 的优势

(一) 语音交互系统的主要优势

1. 输入更高效

研究结果表明, 语音输入比键盘输入至少快 3 倍。你从解锁手机到设置闹钟可能需

要一分钟，直接说一句话设置闹钟可能只需要 10 秒钟。

2. 表达更自然

人类是先有语音再有文字，每个人都会说话但有一部分人不会写字。语音交互比界面交互更自然，学习成本更低。

3. 感官占用更少

一张嘴，将人的双手、眼睛从图形界面交互中解放出来。想象一下当你手握方向盘时，说一句话就直接接听电话、播放音乐，是不是更方便也更安全？腾出来的感官，意味着可以并行处理其他任务，理论上有更高的效率。

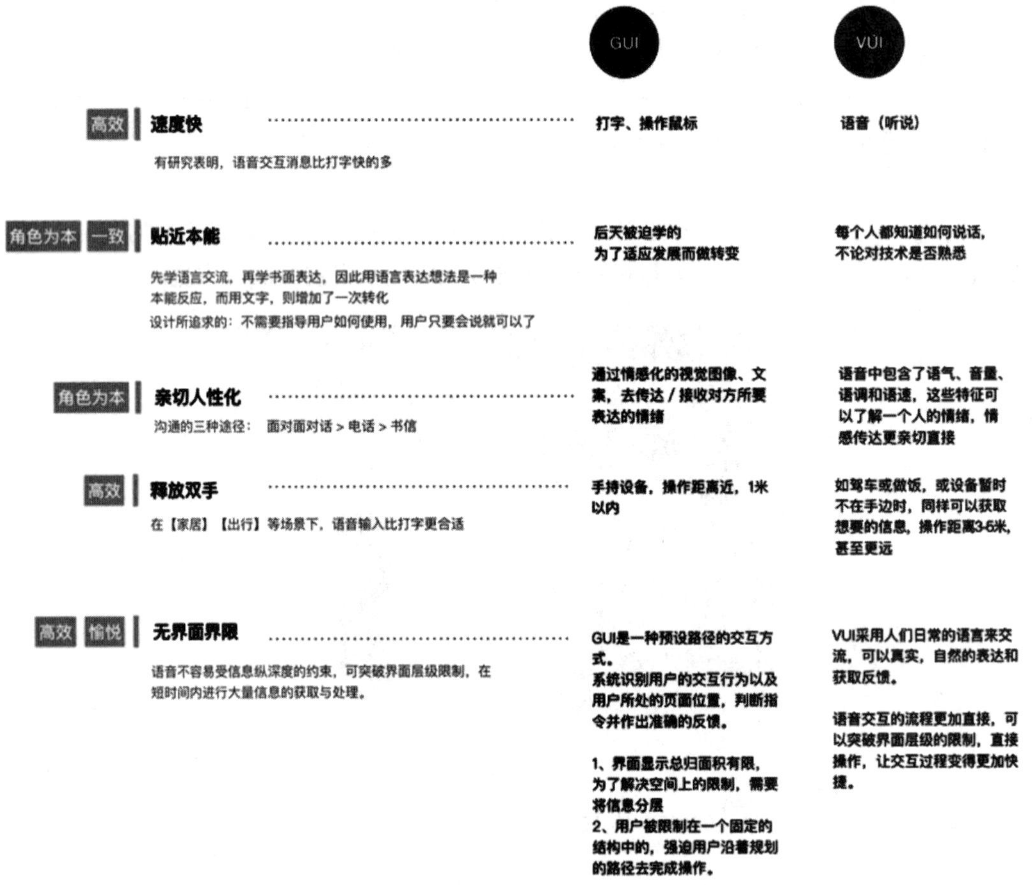

			GUI	VUI
高效		速度快	打字、操作鼠标	语音（听说）
		有研究表明，语音交互消息比打字快的多		
角色为本 一致		贴近本能	后天被迫学的，为了适应发展而做转变	每个人都知道如何说话，不论对技术是否熟悉
		先学语言交流，再学书面表达，因此用语言表达想法是一种本能反应，而用文字，则增加了一次转化。设计所追求的：不需要指导用户如何使用，用户只要会说就可以了		
角色为本		亲切人性化	通过情感化的视觉图像、文案，去传达/接收对方所要表达的情绪	语音中包含了语气、音量、语调和语速，这些特征可以了解一个人的情绪，情感传达更亲切直接
		沟通的三种途径：面对面对话 > 电话 > 书信		
高效		释放双手	手持设备，操作距离近，1米以内	如驾车或做饭，或设备暂时不在手边时，同样可以获取想要的信息，操作距离3-6米，甚至更远
		在【家居】【出行】等场景下，语音输入比打字更合适		
高效 愉悦		无界面界限	GUI是一种预设路径的交互方式。系统识别用户的交互行为以及用户所处的页面位置，判断指令并作出准确的反馈。1、界面显示总归面积有限，为了解决空间上的限制，需要将信息分层 2、用户被限制在一个固定的结构中的，强迫用户沿着规划的路径去完成操作。	VUI采用人们日常的语言来交流，可以真实，自然的表达和获取反馈。语音交互的流程更加直接，可以突破界面层级的限制，直接操作，让交互过程变得更加快捷。
		语音不容易受信息纵深度的约束，可突破界面层级限制，在短时间内进行大量信息的获取与处理。		

图 5-13 语音交互系统的优势

4. 信息容量更大

语音中包含了语气、音量、语调和语速这些特征，交流的双方可以传达大量的信息，特别是情绪的表达，其表达的方式也更带有个人特色和场景特色。当见不着面、听不到声音的时候，人与人之间的真实感就会下降很多。

VUI 不再依赖固定的路径完成操作指令，而且是每个人都可以有自己的方式和特色，这是 VUI 与 GUI 革命性的改变。对今天的 App、浏览器而言，其直接下达指令的特性使语音交互可能成为一个全新的、去中心化的超级入口,也正是因此,彻底引爆了整个市场。从"百团大战"之后,又见到了"百箱大战"。

(二) 语音交互系统的主要劣势

语音百般好,应用一时难。语音交互走到今天,已经付出了非常大的努力,但依然是有多少人工,就有多少智能。当下的语音交互被认为应该处于一种"没有想象的那么好,也没有想象的那么差"的境地。

1. **注意力障碍**

语音交互是非可视化的,带来的问题就是增加人的记忆负担。拨打过银行的客服电话就知道,用户必须集中精力听完语音播报之后才能做下一步动作,如果用户比较着急的话,就会非常的难受。事实上,人在获取信息的时候,视觉要强过听觉。

别人讲话时我们可能要等他说完才理解,而看文字的时候,我们甚至可以直接跳过部分文字也能理解,特别是自己的母语。所以,给音箱添加屏幕是趋势。对于语音的效率问题,可以说是单方面的输入更高效,而双向互动反而效率不高。或者说,获取信息的时候,视觉有很大的优势,而声音的效率并不高(现实中为什么总会出现"打断"对话的现象,就是因为语音的表达效率不高,听者等不及)。

2. **心理障碍**

想象一下,用户晚上一个人在家,会不会突然开口叫一句"小明小明,明天什么天气"?莫名其妙的语音,会让人感到一丝不自在,特别是一旦"小明"存在一定缺陷的时候所引发的错误反馈。从心理感受出发,没有多少人愿意对着冰冷的机器说话,然后得到毫无感情的甚至是错误的回应。语音交互存在的另一个心理障碍是,语音交互的不可预设和预判性。

不同的人,在同样的情境下都可能产生完全不同的行为和预期。这给设计者带来很大困扰,也为用户带来不确定性的担忧。在面对不可预知的状况下,设计者和使用者互相难以领会彼此的意图,就会形成一种博弈消耗。为了应对这种不确定性,可能导致系统必须通过更多的场景和上下文关系去解析用户的意图,来做出可能合理的信息反馈,这将进一步增加技术的复杂度。

3. **技术障碍**

语音交互为什么如此受到期待?因为太富有想象空间了,能够让我们尽可能地释放被占用的感官。想象一下,用户只说一句"订一箱牛奶",快递就会在约定好的时间送过来,多美好的生活!现实生活中,人与人的交流,甚至一个眼神、一个动作就可以引起对方的注意和反馈。而现阶段的智能音箱需要定义一个将助手从待机状态切换到工作状态的词语,即所谓的"唤醒词",这是一个不得已而为之的蹩脚设计。用户想做什么之前都要先来一句"小明小明",这种尴聊的对话方式究竟是把机器整得更像人还是把人整得更像机器了?

实际上,语音交互的技术依然存在巨大挑战,还很难在复杂的环境和不确定的情景下真实地理解用户的行为和意图。想要给出用户在不同场景下的期望值,软硬件技术都还有漫长的路要走。今天的语音交互,在某些场景下本身就是一种劣势。比如用户就站在电视机旁边,开关机这个动作最适合的交互应该是用手直接一按就可以解决,为什么还要开口说话?

这一点说明:不是什么设备都可以加一个屏幕,也不是什么设备都可以加一个麦克风。语音交互是否能够广泛应用,有赖于对场景的深度理解,以及人工智能技术的进步。语音交互好不好,不仅仅依赖硬件设备的识别准确率,更需要垂直场景下的语义理解,以及后端内容服务的连接。

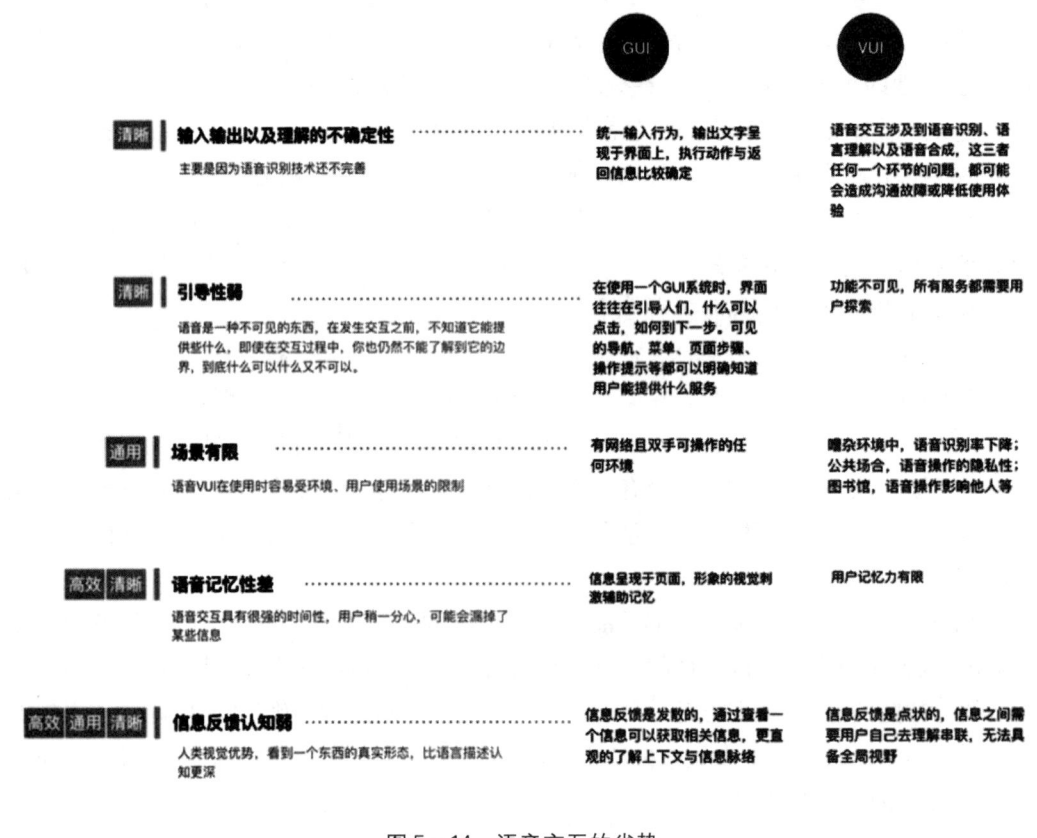

图 5-14　语音交互的劣势

知识延伸

语音交互涉及的技术

VUI 所涉及的技术模块有 4 个部分,分别如下:
1. 自动语音识别(Automatic Speech Recognition,ASR)。
2. 自然语言理解(Natural Language Understanding,NLU)。
3. 自然语言生成(Natural Language Generation,NLG)。
4. 文字转语音(Text to Speech,TTS)。

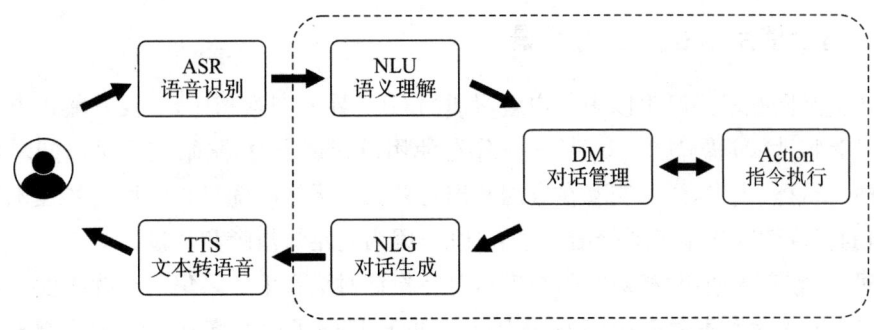

图 5-15 语音交互的技术模块

图 5-15 即为语音交互技术包括的识别、理解和对话三个部分。整个过程通俗地说，就是通过麦克风让机器能听到用户说的话，然后听懂用户想要表达的意思，并把反馈的结果"说给用户听"。举个例子：

用户：明天什么天气？

助手：晴，37 摄氏度。

整个过程分解之后，就变成这样一个过程：

1. 用户对着机器说一句话后，机器内置的麦克风识别到用户说的话，把口语化的文本归一、纠错，并书面化（ASR）。

2. 机器根据文本理解用户的意图（通常是在云端进行语义的理解）并进入对话管理，当意图不明确时，还需要机器发起确认对话，继续补充相关内容，这就是多轮对话。比如：

用户：明天天气怎么样？

助手：您要查询哪个城市的天气？

3. 在明确用户意图后，去获取相关的数据，或者执行相关的命令。

4. 最后把内容通过扬声器播放给用户听（TTS，语义理解后获得的结果文本信息合成为声音）。

至此完成一个完成对话过程。

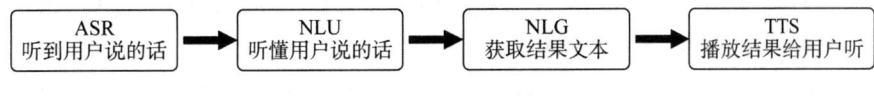

图 5-16 语音交互过程

上述的四个环节都很关键，且都存在很大的技术挑战，值得特别提出来的是 ASR 和 NLU 两个环节。

随着技术的发展，机器结合更多的传感器技术和生物识别技术，能感知人们的语音、肢体和手势甚至表情眼神，并通过调整自身的反馈来适应人们那一刻提出的需求（包括脾气性格、声音特点、外貌印象），真正实现人—机的自然（本能）交互。

四、适合使用语音交互的场景

语音交互同互联网诞生以来用户就习惯的 GUI 界面交互相比,主要是输入方式的不同。最显著特性就是"解放了双手"——你在使用语音请求时,眼睛和手可以同时忙于其他的事情,从这点出发,语音交互在家居和出行领域有天然的优势。以目前的技术条件而言,单向的指令性动作是最适合语音来表达的,因为它足够清晰和直接。

家居:在家庭中使用"相对封闭与安全"(特指针对语音信号采集的干扰程度),通过语音交互指令控制家居开关是很好的切入点。如今,搭载了语音交互系统的智能家居都可以听用户的话,用户说的每个指令都会直接影响/控制当前家居的运行状态。

出行车载语音交互系统:释放了驾驶员的手和眼,让司机专注于前方的路况,如接听电话、开关车窗、播放广播音乐、路线导航等语音交互指令。

企业应用:未来会有各种各样专业的知识工作者会在不同程度上被简化或者替代,比如文本、数据的录入工作,客服机器人等。但极不可能的是直接对着一个设备吼两嗓子就输出一个令人满意的 PPT。

医疗和教育:如语音记录病历,不管对医生来说还是患者来说,都是提高看病效率的很好的辅助手段之一。课堂上的数学公式、化学方程式和曲谱等都是容易念出来的,但由于包含很多特殊符号使得输入十分困难。

五、不适合使用语音交互的场景

任何需要谈判或拥有很多变量的情况:智能音箱可以支持简单的自然对话,但如果用户要求它打开一个不存在的电台,它会问用户是否想要创建一个;如果用户想要跳过一首歌并且增大音量,就只能分两步执行。

大量的输入和输出:在大量数据的输入和输出时,语音要比打字慢很多。比如搜索想要去的餐馆,用户可以比较容易地用语音描述出筛选条件,但将搜索的结果用语音读出来显然相当麻烦。

很难形容的内容:生活中有一些容易口述但比较难打的字、符号和行业术语,比如智能电视上像"白平衡调节"这种功能还是很难用语言形容;在控制智能汽车时,像调节后视镜角度这种操作用语音控制也比较麻烦。

比较复杂的事务列表:一个相对复杂的项目列表,即使没有那么巨量的数据,语音界面仍然需要用户在同一时间记住几个不同的选项,尤其是在完全没有视觉的前提下,这是很难做到的。

小试牛刀

1. 与图形交互系统相比,语音交互系统的主要优势有(   )。
   A. 输入更高效　　　　　　　　　B. 表达更自然
   C. 感官占用更少　　　　　　　　D. 信息容量更大

2. 以下场景中适合语音交互的是（　　）。
   A. 书房　　　　B. 地铁　　　　C. KTV　　　　D. 电影院
3. 语音交互存在（　　）等方面的劣势。
   A. 注意力障碍　B. 心理障碍　　C. 道德障碍　　D. 技术障碍
4. 说一说这些专业词汇的含义：UI、GUI、VUI、CUI。
5. 未来，语音交互会变得怎样？会不会取代图形交互？

5.4　智能翻译系统

一、什么是智能翻译

智能翻译也叫机器翻译，其实是利用计算机把一种自然语言翻译成另一种自然语言的过程，基本流程大概分为三块：预处理、核心翻译、后处理。

预处理是对语言文字进行规整，把过长的句子通过标点符号分成几个短句子，过滤一些语气词和与意思无关的文字，将一些数字和表达不规范的地方归整成符合规范的句子。

核心翻译模块是将输入的字符单元、序列翻译成目标语言序列的过程，这是机器翻译中最关键、最核心的地方。

后处理模块是将翻译结果进行大小写的转化、建模单元进行拼接、特殊符号进行处理，使得翻译结果更加符合人们的阅读习惯。

> **知识链接**

同 声 传 译

会场或剧场中配备专门用来进行翻译的电声系统，翻译人员将演讲词或台词同步译成不同语种，通过电声系统传送，席位上听众可自由选择语种进行收听。

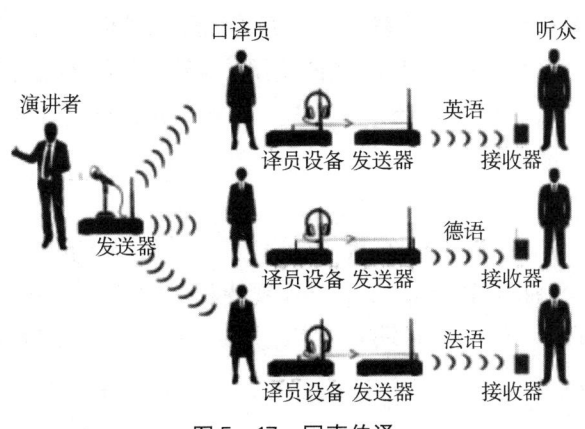

图 5-17　同声传译

1. 同声传译的最大优点在于效率高,可以保证讲话者做连贯发言,不影响或中断讲话者的思路,有利于听众对发言全文的通篇理解。

2. 同声传译是当今世界上在举办各类大型会议、论坛、峰会时经常采用的一种翻译方式。目前,世界上 95% 的国际会议采用的都是同声传译的方式。

3. 同声传译的特点是讲者连续不断地发言,而译者是边听边译,原文与译文翻译的平均间隔时间是三至四秒,最多达到十多秒。译者仅利用讲者两句之间稍歇的空隙完成翻译工作,因此对译员素质要求非常高。

二、机器翻译的发展历程

从最开始只是科学家脑海中的一个大胆设想,到现在大规模地开始应用,机器翻译技术的发展道路大概经历了以下六个阶段。

(一)起源阶段

机器翻译起源于 1933 年,由法国工程师 G. B. 阿尔楚尼提出机器翻译设想,并获得一项翻译机专利。

(二)萌芽时期

1954 年,美国乔治敦大学在 IBM 公司协同下用 IBM-701 计算机首次完成了英俄机器翻译试验,拉开了机器翻译研究的序幕。

(三)沉寂阶段

美国科学院成立的语言自动处理咨询委员会(ALPAC)于 1966 年公布了一份名为《语言与机器》的报告,该研究否认机器翻译的可行性,使机器翻译研究进入萧条期。

(四)复苏阶段

1976 年,加拿大蒙特利尔大学与加拿大联邦政府翻译局联合开发的 TAUM-METEO 系统,标志着机器翻译的全面复苏。

(五)发展阶段

1993 年,IBM 的 Brown 等提出基于词对齐的统计翻译模型,基于语料库的方法开始盛行。2003 年,爱丁堡大学的 Koehn 提出短语翻译模型,使机器翻译效果显著提升,推动了工业应用。2005 年,David Chang 进一步提出了层次短语模型,同时基于语法树的翻译模型研究也取得了长足的进步。

(六)繁荣阶段

2013 年和 2014 年,牛津大学、谷歌、蒙特利尔大学研究人员提出端到端的神经机器翻译,开创了深度学习翻译新时代。2015 年,蒙特利尔大学引入 Attention 机制,神经机器翻译达到实用阶段。2016 年,谷歌 GNMT 发布,讯飞上线 NMT 系统,神经翻译开始大规模应用。

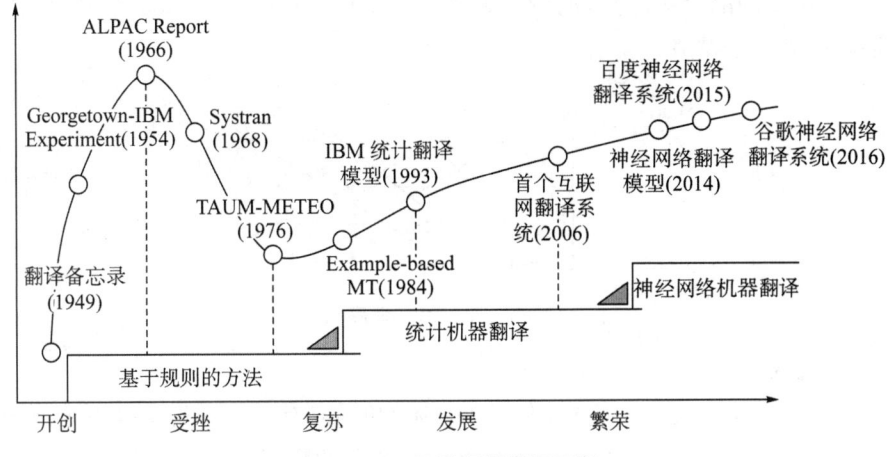

图 5-18 机器翻译发展历程

三、机器翻译的基本应用

机器翻译的基本应用可分为三大场景：以信息获取为目的的场景、以信息发布为目的的场景、以信息交流为目的的场景。

以信息获取为目的的应用场景，比较为人所熟悉，比如翻译或是海外购物，遇到一些生僻的词就可以借助机器翻译技术，来了解它的真正意思。

在以信息发布为目的的场景中，典型的应用是辅助笔译。比如毕业论文需要用英文写个摘要，不少同学都是利用谷歌的翻译，将中文摘要翻译成英文摘要，然后再做一些简单的调整，得出最终的英文摘要，其实这就是一个简单的辅助笔译的过程。

第三大场景就是以信息交流为目的的场景，主要解决人与人之间的语言沟通问题。

四、机器翻译面临的主要挑战

图 5-19 译文选择示例

（一）译文选择

在翻译一个句子的时候，会面临很多选词的问题，因为语言中一词多义的现象比较普遍。比如翻译如下句子：

我在周日看了一本书。

源语言句子中的"看"，可以翻译成"look""watch""read"和"see"等词，如果不考虑后面的宾语"书"的话，这几个译文都对。在这个句子中，只有机器翻译系统知道"看"的宾语

"书",才能做出正确的译文选择,把"看"翻译为"read",即"read a book"。译文选择是机器翻译面临的第一个挑战。

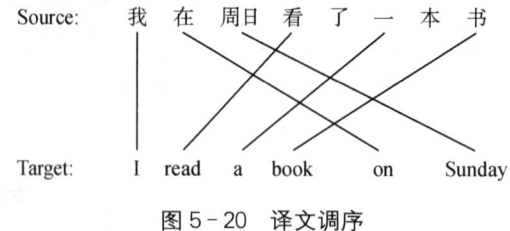

图 5-20 译文调序

(二) 译文调序

由于文化及语言发展上的差异,人们在表述的时候,有时候先说这样一个成分,后面说另外一个成分,但在另外一种语言中,这些语言成分的顺序可能是完全相反的。比如上述例子中,"在周日"这样一个时间状语在英语中习惯放在句子后面。再比如,像中文和日文的翻译,中文的句法是"主谓宾",而日文的句法是"主宾谓",即日文把动词放在句子最后。比如中文说"我吃饭",那么日语就会说"我饭吃"。当句子变长时,语序调整会更加复杂。

(三) 数据稀疏

据不完全统计,现在人类的语言大约超过五千种。现在的机器翻译技术大部分都是基于大数据的,只有在大量的数据上训练才能获得一个比较好的效果。而实际上,语言数量的分布是非常不均匀的。图 5-21 显示了中文相关语言的一个分布情况,大家可以看到,百分之九十以上都是中文和英文的双语句对,中文和其他语言的资源是非常少的。在非常少的数据上,想训练一个好的系统是非常困难的。

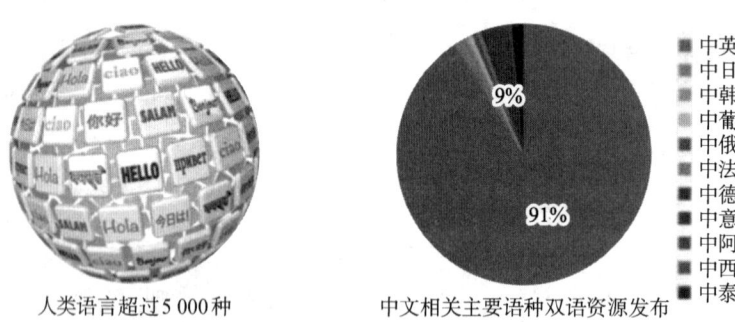

人类语言超过 5 000 种　　中文相关主要语种双语资源发布

图 5-21 语言分布情况

小试牛刀

1. 智能翻译的基本流程大概分为(　　)。
   A. 预处理　　　　　　　　B. 自动优化
   C. 核心翻译　　　　　　　D. 后处理
2. 机器翻译的故事始于 1933 年,发展历程曲折坎坷,从最开始只是科学家脑海中的一个大胆设想到现在大规模地开始应用,机器翻译技术的发展道路大概有(　　)个阶段。

A. 3　　　　　　B. 4　　　　　　C. 5　　　　　　D. 6

3. 2014年谷歌和蒙特利尔大学提出的第三代机器翻译技术,也就是(　　),标志着第三代机器翻译技术的到来。

   A. 基于规则的机器翻译
   B. 基于统计的机器翻译
   C. 基于端到端的神经机器翻译
   D. 基于自主学习的机器翻译

4. 找一个翻译工具,将以下内容翻译成英语:"人工智能是一门非常复杂的学科,但是我很喜欢,我有信心学好。"翻译的结果满意吗?换一款工具再试试呢?

5. 人工智能时代,智能翻译越来越普及,我们还需要学习外语吗?

5.5　语音识别技术的典型应用

一、语音识别技术在车载场景中的应用

汽车驾驶舱的核心要素是便利、安全和愉悦。围绕这三个要素,汽车驾驶舱引申出许多应用场景,而其中正在被语音识别技术所赋能的包括以下五类:多媒体娱乐、车辆控制、智能导航、驾驶行为监控、车况监控。

(一) 多媒体娱乐

播放音乐、广播电台或播客的能力是智能语音助理最常见的用例之一。特别是在开车时,司乘人员喜欢听一些音频节目,这为汽车制造商、娱乐场所和语音助理提供商提供了一个推广车辆使用案例的机会。除了简单的播放、暂停和切换歌曲等功能外,还有更多个性化的功能尚待开发。例如,更换信号源、调节音效和循环模式、收藏喜爱的栏目或播放音、视频中的指定内容等。

(二) 车辆控制

基本功能包括调节车内空调温度,调整车窗,调整后视镜,调整座椅和方向盘姿态,查看行车记录仪、倒车影像,甚至可以切换驾驶模式,变换档位。智能车辆控制系统可以帮助驾驶者更加自如地掌控汽车,让驾驶者将注意力集中在汽车驾驶的任务上,从而提高驾驶汽车的安全性。不过,像变换档位这样的功能实现起来难度相对较大,需要一套新的、有效的交互设计方案,以确保新交互的安全性和有效性。

(三) 智能导航

语音交互只是一个实现功能的入口,系统会理解驾驶员的语音指令,并提供有效的导航服务。除了被动地帮助驾驶员提供导航服务之外,智能导航系统还可以为驾驶者提供目的地推荐和行程规划的服务。导航系统将整合加油站、餐厅、商场、游乐场所以及旅游景点的数据信息,自动为驾驶者安排行程规划供驾驶者参考。汽车将会为其驾驶者量身定制生活规划服务,将便捷与高效的生活方式带给其主人。

(四)驾驶行为监控

汽车可以通过对驾驶者面部状态的识别而判断其精神状态,在适当的时候提醒驾驶者打起精神,以避免交通事故的发生。除了面部状态识别之外,还可以对司机驾驶汽车的时长、驾驶行为表现等数据进行分析。如果发现驾驶者的驾驶时间过长,或是频繁出现压线行驶和紧急刹车等情况,汽车也会及时地给予驾驶者语音反馈,使其保持清醒。

(五)车况监控

驾驶者在驾驶过程中可以随时与汽车进行交谈,询问有关车辆状况的任何信息,包括汽车每个模块的性能和状态,如车轮的胎压、水箱的温度、冷却剂和机油的水平等。

随着人工智能技术的持续进步和 5G 网络技术的普及,智能汽车相关产业的上下游市场将会迎来前所未有的发展。智能驾驶舱会与自动驾驶解决方案共同颠覆汽车行业,而作为功能体验入口的智能车载助手必将在未来几年成为语音交互、自然语言理解等人工智能技术的重要落地场景。

二、语音识别技术在智能家居场景中的应用

智能家居是以住宅为平台,利用综合布线技术、网络通信技术、安全防范技术、自动控制技术、音视频技术将家居生活有关的设施集成,构建高效的住宅设施与家庭日程事务的管理系统,提升家居安全性、便利性、舒适性、艺术性,并实现环保节能的居住环境。

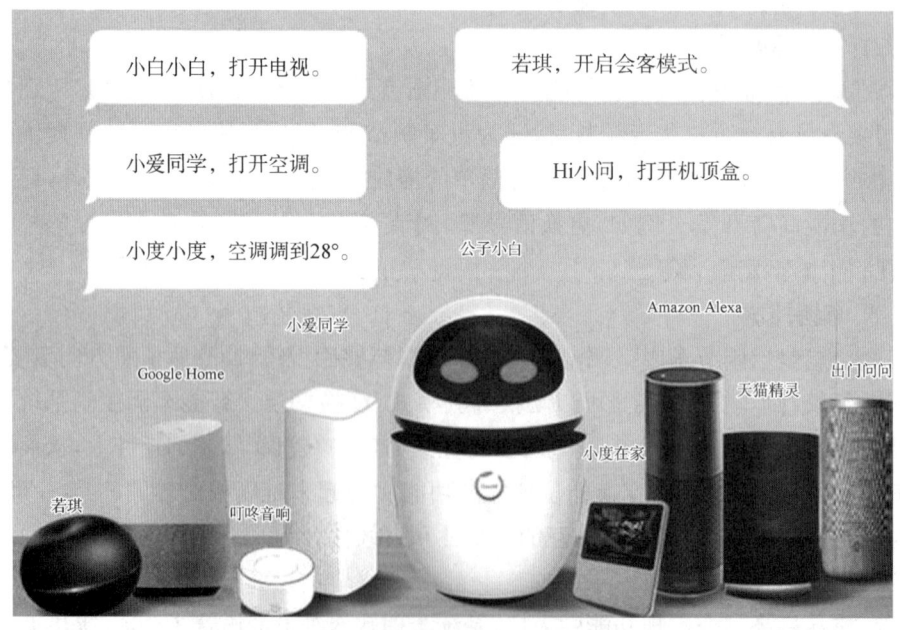

图 5-22 语音识别技术在智能家居场景中的应用

智能家居中语音识别最直接的作用是替换传统的家居控制/交互方式,如开灯关灯、播放音乐、电视节目等。客厅应该是首先受益于语音识别的地方,因为传统电视遥控器的众多按键就让电视的操作很不方便,新的互联网电视更是让很多人尤其是老年人不知道怎么使用,而语音识别使你可以直接对电视说出你想看什么节目、想看什么电影,方便得多。其次在灯、空调、窗帘、净水器、扫地机器人等这种高频次简单操作类的家居设备上,语音识别将给人带来大大的方便。

另外,以 Echo 音箱为代表的智能语音助手类设备横空出世,智能音箱甚至被视为一个新的入口,除了担任智能家居的语音识别控制中心,还可以提供信息发布、教育、娱乐等功能。不管怎么说,智能语音助手正在智能家居中占据越来越重要的地位,存在形式会越来越泛化。

语音识别在智能家居中的想象空间不仅如此,伴随家居更进一步智能化和智能家居物联网化,家里将产生更多的应用场景。

三、智能客服

智能客服是在大规模知识处理基础上发展起来的一项面向行业的应用。它具有行业通用性,不仅为企业提供了细粒度知识管理技术,还为企业与海量用户之间的沟通建立了一种基于自然语言的快捷有效的技术手段;同时还能够为企业提供精细化管理所需的统计分析信息。

智能客服可以替代人工客服,帮助企业降低大量的客服人力成本;将人从低端劳动中解放出来,提升客服工作的幸福感;7×24 在线,提升服务响应及时性,提高客户满意度。

小试牛刀

1. 语音识别技术在车载场景中的应用主要有( )。
   A. 多媒体娱乐　　　　　　B. 车辆控制
   C. 智能导航　　　　　　　D. 驾驶行为监控
   E. 车况监控
2. 智能家居中语音识别最直接的是用来替换传统的( )。
   A. 家居控制　　　　　　　B. 家居制造
   C. 家居摆放　　　　　　　D. 家居保养
3. 与人工客服相比,以下不属于智能客服优势的是( )。
   A. 降低人工成本　　　　　B. 提高响应速度
   C. 随机应变　　　　　　　D. 提升客服工作的幸福感

思维与操作实训

1. 除了教材中提及的应用,你还使用或了解过哪些语音识别技术的应用?说说你的体验。如果有需要改进的地方,你希望是哪些?

2. 说说你认为不适合使用语音识别技术的应用场景及理由。

记录小组讨论的主要观点,推选代表在课堂上简单阐述你们的观点。

【实训总结】

____

____

【教师对实训的评价】

____

____

任务六

让机器成为大师

案例导读

在电影《铁甲钢拳》中,拳击运动已经被高科技的机器人互搏取代了。人类无法亲自上场比赛,取而代之的是他们操纵机器人在赛场上厮杀。查理·肯顿是世界上大名鼎鼎的、排名世界第二的拳击运动员,在一场 2000 磅、6 英尺高的机器人拳击赛中丢掉了头衔,输了比赛,所以查理活得穷困潦倒。查理有一个 11 岁的孩子,叫作马克斯,查理以前忙于拳击从来没有好好照顾过他。丢掉了头衔,失去了名誉,还一无所有的查理反而有了更多的时间和自己的儿子相处。不服输的儿子鼓动查理去废弃机器人的仓库找零件回来自己做机器人参加比赛。零件没有找到多少,但是他们意外地发现了一个陪练机器人。这个陪练机器人被马克斯起名叫作亚当,亚当没有实战经验,只有挨打的份。一开始查理带他去打各种小型赛事筹集金钱,而亚当则被打得"满地找铁"。时间一长,马克斯发现这样不行,他让查理教亚当自己的拳击技巧。亚当倒也是个聪明的机器人,能够惟妙惟肖地模仿出查理的所有动作。后来亚当成了常胜将军,变成了世界知名的机器人拳击手。

在电影中,亚当之所以可以从一个被打的"满地找铁"的陪练机器人,变成世界知名的机器人拳击手,变成赛场上的"常胜将军",主要是因为亚当拜了世界排名第二的拳击运动员查理为师。在模仿查理的所有动作、总结查理的比赛经验之后,亚当终于能够成为优秀的拳击手。既然机器人亚当在拜人类拳击查理专家为师后,成为拳击领域的专家,那么其他的智能系统(我们把这些系统叫作专家系统)在拜人类专家为师后,又达到了什么样的效果呢?

6.1 专家系统及其发展

一、专家系统的概念

专家系统是在某一特定领域内,拥有大量专家知识,能使用专业推理方法解决复杂问题的人工智能计算机程序。也就是说,专家系统本质上是计算机程序,只不过这个程序拥

有一个或多个专家在这个领域提供的大量知识和经验,且该程序能够利用这些知识与经验按照一定策略进行推理、解决问题。简而言之,专家系统就是一种模拟人类专家解决领域问题的计算机程序系统。①

二、专家系统的产生与发展

专家系统是人工智能的一个分支,也是目前最活跃最有成效的一个研究领域。自诞生以来,它已经经历了三个阶段,目前在向第四阶段迈进。

(一)第一阶段:专家系统初创阶段

20世纪60年代初期,出现了一批利用逻辑理论模拟人类心理活动的程序,这些程序主要集中于在计算机编码中加入人类的推理能力。但是很难将实际问题转换成计算机能够解决的形式。在美国国家航空航天局的要求下,专家系统之父费根鲍姆和化学家勒德贝格合作研究了 DENDRAL 系统,这标志着世界上第一个专家系统的诞生。这个系统具有非常丰富的化学知识,能够根据输入的质谱仪数据帮助化学家推断出分子的结构,被广泛地应用于世界各知名大学以及化学实验室。在此之后,麻省理工学院研制出了初代的计算机代数系统——MACSYMA 系统;卡内基梅隆大学研发出语音识别系统专家——HEARSAY;匹茨堡大学研制出了第一个医疗领域的专家系统——内科病诊断咨询系统 INTERNIST。初创期的专家系统专业化强、求解专业问题能力强,但是系统结构的完整性、灵活性、可移植性低。

(二)第二阶段:专家系统成熟阶段

20世纪70年代中期,涌出了一批成熟的专家系统,人们开始逐步接受它们。其中最具有代表性的就是 MYCIN 和 PROSPCTOR。MYCIN 系统由美国斯坦福大学研制成功,可以帮助医生对血液感染患者进行诊断,并可以依据病情选用适合的抗生素类药物。PROSPCTOR 系统是一个能与地质学家相媲美的专家系统,它可以辅助地质学家勘探矿藏,是第一个取得经济效益的专家系统。该时期的专家系统属于单学科、应用型系统,在完整性、可移植性等方面具有进步,但是在人机接口、知识获取、知识表示、推理启发性等方面还有待提高。

(三)第三阶段:专家系统发展阶段

20世纪80年代,专家系统进入了发展期。80年代初期,开发比较容易的诊断型医疗专家系统占据了主流地位;但是到了80年代中期,有显著经济效益的专家系统开始大规模发展;80年代后期,专家系统随着神经网络、模糊技术的发展迅速崛起,同时计算机的运用也越来越普及,专家系统的智能化程度也越来越高。该时期的专家系统在人工智能语言、知识表示方法以及推理机制等方面有很大提高。

(四)第四阶段:专家系统发展新阶段

近年来,随着大数据、云计算技术的发展,专家系统不仅采用各种定性的模型,还将各

---

① 杨兴、朱大奇、桑庆兵等:《专家系统研究现状与展望》,第十五届全国测试与故障诊断技术研讨会,2006年。

种模型综合运用,其发展步入了新的阶段。该阶段的专家系统在总结前三代专家系统的基础上,开始向通用性专家系统、分布式专家系统、协同式专家系统发展。

知识链接

DENDRAL 系统

DENDRAL 系统是一种帮助化学家判断某待定物质的分子结构的专家系统。1965 年在美国斯坦福大学开始研制,1968 年研发成功,它是 Feigenbaum 与化学家 J. Lederberg 合作的结果。20 世纪 60 年代中期,Lederberg 提出了一种可以根据输入的质谱仪数据列出所有可能的分子结构的算法,并在此后的 3 年里,与 Feigenbaum 等人一起探讨了用规则表示知识系统的建立方法,建成了 DENDEAL 系统,期望利用这一系统在更短的时间里完成类似于人工列些所有可能分子结构的工作。DENDRAL 是世界上第一例成功的专家系统,它的出现标志着人工智能的一个新领域——专家系统的诞生。从此各种不同的专家系统相继成立。

该系统利用的原始信息主要是该物质的质谱数据。整个系统按功能可分为三部分。①规划:利用质谱数据和化学家对质谱数据与分子构造关系的经验知识,对可能的分子结构形成若干约束。②生成结构图:利用 J.莱德伯格的算法给出一些可能分子结构,利用第一部分所生成的约束条件来控制这种可能性的展开,最后给出一个或几个可能的结构。③利用化学家对质谱数据的知识,对第二部给出的结果进行检测、排队。④给出分子结构图。

——摘自百度百科,https://baike.baidu.com/item/DENDRAL％E7％B3％BB％E7％BB％9F/12678475？fr＝aladdin

小试牛刀

1. 专家系统就是一种模拟人类专家解决领域问题的_____。
2. 自诞生以来,专家系统经历了_____阶段、_____阶段、发展阶段和发展新阶段。
3. _____系统,标志着世界上第一个专家系统的诞生。
4. _____系统是第一个取得经济效益的专家系统。
5. 在专家系统新发展阶段,主要向通用性专家系统、_____、协同式专家系统发展。

6.2 专家系统与知识工程

一、知识工程的概念

在日常生活中,我们习惯用数据描述客观事物的数量、属性、位置及其相互关系等,比如"3",但这些被记录的数据都是最原始、分散、孤立的,与其他数据之间没有联系,孤立的数据没有任何意义。随着信息技术的高速发展,对数据加工处理,使数据之间相互建立联系,形成有一定含义的信息。而对信息通过归纳、总结、演绎等手段进行挖掘沉淀后有价值的内容,与人类知识体系相结合的过程,就是将信息转化成知识的过程。知识是对信息的抽象总结,但是数据、信息、知识之间不存在绝对的界限。从数据到信息再到知识,是数据变得有序、有意义的固有规律。知识反应的是信息的本质。

1977年第五届人工智能会议上,费根鲍姆首次提出人工智能的概念,他认为:"知识工程是人工智能的原理和方法,是对那些需要专家知识才能解决的应用难题提供求解的手段。恰当运用专家知识的获取、表达和推理过程的构成与解释,是设计基于知识的系统的重要技术问题。"[①]

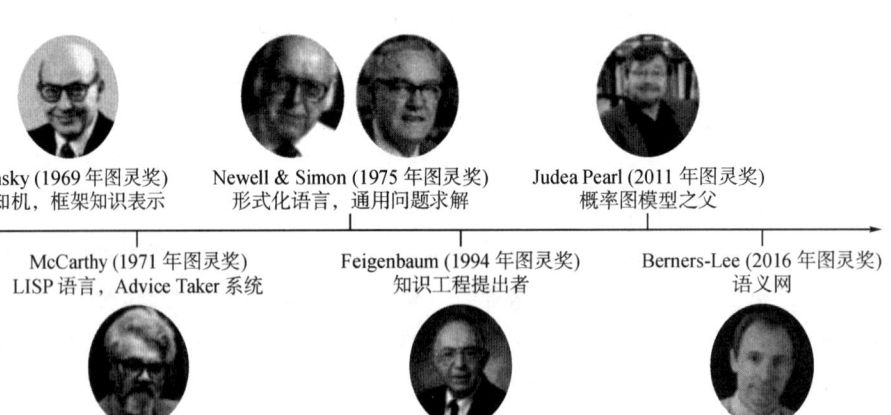

图6-1 传统知识工程代表性人物与成就

二、知识工程的组成部分

知识工程作为一门新兴的学科,将人工智能系统中共同的基本问题作为核心研究,使之成为指导研究各类智能系统的一般方法和基本工具,其过程主要包含五个部分。

(1) 知识获取:知识获取包括从某一领域的专家、书籍、纸质文件或计算机文件等获取的知识,可以是某一个特定领域的一般知识,也可以是某特定问题的解决程序。

(2) 知识验证:知识验证是指知识被证实是准确的过程,例如将某一内容看作测试用例,专家依据测试用例验证知识的准确性。

(3) 知识表示:将通过各种手段获得的知识按照一定手段或方法组织在一起的活动叫作知识表示。知识表示需要准备知识地图,且需要在知识库中进行编码。

(4) 推论:推论主要指软件程序的设计,软件程序依据已有的知识和细节问题进行推理,然后将推理的结果提供给非专业的用户。

(5) 解释和理由:主要指设计和解释功能。

---

① Feigenbaum E A. The art of artificial intelligence: I. Themes and case studies of knowledge engineering. Technical Report. Stanford University, 1977.

知识链接

智能化的突破口：知识工程

人们一般将人工智能分为计算智能、感知智能和认知智能三个层次。简要来讲，计算智能即快速计算、记忆和储存能力；感知智能，即视觉、听觉、触觉等感知能力，当下十分热门的语音识别、语音合成、图像识别即是感知智能；认知智能则为理解、解释的能力。

目前的智能研究旨在通过计算机模拟，让机器获得和人类相似的智慧，解决智能时代下的精准分析、智慧搜索、自然人机交互、深层关系推理等实际问题。着眼当下，以快速计算、存储为目标的计算智能已经基本实现。近几年，在深度学习推动下，以视觉、听觉等识别技术为目标的感知智能也取得不错的胜利果实。然而，相比于前两者，认知能力的实现难度较大。举个例子，小猫可以"识别"主人，它所用到的感知能力一般动物都具备，而认知智能则是人独有的能力。人工智能的研究目标之一，就是希望机器将具备认知智能，能够像人一样"思考"。

这种像人一样的思考能力具体体现在：机器对数据和语言的理解、推理、解释、归纳、演绎的能力，体现在人类所独有的一切认知能力上。学界业界都希望通过计算机模拟，让机器获得和人类相似的智慧，解决智能时代下的精准分析、智慧搜索、自然人机交互、深层关系推理等实际问题。

知道了认知智能是机器智能化的关键，进一步我们要思考如何实现认知智能——如何让机器拥有理解和解释的认知能力。

肖仰华教授认为，知识图谱和以知识图谱为代表的知识工程系列技术是认知智能的核心。知识工程主要包括：知识获取、知识表示和知识应用。我们可以尝试突破的方向在于知识的利用，在于对符号知识和数值模型结合的应用。而这些努力，最终结果就是使机器具备理解和解释的能力。

——知乎，https://zhuanlan.zhihu.com/p/66902635

三、知识获取

专家系统的最大优势是它具有比专家更全面的知识，并且可以利用这些专业知识按照专业的方法进行推理，以此来解决问题。由此可以看出于专家系统而言，它具有的知识是一切的基础。知识获取的基本任务就是为专家系统获取知识，建立健全、完善、有效的知识库，以满足求解领域问题的需要[①]。知识获取主要包含以下四项工作。

（一）抽取知识

抽取知识是指将知识源中的知识通过甄别、筛选、归纳、总结等步骤提取出来的过程。知识的主要来源是领域专家以及该领域的专业技术文献，但是并不是所有的知识都

---

① 王士同：《人工智能教程》，电子工业出版社，2002年版。

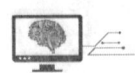

是可以直接利用的。为了对不能直接使用的知识进行转换,需要知识工程师做大量的工作。例如对某一领域专家来说,他可以自如且无压力地处理领域中专业问题,但却无法条理清晰地解释出处理问题的原因和原则;他们可以列举大量成功解决专业问题的案例,但是却不一定能说出这些案例之间的联系。专家比较熟悉本领域的知识,不熟悉专家系统的相关技术,因此他们无法按照专家系统的要求提供知识。因此,需要知识工程师有目的地引导,通过反复与专家沟通,将沟通内容进行分析、归纳、总结等,整理出可供专家系统利用的知识。

专家系统的另一个知识来源是专家系统自身运行的结果。专家系统以已有知识库作为基础,通过系统运行推理归纳出新的知识,并将知识补充到知识库中,这个过程就是专家系统的自学能力。

(二) 知识转换

知识转换指将领域专家或文献中的知识表示形式转换成计算机能够识别、处理的知识表示形式的过程。

领域专家和专业技术文献常用的知识表示方式为自然语言、图形、表格等,而专家系统知识库中所表示的知识必须能够被计算机识别和运行,两种表示形式之间存在较大差距,因此必须将从领域专家和专业技术文献中抽取的知识转换成计算机可以运行的表示形式。知识转换一般分为两步进行。第一步是将知识转换成某种表示模式,比如将"这个耳机的颜色是粉色的"这一自然语言转换成计算机可以理解的三元组表示方式,因三元组由对象、属性、值来表示,所以对象是耳机,属性为颜色,值为粉色。第二步则是把该模式表示的知识转换成计算机可用的内部形式,这一过程通过输入和编译完成。

(三) 知识输入

知识输入是指将由某种模式表示的知识通过编辑、编译输入到知识库的过程。目前,知识输入包括两种途径:一种是利用计算机系统自带的编辑软件;另一种是利用专门的知识编辑器。

(四) 知识检测

知识库的建立需要经过知识抽取、知识转换、知识输入等过程实现,其中任意一个环节的失误都会导致知识错误,而错误知识将会影响到专家系统的性能。因此需要对知识库中的知识进行检测,纠正可能出现的错误,起到防患于未然的作用。

知识延伸

知识获取的分类

知识获取按照自动化程度,可以划分为人工获取、半自动、自动获取三种模式。

一、人工获取

人工知识获取也叫作非自动获取。在这种知识获取模式中,主要分两步进行:第一步是由知识工程师通过阅读专业技术文献或通过与领域专家反复沟通后获得知识,然后再由知识工程师通过某种编辑器将知识输入到知识库中。

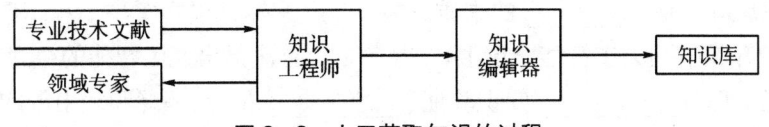

图 6-2 人工获取知识的过程

人工获取知识模式是专家系统中比较常用的一种知识获取模式。因为领域专家一般不熟悉知识工程,无法将知识按照专家系统的要求进行抽取与表达;当直接询问专家解决领域特定问题的规则和方法时,专家表达起来也非常困难。因此在这个模式中,知识工程师起到至关重要的作用。知识工程师需要长期与领域专家一起工作,通过阅读专业技术文献、与领域专家沟通,获得基本的原始知识;通过对原始知识的分析、归纳、整理等步骤形成自然语言描述的知识,再将知识返回给领域专家检查,直到原始知识确定下来;将确定下来的原始知识按照一定的知识表示形式表示出来;最后将特定表示形式的知识利用知识编辑器输入到知识库中。

二、自动获取

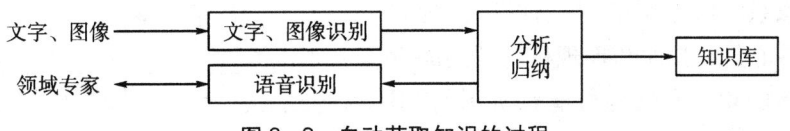

图 6-3 自动获取知识的过程

自动获取,是指专家系统本身具有获取知识的能力。专家系统可以直接与领域专家进行对话,即直接从专家提供的原始知识中获得专家系统所需要的知识,而不需要知识工程师的参与;专家系统还能以知识库原有知识为基础,通过专家系统的自身运行从实践中总结、归纳出新知识,不断进行知识库的更新、完善。能自动获取知识的专家系统具有以下能力。

(1)具有语音、文字、图像识别能力。专家系统中的知识来源于领域专家以及相关的专业技术文献。实现知识的自动获取,则专家系统需要与领域专家直接沟通或阅读专业技术文献。

(2)具有分析、归纳能力。专家系统中的知识,除直接源于领域专家与专业技术文献外,还有以原有知识为基础,通过分析、归纳总结出的新知识。这些新知识的获得要求专家系统必须具备分析、归纳能力。

(3)具有运行实践的学习能力。在知识库投入使用后,随着专家系统的运行、应用纵深发展,知识库会逐渐暴露出知识的不完备性,因此需要专家系统随着运行实践不断进行知识库的知识完善。

三、半自动获取

自动获取模式是知识获取的一种理想状态,但是涉及人工智能的多个领域。虽然随着科技的进步、技术的发展,人工智能有了极大的进步,但是目前仍未达到完全自动获取的程度。在专家系统的知识获取中,既存在人工获取又存在自动获取的知识获取模式,叫作半自动获取模式。

小试牛刀

1. 知识反应的是_____的本质。
2. 1977年第五届人工智能会议上，_____首次提出人工智能的概念。
3. 知识工程由_____、知识验证、_____、推论、解释和理由等构成。
4. 人工智能分为计算智能、_____和认知智能三个层次。
5. 知识获取包括_____、知识转换、知识输入、知识检测。
6. 专家系统知识主要来源于领域专家以及该领域的专业技术文献和_____。
7. 知识获取按照自动化程度，可以划分为人工获取、半自动和_____三种模式。

6.3 专家系统的结构和特点

一、专家系统的结构

从专家系统的定义中，我们可以发现专家系统的核心是知识库和推理机。不同的专家系统具体的功能和结构可能有所不同，但是一个完整的专家系统应该包括人机交互界面、知识获取、解释器、综合数据库、知识库和推理机六个部分，各部分之间的关系如下。

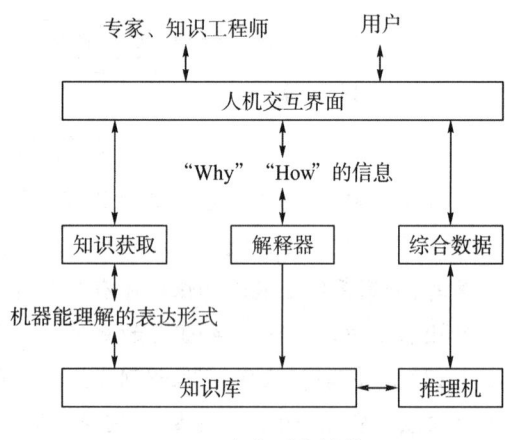

图6-4 专家系统结构图

（一）人机交互界面

人机交互界面，又叫作人机接口，一般由一组程序以及具有相应功能的硬件组成，主要用于完成输入、输出功能，是专家系统和领域专家、知识工程师、一般用户之间进行沟通交流的界面。尤其对于一般用户而言，所接触到的专家系统基本为人机交互界面，而专家系统功能的实现都是由其背后的复杂结构完成。比如知识获取机构可以通过人机交互界面与领域专家和知识工程师进行交互，通过人机交互界面，领域专家和知识工程师可以实现知识库的更新、完善。

（二）知识获取

知识获取，该结构的基本任务就是为专家系统获取健全、完善、有效的知识库，以满足专家系统解决领域问题的需要。目前，专家系统的知识获取部分是专家系统发展的"瓶颈期"，主要依靠领域专家和知识工程师共同完成。其具体的知识获取任务和模式在知识获取中有介绍。

(三)解释器

解释器的主要任务是回答用户提出的问题,并解释系统的推理过程。简而言之,就是专家系统利用解释器的功能,通过人机界面向一般用户说明为什么要提出某一问题以及专家系统是如何解决领域问题的。解释器的存在大大提高了专家系统的透明性,也让用户了解到该问题的具体解决方案,提高专家系统的可信度。

(四)综合数据库

综合数据库,又称为"动态数据库""数据库""小黑板",主要用于存放用户提供的基础信息、专家系统在解决问题的运行过程中得到的中间结果、最终结果等信息。在综合数据库中,存储的内容是不断变化的,这也是"动态数据库""小黑板"名称的由来。

(五)知识库

知识库主要存储领域专家、专业技术文献提供的领域内专门知识,知识库中知识的获得源于知识获取、推理机,并将知识提供给推理机以便领域问题的解答。

(六)推理机

推理机可以模拟领域专家的思维过程,完成专家系统的主要任务——解决领域问题。在专家系统运行的过程中,推理机可以从综合数据库中获取领域问题的基本情况,然后从知识库中选择合适的知识、解决问题手段和方式进行推理,然后得到相应的中间结果和最终答案,并将其保存在综合数据库中,通过人机交互界面传递给用户。

二、专家系统的特点

专家系统具有以下几个特点。

(1)启发性。专家系统可以利用专家系统中的知识和经验,按照专家的逻辑思维理念进行推理、决策,解决领域内问题。而不是简单的按照问题在知识库中进行搜索,查找相应答案。

(2)透明性。专家系统除了能解决领域问题外,还可以解释解决领域问题的推理过程,回答用户的提问,让用户了解解决问题的过程,提高对专家系统的信任度。

(3)灵活性。专家系统中知识库和推理机分离,相互之间更新互不干扰。且知识库中的知识能够不断新增、修改,为专家系统的升级提供保障。

(4)交互性。专家系统可以通过人机交互界面与使用者进行交互:一方面通过与领域专家或知识工程师进行对话获取知识;另一方面与用户交流获取已知事实,并回答用户问题。

(5)实用性。专家系统一般是针对某一专业领域的系统,拥有该领域相关的知识、规则等信息,能通过与用户的交互活动,解决用户在专业领域内的困难。

小试牛刀

1. _____,主要用于完成输入、输出功能,是专家系统和领域专家、知识工程师、一般用户之间进行沟通交流的界面。

2. _____,该结构的基本任务就是为专家系统获取健全、完善、有效的知识库。
3. 在_____中,存储的内容是不断变化的。
4. 专家系统有启发性、透明性、_____、交互性、实用性。

6.4 经典的专家系统

虽然每个专家系统的工作流程都不一样,但是专家系统工作的基本流程在一定程度上是统一的。专家系统工作的基本流程为:用户通过人机交互界面与专家系统进行沟通交流,用户输入的信息会暂时存在综合数据库中,以供推理机使用。推理机将综合数据库中用户输入的信息与知识库中的信息进行匹配,并把符合规则的结论存储到综合数据库。最后,专家系统将得到的结论通过人机交互界面呈现给用户。下面我们以几个不同的专家系统为例,为大家介绍经典的专家系统。

一、医学界的鼻祖——MYCIN

MYCIN 专家系统,是由斯坦福大学研制的,在专家系统发展史上具有里程碑意义。MYCIN 专家系统是一个致力于帮助医生对血液感染病人进行诊断和选用抗生素药物的医学类用药推荐专家系统。在使用 MYCIN 时,医生向其输入病人的信息,MYCIN 系统会对该病人进行诊断,并给出结果及处方。

医学领域专家在对病人进行诊断和提出处方的过程大致分为四个阶段:
(1) 确定病人是否有血液感染需要治疗。
(2) 确定该病人的疾病是由什么细菌感染引起。
(3) 有哪些药物可以对该细菌有效。
(4) 结合病人的实际情况,选择合适的药物进行治疗。

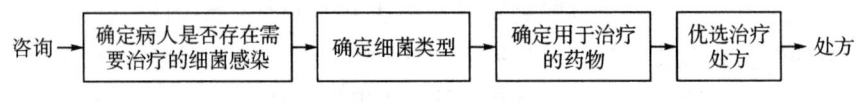

图 6-5 MYCIN 系统咨询过程

以上的决策过程非常复杂,主要依据为医生的临床经验和判断;而 MYCIN 系统则试图用产生式规则体现专家的判断知识,以便模仿专家的推理过程。

在确认引起疾病的细菌类别时,需要对病人的血液、尿液等样品进行培养,以确定某种细菌生长的迹象,但是要完全确认细菌的生长类别需要 24—48 小时。但在许多情况下,病人的病情不允许等这么长时间。因此,医生需要在信息不全面或不准确的情况下决定病人是否需要治疗,如果需要治疗,应该采用什么样的治疗方案。而 MYCIN 专家系统的重要优势之一就是具有在不确定、不完全信息状况下推理的能力。

(一) MYCIN 系统的构成

根据 MYCIN 系统结构图可以看出，MYCIN 系统主要由咨询模块、解释模块、知识获取模块、知识库和动态数据库（综合数据库）组成。

1. 咨询模块

咨询模块相当于人机交互界面和推理机的综合。当医生使用 MYCIN 专家系统时，首先启用的就是该模块。MYCIN 系统启动后会给出相关提示，要求医生按

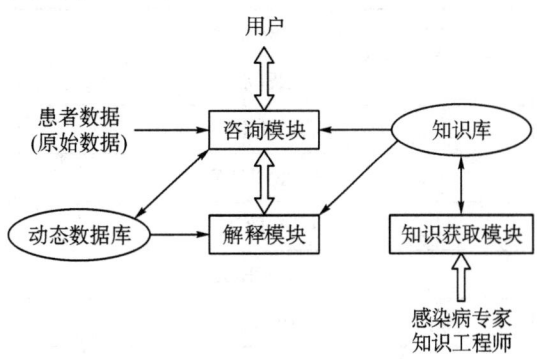

图 6-6 MYCIN 系统结构图

照要求输入相关信息，比如病人的姓名、性别、年龄、症状等。医生在回答系统询问时提供的信息被用于诊断，如果诊断中需要更进一步的信息，系统会再次向医生提问。系统一旦可以依据信息做出合理的诊断，MYCIN 系统就会列出所有可能的处方，然后与医生进行更进一步的对话，直至确认选择出适合病人的处方。

2. 解释模块

在咨询模块运行的过程中，可以随时启用解释模块回答医生的问题，如要求系统回答问题"为什么要输入该参数""结论是如何得出来的"等。

3. 知识获取模块

知识获取模块主要用于从专家、专业技术文献中获取知识，用于充实知识库中的内容。当发现知识、规则有遗漏或错误时，知识工程师和领域专家可以利用该模块增加和修改知识和规则。

4. 知识库

知识库主要用于存放诊断疾病相关的知识，在 MYCIN 系统中用产生式规则表示。知识库是在系统建成的时候一次性装入的，在系统应用的过程中可以利用知识获取模块进行扩充和修改。

5. 动态数据库

动态数据库又叫作综合数据库，主要用于存放与患者相关的信息，比如基本信息、化验结果、诊断结论等。因其随着系统运行动态变化，因此叫作动态数据库。

知识延伸

动态数据库中数的表示

MYCIN 系统的动态数据库中，对信息的表示有特定的规则，所有的信息根据之间的关系，按照树状图的形式表示，共计有 10 个节点的表示方法（具体表示方法如表 6-1）。图 6-8 代表动态数据库中数据的完整描述案例：

表 6-1 动态数据库中节点的含义

节点表示名称	含 义
PERSON	病人
CURCULS	当前培养物
PRIORCULS	先前培养物
CURORGS	当前有机体
PRIORORGS	先前有机体
OPERS	已对病人实施手术
PODRGS	手术药物
CURDRUGS	当前药物
PRIORDRUGS	先前药物
REGIMEN	方案

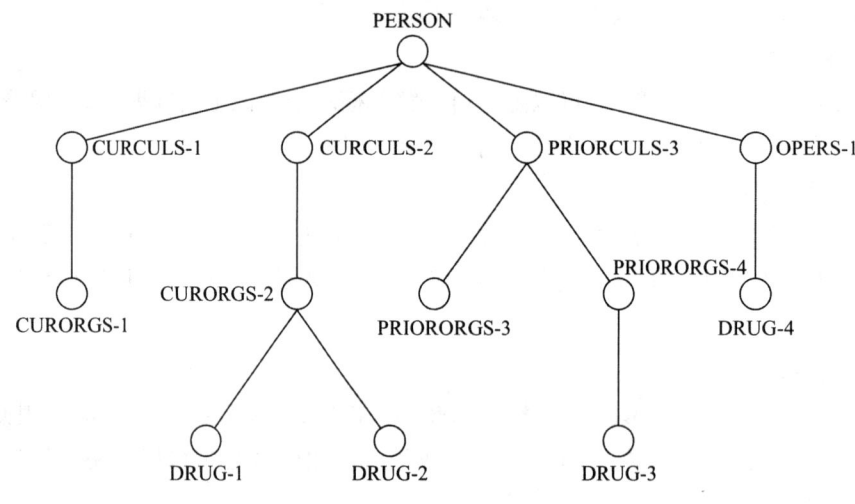

图 6-7 动态数据库中数据的描述

从病人 PERSON 身上提取到了两中培养物 CURCULS-1 和 CURCULS-2,该病人之前提取过培养物 PRIORCULS-3,从这些培养物中提取出来了相应的有机体 CURORGS-1、CURORGS-2、PRIORORGS-3、PRIORORGS-4。其中有机体 CURORGS-2 有相应的治疗药物 DRUG-1、DRUG-2,先前有机体 PRIORORGS-4 有治疗药物 DRUG-3。该病人已实施过手术 OPERS-1,有手术药物 DRUG-4。

(二) MYCIN 系统中知识的表示

MYCIN 系统的知识库主要存放与诊断和治疗血液感染类疾病相关的专家知识,同时还存放了一些推理需要的静态知识。其中领域知识主要以规则的形式表示,其具体的格式为:RULE＊＊＊　IF　前提条件　THEN　结果。

其中,RULE＊＊＊代表规则的编号,IF 代表了前提条件,当满足前提条件或者前提

条件判断为真时,那么可以确定结果或可以执行结果;若是 IF 代表的前提条件不满足时,就无法得到结果。例如有以下规则:

RULE 064 如果有机体染色是革兰氏阳性,且有机体形态是球状的,且有机体的生长结构呈链状,那么存在证据表现该有机体为链球菌类,可信度为 0.7[①]。

(三) MYCIN 系统的推理策略

MYCIN 系统采用反向推理和深度优先的搜索策略。当系统启动后,会以当前的病人 PERSON 作为根节点,而最终的处方是由专家系统推理得出,也是 MYCIN 系统推理的最终目标。例如,为了获得最终处方,首先要调用 MYCIN 系统中唯一的处方规则 092,然后对其进行反向推理,以求得到最终处方。其中 092 规则体现了系统诊断和处方决策的四个步骤:

规则 092

IF(以下两条内容为判断条件)

① 存在一种病菌需要处理

② 某些病菌虽然没有出现在目前的培养物中,但是已经注意到它们需要处理

THEN(当上述两个条件符合的时候,则执行以下内容)

① 根据病菌对药物的过敏情况,编制一个可能抑制该病菌的处方表

② 从处方表中选择最佳处方

ELSE(当上述两个条件不符合的时候,则执行以下内容)

病人不必治疗

治疗方案的选择:当目标规则的前提条件确认,诊断病人患有细菌感染后,MYCIN 系统开始处理目标规则的结论,挑选治疗方案。MYCIN 系统会根据确认的细菌的特性选择用药方案,依据药物的有效性、是否已用过、副作用等原则从原有的用药方案中择优。

知识获取:知识库中存放了 MYCIN 中的各种规则,每条规则都是一个独立的经验,知识库可以不断地扩充和修改。因 MYCIN 系统的学习能力有限,新添加规则涉及的参数类型等不能超出原有的种类;为防止新知识引入产生混乱,系统采用了二级存储的方法,只有经过运行验证的知识才可以写入知识库。

我们已经具体介绍了 MYCIN 系统,其他专家系统我们仅做简单介绍。

二、地质勘探专家——PROSPECTOR

PROSPECTOR 专家系统是第一个取得经济效益的专家系统,它由美国斯坦福大学研制,主要用于辅助地质学家勘探矿藏。该专家系统将矿床模型以计算机能解释的形式进行编码,然后利用这些模型进行推理,达到勘探评价、区域资源估值和钻井井位选择的目的。

---

① 王士同:《人工智能教程(第 2 版)》,电子工业出版社,2006 年版。

(一) PROSPECTOR 系统的结构

PROSPECTOR 系统的结构较为复杂，主要由模型文件、术语文件、知识获取系统、分析器、推力网络、匹配器、英语分析器、问答系统、解释器等组成，其中模型文件和术语文件一起组成了知识库。

(二) PROSPECTOR 系统的功能

PROSPECTOR 系统主要有三个功能：

(1) 评价勘探结果。依据岩石标本、勘探数据参数，对探勘的矿区做出综合评价。

(2) 预测矿床资源。根据勘探结果，对矿藏资源的分布、蕴藏量、开采价值等进行预估。

(3) 计划井位编制。根据矿藏资源的分布、蕴藏量、开采价值等，预编制合理的开采计划以及钻井方位。

三、专家系统的应用

(一) 专家系统在农业中的应用——砂姜黑土小麦施肥专家咨询系统

1985 年 12 月初，砂姜黑土小麦施肥专家咨询系统通过了省级鉴定，该专家系统是将专家系统运用于作物施肥的国内首创，且具有显著的经济效益，便于推广。系统投入使用后，因其具有使用廉价（仅需要一台计算机，程序写在磁盘上）、汉字显示（提问回答通俗易懂）、操作方便、咨询时间短、咨询结束提交用户一张清单等特点而备受好评。

砂姜黑土小麦施肥专家咨询系统可以完成以下功能：

(1) 根据相关参数判断土壤肥力。

(2) 依据土壤的肥力情况给出合理施肥方案，并可以预估小麦亩产、经济收入与化肥产投比。

(3) 依据用户期望产量给出施肥方案。

(4) 依据化肥使用情况，预估小麦亩产。

(5) 依据咨询中的推理过程，解释提出问题的根据。

知识链接

熊范纶——我国首个农业智能专家系统开创者

改革开放以来，中国经济持续 30 多年快速发展，年均增速达到 9% 以上。伴随着经济的快速发展，我国农业生产领域也发生了翻天覆地的变化。农产量稳步增加，农村基础设施明显加强，生产条件大大改善，农村居民生活水平和质量实现了跨越式提高。农业和农村经济的快速发展，不仅解决了 14 亿中国人的吃饭问题，而且对世界农业也做出了积极贡献，取得的辉煌成就举世瞩目。

然而这一切都离不开广大劳动人民的辛勤付出，也离不开那些农业科学家和为三农服务的科学家的默默奉献。他们中有为农业发展提供最新最精准的信息和最先进的技术，让农民"事半功倍"，实现更合理、更便捷、更高效、更科学的农业生产。熊范纶便是其中最为杰出的代表之一。

熊范纶是我国农业专家系统与智能系统技术的开创者与奠基人,他将智能技术应用于农业,成了信息技术应用于三农的一个成功范例。尤其是农业专家系统的开创和发展,是我国高科技盛开的一朵奇葩,来之不易。

所谓的农业专家系统,就是把专家系统技术应用于农业领域的一项计算机人工智能技术。它是"国家863计划"高科技成果,根据农业生产的需要,有针对性地研究开发出一系列适合不同地区、不同作物的农业专家系统,为农技工作者和农民提供方便、先进、实用的农业生产技术咨询和决策服务。

在那精彩纷呈、充满希望与梦想的绿色世界里,熊范纶扮演的是一名农业"护航者"的身份。春去秋来,化风润雨,他结合中国国情,和农业专家紧密合作,用手中掌握的科学利器不断完善发展创新,走出了一条我国农业智能工程独具特色的发展道路。他用三十多年的创新、奋斗和坚守,奏响了一曲来自农业科技的精神之歌。

——中国网,2017年3月9日

(二)专家系统在地震中的应用——ESEP

地震预报专家系统(ESEP)由国家地震局地球物理研究所研制,于1989年完成并通过国家地震局组织的专家鉴定。

ESEP是在地震学领域专家知识的基础之上,利用多种模型进行推理、决策、地震预报的专家系统,主要包括中长期预报系统、年度预报系统和中短期预报系统。每个系统包括七个模块:绘图显示模块、总控模块、专家知识库、数据库、方法库、事实准备模块、推理和决策模块等。其中中长期预报系统主要以地震带为单位进行,综合行之有效的手段进行中长期地震预报;年度预报系统则以中长期预报系统为基础,结合年度中行之有效的手段进行年度预测推理;中短期预报系统则以年度预测结果为基础,结合中短期预报的前兆,对特定地点进行强震预测推理。

(三)口袋中的植物大百科——花伴侣

花伴侣是目前贴近我们生活的一个植物识别专家系统,也可以叫作花伴侣植物识别软件。在花伴侣系统中,建立了一个超大规模的植物分类图库和专业植物信息库,其知识量储备以及知识表达的精准程度甚至可以超过植物专家。用户仅需通过手机对植物拍照,即可轻松识别超3000属、上万种植物,解决了之前只能根据名称或重要特征查找植物的问题。在花伴侣专家系统中,除了基本的知识库,还引用了卷积神经网络、Inception V4、细粒度图像分类识别引擎等。系统在运行的过程中,会通过植物花、果、叶等特征部位进行匹配,并支持相似图,自动展现与植物照片最相似的图片,同时将该种植物的专业知识通过链接进行表达,用户可以根据需要自行查看。

小试牛刀

1. 推理机将综合数据库中用户输入的信息与知识库中的信息进行匹配,并把符合规则的结论存储到_____。

2. PROSPECTOR 系统的主要功能有：_____、预测矿床资源、计划井位编制。

6.5 专家系统的局限性

专家系统有这么多的优势，却又不是万能的，那么专家系统有哪些局限性呢？

一、需要设计大量的规则、策略

专家系统没有人类的逻辑思维能力，所以在专家系统设计与开发的过程中消耗大量的人力和物力，完成规则、策略的定义。这些规则、策略是解决专家系统按照要求完成专业领域实际问题解决的关键难点之一。例如在创建知识库的过程中，领域专家的知识需要知识工程师按照一定的规则进行整理，转化为符合规则的知识存入知识库；推理机从知识库中获取相关信息，按照一定的规则、策略和方法一步步地模拟领域专家的思维过程，直到得出相应的结论。

二、需要领域专家来主导

虽然专家系统拥有非常大的优势，但是其只能模仿专家的思考方法，缺少领域专家知识面的广度和对基本原理的理解，并不能解决一切的问题，尤其是常识性问题、社会性问题。同时人类的感情输入，专家系统也是做不到的。随着科学的进步，领域知识不断发展更新，人类的创造性劳动在任何时候都是不可替代的。

三、问题解决有一定局限性

专家系统一般使用在某一个特定的专业领域内，用以解决专业的知识。一旦超出这个专业领域范围，专家系统则无法解决问题。

四、系统适应能力差

目前，人工智能并未完成自我觉醒。换句话说，现阶段的人工智能并不拥有自我意识，所以专家系统现阶段所能解决的所有问题基本是以人类专家解决领域问题为基础的。人们在设计与开发专家系统的过程中，不可能面面俱到，所忽视的问题就将成为该专家系统的工作短板。

五、知识获取有"瓶颈"

知识的获取环节，不仅要求知识工程师要具有相应的领域知识，还要求知识工程师具备较高的计算机水平，同时知识工程师还要了解该专家系统的各种规则以及推理策略等。

六、处理不确定性问题的能力较差

尽管专家系统采用可信度、Bayes 方法等处理不精确问题，但是在模糊推理、归纳推理、非完备推理等方面的能力较差。

小试牛刀

1. 专家系统有哪些局限性？
2. 从专家系统局限性的角度出发，专家系统能不能代替人类专家？为什么？

思维与操作实训

小组讨论：在生活中，你遇到过哪些专家系统？该专家系统能够解决什么样的专业难题呢？

1. 实训目的

在开始本实训之前，请认真学习专家系统相关内容。

（1）掌握专家系统的概念。

（2）了解专家系统的发展、结构以及应用情况。

2. 实训内容与步骤

开展小组讨论：在科技如此发达的今天，人工智能已经渗透到了我们生活中，其中专家系统的应用也非常广泛。那么请同学们讨论：在我们日常生活中见到过哪些专家系统？为我们解决了哪些专业难题？这些专家系统的应用给我们生活带来了什么改变？

【实训总结】

【教师对实训的评价】

任务七

让机器自主学习

案例导读

2016年1月27日,国际顶尖期刊《自然》封面文章报道,谷歌研究者开发的名为AlphaGo的人工智能机器人,在没有任何让子的情况下,以5∶0完胜欧洲围棋冠军、职业二段选手樊麾。在围棋人工智能领域实现了一次史无前例的突破。计算机程序能在不让子的情况下,在完整的围棋竞技中击败专业选手,这是第一次。2016年3月9日到15日,AlphaGo挑战世界围棋冠军李世石的围棋人机大战在韩国首尔举行。比赛采用中国围棋规则,最终AlphaGo以4比1的总比分取得了胜利。2017年5月23日到27日,在中国乌镇围棋峰会上,AlphaGo以3∶0的总比分战胜排名世界第一的围棋冠军柯洁。

1. 机器学习。AlphaGo是第一个击败人类职业围棋选手、第一个战胜围棋世界冠军的人工智能机器人,由谷歌(Google)旗下DeepMind公司戴密斯·哈萨比斯领衔的团队开发。其主要工作原理是"机器学习的深度学习"。

2. 机器学习的领域。Siri的语音与图像识别、Google和百度的翻译软件、垃圾邮件的过滤、淘宝等网站给你的推荐信息均是机器学习的领域。

3. 机器学习、人工智能、深度学习的关系。深度学习是实现机器学习的方法之一,机器学习是实现人工智能的方法之一。

7.1 机器学习

一、机器学习的内涵

机器学习,按照字面意思理解就是让机器具备像人类一样的学习能力。机器学习的奠基人、美国工程院院士Mitchell教授在其撰写的经典教科书《机器学习》(Machine Learning)中给出的定义为"利用经验来改善计算机系统自身的性能"。利用历史经验数据,计算机通过机器学习算法或模型,来提高计算机的性能。

图 7-1 机器学习的内涵

知识延伸

机器学习的历史事件

1. 1952 年塞缪尔写出第一个跳棋程序,能够从人机对弈中学习规则。
2. 1957 年 Frank 设计出第一个计算机神经网络——感知机。
3. 1967 年最近邻算法被提出,计算机具有了简单识别类型的能力。
4. 1997 年深蓝击败帕斯卡罗夫,计算机学习能力达到了新高。
5. 1999 年支持向量机取得巨大成功,统计学习方法成为主流。
6. 2006 年 Geoffrey Hinton 正式提出深度学习概念,开启机器学习新纪元。
7. 2010 年邓力提出的深度学习语音识别方法取得突破,语音技术走向成熟。
8. 2016 年谷歌 AlphaGo 击败了围棋专业选手李世石、柯洁。

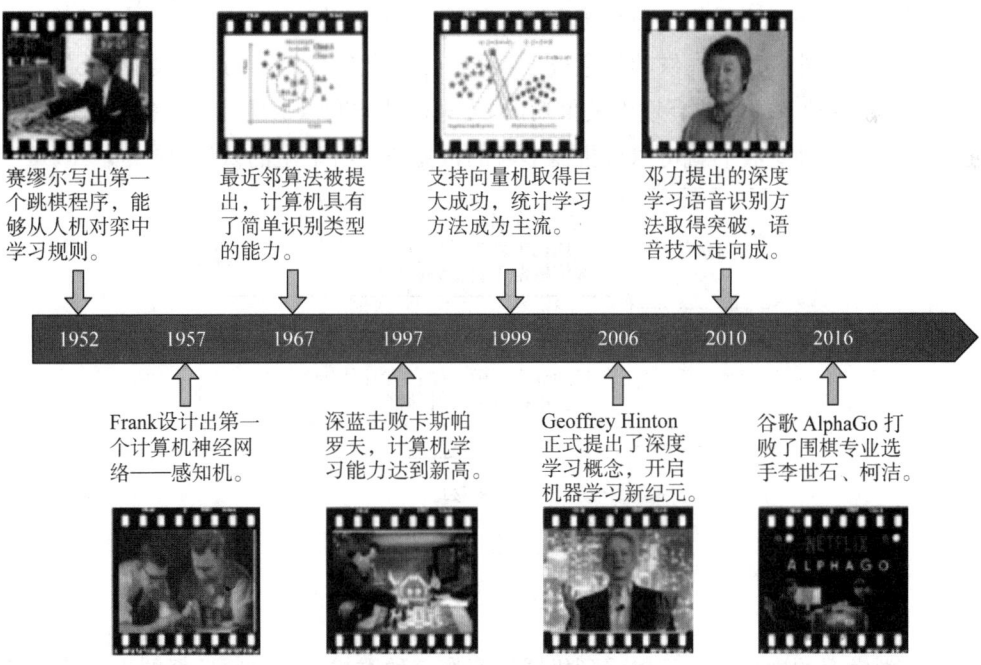

图 7-2 机器学习重要历史事件

二、机器学习的分类

通过反馈类型,机器学习可以分为以下几种。

(一) 有监督学习

有监督学习是从标签化训练数据集中推断出函数的机器学习任务。训练数据由一组训练实例组成。在监督学习中,每一个例子都是一对,有一个输入对象(通常是一个向量)和一个期望的输出值(也被称为监督信号),有监督学习算法分析训练数据,并产生一个推断的功能,它可以用于映射新的例子。一个最佳的方案将允许该算法正确地在标签不可见的情况下确定类标签。

(二) 无监督学习

现实生活中常常会有这样的问题,缺乏足够的先验知识,因此难以人工标注类别或进行人工类别标注的成本太高,很自然地,我们希望计算机能代我们完成这些工作,或至少提供一些帮助。根据类别未知(没有被标记)的训练样本解决模式识别中的各种问题,称之为无监督学习。

(三) 强化学习

强化学习是智能体(Agent)以"试错"的方式进行学习,通过与环境进行交互获得的奖赏指导行为,目标是使智能体获得最大的奖赏。强化学习不同于监督学习,主要表现在强化信号上。强化学习中由环境提供的强化信号是对产生动作的好坏做一种评价(通常为标量信号),而不是告诉强化学习系统 RLS(reinforcement learning system)如何去产生正确的动作。由于外部环境提供的信息很少,RLS 必须靠自身的经历进行学习。通过这种方式,RLS 在行动—评价的环境中获得知识,改进行动方案以适应环境。

通过网球的训练我们就可以对机器学习的常见类型有一定的认识,如图 7-3。

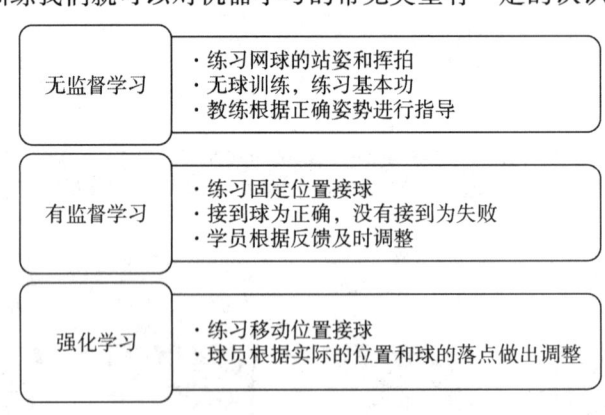

图 7-3 机器学习与网球训练

在人类学习的模式中也可以看到机器学习的三种方式。在老师监督的情况下是监督学习,老师会及时将学习效果告知学生,学生根据反馈及时调整。学生自学可以看成是一种无监督状态的学习。具备了一定的知识后,及时地进行自加压力、自我激励,可以看成是一种强化学习。

监督学习
有老师教

非监督学习
自学

强化学习
自我激励的学习

图 7-4　机器学习与人类学习

小试牛刀

1. 举例说明生活中有关机器学习的例子。
2. 什么是监督学习和非监督学习？请说明它们的区别，并各举一个例子。

7.2　数据采集与标注

一、数据采集

人类通过眼睛采集图像，通过鼻子采集气味，通过耳朵采集声音，机器同样通过相应的传感器获取相应的信息。常见的数据采集有语音数据采集、图像数据采集、视频数据采集、文本数据采集以及其他数据采集等。用于机器学习的数据是大量的数据，数据的获取也可以通过购买相关行业、组织、公司、机构提供的数据，比如要进行机器学习在医学中的应用研究，就需要大量医学相关照片，需要进行购买。数据的获取也可以通过自行采集，比如要进行机器学习在网络安全中的应用研究；可以通过爬虫技术获取合法的互联网数据，按照研究的需要进行自定义采集指标和字段等；还可以通过数据交换来获取行业数据，比如通过在购物网站搜索一款商品，在浏览器的其他平台会看到相关商品的广告，这就是数据交换的结果。

表 7-1　数据的常见类型

数据类型	数据示意图	应用
语音数据		语音识别 人机对话 听歌识曲 机器对话

（续表）

数据类型	数据示意图	应用
图像数据		人脸识别 物体识别 图像处理 场景理解
视频数据		内容判断 视频查找 视频分类 视频分析
文字数据		阅读理解 语义分析 文章分类 文章写作
其他数据		棋谱数据 基因测序数据等

二、数据标注

(一) 什么是数据标注

确立一个算法模型需要使用大量标注好的数据去训练机器,让机器去学习其中的特征以达到"智能"的目的。而数据标注就是帮助机器去学习、去认知数据中的特征。比如我们要让机器学习认知汽车,我们直接给机器一个汽车的图片它是无法识别的,必须对汽车图片进行标注,打上标签注明"这是一个汽车",当机器对大量打上标签的汽车图片进行学习之后,我们再给机器一个汽车的图片,机器就能知道这是一个汽车了。

(二) 数据标注的类型

数据标注的类型非常多,比如文本分类、图片拉框、语音转写、人像打点等。下面是常见的数据标注类别及其用途。

(1) 图片拉框。拉框标注法是最常见的一种标注形式,而且对标注人员的要求也较低。常见的拉框有人体拉框、车辆拉框,主要应用在人体识别、物体识别等领域。

图7-5 图片拉框

(2) 人脸打点。这种标注不仅仅局限在人脸打点上,还包括人体外轮廓打点等,对每个点的位置都会有要求,主要应用于人脸识别、人体识别等领域。

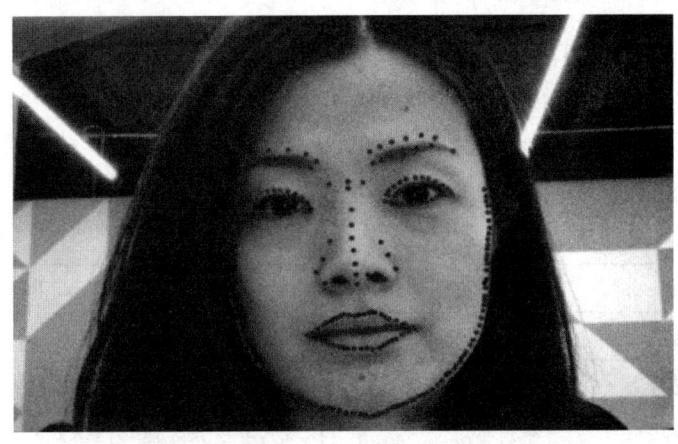

图7-6 人脸打点

(3) 语音转写。语音转写指听一段语音,标注人员把所听到的语音内容转录出来,主要应用于语音识别领域。

(4) OCR 转写。OCR 转写一般要求框选出图片中的文字等需要转写的区域,并将框选部分的文字转录出来,主要应用于文字识别领域。

(5) 文本分类。这类项目一般是判别文本中语句的类别,或者判别文本包含的情感(正向、中性、负向),主要应用于智能客服等领域。

知识链接

常见的寻找机器学习数据集的方法

1. 亚马逊数据集

https://registry.opendata.aws/

2. Kaggle 数据集

https://www.kaggle.com/datasets

3. 微软数据集

https://github.com/awslabs/open-data-registry/

4. 谷歌数据集搜索引擎

https://toolbox.google.com/datasetsearch

5. UCI 机器学习数据库

https://archive.ics.uci.edu/ml/datasets.html

6. 公共数据集资源收集

https://github.com/awesomedata/awesome-public-datasets

7. 欧盟开放数据集(欧洲政府的数据集)

https://data.europa.eu/euodp/data/dataset

知识延伸

为了采集网络上的信息,诞生了爬虫技术,网络爬虫(又被称为网页蜘蛛、网络机器人,在 FOAF 社区中间更经常被称为网页追逐者),是一种按照一定的规则自动地抓取万维网信息的程序或者脚本。另外一些不常使用的名字还有蚂蚁、自动索引、模拟程序或者蠕虫。爬虫技术就是为了更好地给我们提供网络数据采集。

表 7-2

通用爬虫	搜索引擎(百度、Bing、Google 等)
聚焦爬虫	抓取特定领域或主题的信息
增量爬虫	只抓取新产生或发生变化的内容
深层爬虫	抓取需要登录才能访问下载的网站

任务七 让机器自主学习

图 7-7 网络爬虫分类及基本思路

三、应用实例

（一）智能安防

智能安防是人工智能与信息技术结合的关键领域，对于城市与民生发展有重要的意义。通过生物识别、行为监测等技术手段，被广泛地应用于城市道路监控、车辆人流监测、公共安全防范等领域。智能安防数据采集与标注，主要为智能安防等研发企业提供所需算法训练场景的数据采集与标注。

1. 智能安防数据采集

智能安防常见采集类型有人脸采集、道路视频采集、车辆采集、动作采集等。

2. 智能安防数据标注

通过数据标注，提供图像、音视频数据标注以及自然语言处理，多重审核，保证准确率。常见标注类型有人脸打点标注、骨骼关键点标注、人体拉框标注、视频切分、目标跟踪标注、语义分割等。

图 7-8 智能安防数据标注类型

（二）智能家居

智能家居行业是 AI 在生活服务领域的重要落地场景，也是人类感知 AI 落地最深的行业之一。智能家居产品融合语音控制、物联网技术，给生活带来更多便利。目前主要应用场景如智能音箱、扫地机器人、智能电视等。

1. 智能家居数据采集

智能家居数据采集常见类型有唤醒词采集、控制词采集、指定语料采集、人脸采集、情绪类型采集等。

2. 智能家居数据标注

智能家居数据常见标注类型有人物语音转写、行为意图标注、声纹识别标注、领域识别、语句泛化、语义分割等。

(三) 智能驾驶

智能驾驶行业是 AI 在汽车领域的重要应用。智能驾驶人工智能算法模型训练时,对训练数据有较高的要求。智能驾驶标注数据类型包括图像、音视频以及 3D 点云类标注。常见标注类型包括:图片通用拉框、车道线标注、驾驶员面部标注、3D 点云标注、2D/3D 融合标注、全景语义分割等。

图 7-9 智能汽车数据标注

智能驾驶数据采集内容包括驾驶员信息备采、路况信息采集、车辆采集、3D 点云数据采集等类型。

图 7-10 智能驾驶语义分割

小试牛刀

1. 查阅资料,了解数据标注工程师工作岗位。你认为数据标注工程师需要哪方面的知识和能力?
2. 查阅资料,完成一个简单网络爬虫的编写。

7.3 特征提取

一、什么是特征提取

数据的分类是机器学习的一个重要应用,对数据进行分类的前提是对采集数据进行特征提取。特征提取指的是对事物某些方面进行刻画的数字或者属性。

图 7-11 四种水果特征

图 7-11 中一共有 4 种水果,人类能够非常容易分辨出它们的类别。如果让计算机来识别不同的水果名称,首先就要提取水果的特征。第一,通过形状特征,可以将香蕉与其他水果分辨出来,香蕉是长条形状,其他三类水果是圆形。第二,通过颜色特征可以分辨出西瓜与其他两种水果,西瓜是绿色,其他水果是红色。第三,通过直径大小可以判断出樱桃和苹果,直径较小的是樱桃,直径较大的是苹果。具体在计算机中,我们设定形状参数为 x_1,颜色参数为 x_2,直径大小为 x_3,为了方便表示,将这三个特征数字写在一个括号中,即 (x_1, x_2, x_3),这种表示数据的形式我们称为向量。

知识链接

向量和向量的运算

向量是将多个数字排成一行,比如 $(2,8,12)$,称为向量。向量的维数指的是在括号中数字的个数,比如 6 维向量 $(1,2,3,4,5,6)$。

向量具有相应的运算能力。

加法:相同维数的向量可以进行加法运算。

比如:$(1,2,3)+(4,5,6)=(5,7,9)$。

向量对应的第一个数字进行相加,得到向量的第一个数字:$1+4=5$。

向量对应的第二个数字进行相加,得到向量的第二个数字:$2+5=7$。

向量对应的第三个数字进行相加,得到向量的第三个数字:3+6=9。

减法:相同维数的向量可以进行减法运算。

比如:(5,7,9)−(4,5,6)=(1,2,3)。

将两个向量对应的第1,2,3个数字分别进行相减,得到向量的第1,2,3个数字:5−4=1;7−5=2;9−6=3。

乘法:向量和单个数字相乘就是将这个数字与向量中的每一个数字进行相乘。

$$2×(1,2,3)=(2,4,6)$$

向量的内积:将向量中对应的数字进行相乘后再相加。

$$(1,2)·(3,4)=1×3+2×4=3+8=11$$

二、不同数据特征提取的方法

对于不同的数据,会设计不同的特征提取方法。图像,人类设计了方向梯度直方图;声音采用梅尔频率倒谱系数;视频,人类设计了光流直方图;文本采用词频率—逆文档频率设计。

方向梯度直方图(Histogram of oriented gradient,简称 HOG)是应用在计算机视觉和图像处理领域,用于目标检测的特征描述器。这项技术是用来计算局部图像梯度方向信息的统计值。

在声音处理领域中,梅尔频率倒谱(Mel-Frequency Cepstrum)是基于声音频率的非线性梅尔刻度(mel scale)的对数能量频谱的线性变换。梅尔频率倒谱系数(Mel-Frequency Cepstral Coefficients,MFCCs)就是组成梅尔频率倒谱的系数。它衍生自音讯片段的倒频谱(cepstrum)。

通过对图像中梯度信息的统计,梯度直方图能够表示图像中物体的轮廓信息,从而便于计算机对图像中的物体进行区分。类似的,研究人员通过光流直方图的概念对视频中的光流信息进行统计,从而表示出视频中物体的运动信息,以便对计算机中的视频进行区分。

词频—逆文档频度(Term Frequency-Inverse Document Frequency,TF-IDF)技术,是一种用于资讯检索与文本挖掘的常用加权技术,可以用来评估一个词对于一个文档集或语料库中某个文档的重要程度。字词的重要性随着它在文件中出现的次数成正比增加,但同时会随着它在语料库中出现的频率成反比下降。如果某个词比较少见,但是它在这篇文章中多次出现,那么它很可能就反映了这篇文章的特性,正是我们所需要的关键词。

三、大数据背景下的数据特征提取

大数据包含了海量、多维的数据,这些数据蕴含了巨大的价值。大数据分析的任务就是从这些数据中发现其中隐含的价值。在处理大数据的应用场景中,我们需要根据分析任务的目标(即分析对象)建立大数据模型。

大数据模型的输入部分是能够描述所分析对象的特征,这些特征来自我们所掌握的海量、多维的大数据资源;分析模型能够以特征为输入,通过计算得到分析结果。在大数据的分析过程中,特征作为模型的输入,其数量、维度、组织形式等对于分析结果均起到关键作用。

(一) 特征的形式

机器学习算法就是大数据模型中最常用的一类算法。基于机器学习的大数据模型的工作过程和人脑学习的过程类似,主要分为训练和分析两个阶段。训练阶段是根据已知的结果进行学习,建立模型的过程,就如同我们从实际经验中学习知识。分析阶段则是根据学习所得的模型,计算未知结果的过程。

图 7-12 数据分类

例如,我们通过如下一组图片学习到各种图片所代表的事物类别(训练阶段),当看到新的图片时,我们就可以得出图片中事物的类别(分析阶段)。机器学习算法的训练过程则是以图 7-12 中每个小图片作为输入,以图片所代表事物的类别作为输出,让机器模型不断地学习,使其能够具备判断同类事物的能力,分析阶段则能够基于上述能力判断新的图片所代表的事物类别。

在上述例子中,训练阶段和分析阶段所使用的数据输入为等尺寸的图片。在图片输入分析模型之前,我们需要对其中的特征进行提取。我们可以将图片"按像素展开",每个像素点的颜色值均为一个特征,假设输入的小图片尺寸为 30×30 像素,则一个小图片的特征就有 900 个,每个小图片代表 1 个样本。在图 7-12 所代表的图片库中共有 90 张小图片,通过特征提取我们能够得到 90 个样本,每个样本具有 900 个特征。每张小图片中像素(即特征)的内容方式不同,则其代表的事物就不同。

因此,对于大数据模型的特征,我们通常将其组织成为一个向量或矩阵,每个元素代

表一个特征的数值。大数据模型的训练过程就是根据这些数据特征和其相对应的分类不断地迭代模型中的参数,直到存在一组参数,使模型的输入和输出对于特征和其对应的分类匹配的准确率达到要求。

(二) 特征提取的内容

特征提取更为通用的场景是当我们描述某个特定的分析对象时,需要从相关的数据资源中获取能够描述分析对象的信息,其中的每个特征则类似于上述例子中的"像素点",特征提取的任务就是要通过对多个来源、多个维度的数据的挖掘,描绘出能够表达分析对象的一张"特征图"。"特征图"中应该尽量多地包含与分析对象相关的信息,提升图的"分辨率",同时尽量去除与分析对象不相关的信息,减少"特征图"中的噪声,从而给分析模型一个正向的反馈,使其通过训练能够向接近"真相"的方向收敛。

大数据给我们描绘"特征图"提供了充分的素材。换句话说,在组织大数据资源时,我们应该尽量多地搜集与分析对象相关的数据,将不同来源的数据与分析对象关联起来,大数据的多样性特征即体现于此。例如,在描述每月的商品销售量变化时,我们可以把当月的销售统计数据作为特征,同时,也可以引入外部的相关信息与每月商品销量关联,如当月的重大事件、当月的天气情况、微博中对于同类商品的关注度等。

除了从大数据的资源中提取特征之外,我们还需要从历史数据中提取到与分析对象对应的类别信息,给算法的训练确立"目标"。如图 7-12 中表示的数据集中,除了包含每张图片的像素信息之外,还包含每张图片所对应的分类。包含完整的特征和分类信息的数据集合才能够用于算法的训练(无监督学习除外)。

(三) 特征提取的方法

我们可以使用各种统计学、业务(学科)知识,从大数据资源中提取特征。传统的数据挖掘的方法很多可以适用于对数据的特征提取,例如对分析对象的不同维度进行数据的钻取、旋转、回卷等操作。统计学中关于均值、方差、概率分布等知识也是特征提取的常用手段。事实上,特征提取并没有特定的方法,只要能够与分析对象关联,均可以用来作为特征。

然而,特征作为分析模型的输入,需要满足分析模型(机器学习算法)的要求,分析模型对于特征的要求主要有如下几个方面。

1. 特征的类型和取值范围

我们在提取特征时可能会采取不同的方法,对不同类型、来源的数据进行提取,会造成特征的取值范围不同和数据类型的差异。对于分析模型来说,取值范围不同代表着特征权重的差异,某些算法无法通过迭代消除这种差异,导致特征在权重上的误差(即在输入阶段就认为数值大的特征更重要);同样,分析模型对于数据的特征输入以及分类标签的数据类型有不同的要求。因此,在特征输入模型之前,需要对其进行预处理,如归一化、连续化和离散化处理等。

2. 特征之间的关联性

由于我们在特征提取过程中可能会使用到统计学的方法对原始的数据资源进行

处理,在选取数据资源时也可能会有数据内容的重合,因此,特征之间可能会存在关联性。

3. 特征的维度和样本空间

在不提高特征关联性以及确保特征与分析对象相关的前提下,通常特征的维度越高,则代表了"特征图"的分辨率越大,能够更好地描述分析对象,对分析模型的训练过程有正向的影响。每一条完整的特征描述代表一个样本,样本空间指的是我们能够从大数据资源中提取出的全部样本。对于机器学习算法,在样本分布均匀的情况下,通常样本空间越大其训练的效果越好,得到的机器学习模型的准确率越高。

4. 特征的排列

对于一些通过局部感知进行分析的模型来说,特征的排列顺序至关重要。例如,在卷积神经网络进行图像识别时,如果图像分块排列顺序被打乱,在对边界附近的切片进行卷积时,会影响其局部感知,导致准确率下降,如图 7-13 所示(除非所有的图片中分块都是以同样的顺序排列)。

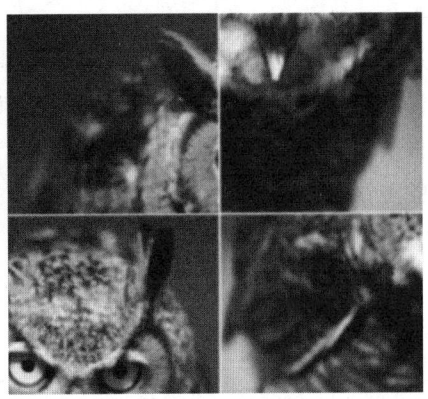

图 7-13 特征排列对算法的影响

特征提取是一个将原始数据(数据资源)映射到样本空间的过程,当映射建立起来后,我们就可以尝试使用训练样本对不同的机器学习算法进行训练,使用测试数据检验训练模型的性能,从而选取最优的算法和模型用于相应的场景。

小试牛刀

1. 通过调研对鸢尾花进行特征提取,总结一下鸢尾花有哪些特征。
2. 对鸢尾花的特征进行抽象,将抽象后的结果通过向量的形式表示出来。

7.4 数据分类

一、什么是数据分类

在对数据特征进行特征定义后,就可以通过特征参数进行数据的分类了,通过对水果的特征进行分析,得出四种水果的特征参数表7-3。

表7-3 四种水果特征参数

编号	名称	形状	颜色	大小
1	香蕉	长条	黄色	一般
2	西瓜	球	绿色	大
3	樱桃	球	红色	小
4	苹果	球	红色	中等

通过机器学习中监督学习的决策树模型就可以实现对水果类型的判断。决策树模型是基于树结构进行决策的,和人类面临决策时的处理机制是相似的。一颗决策树一般包含一个根节点、若干个内部节点和若干个叶子节点,每棵树有很多分支,每个分支代表一个属性的测试结果,叶子节点代表了类别。

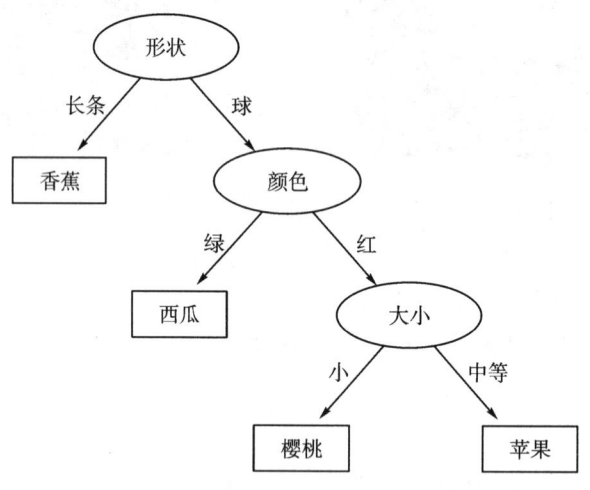

图7-14 决策树

通过表7-3中提供的参数,利用决策树算法,通过形状特征完成了香蕉和其他水果的划分;通过颜色完成了西瓜和其他水果的划分;通过大小完成了樱桃和苹果的区分。在图7-14中,每个节点代表一个区分属性,一个叶子节点代表一个类别。

二、数据分类的算法

(一) K 近邻算法

中国有句古语"近朱者赤,近墨者黑"。言下之意是,你周围的好人多,你是好人的概率就比较大;你周围的坏人多,你是坏人的概率就大。

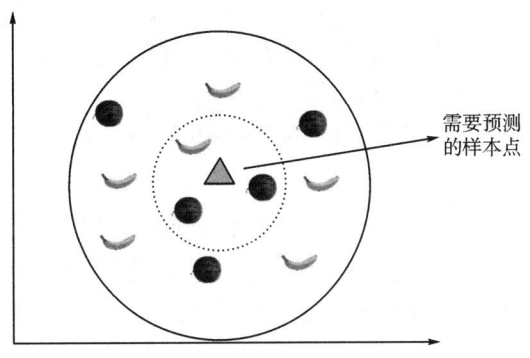

图 7-15　K 近邻算法

图 7-15 中我们要预测三角形处水果的类型,当我们选择 K=3 的时候,在虚线圆的内部,西瓜的个数是 2 个,香蕉的个数是 1 个,机器就会认为水果的类别是西瓜。当把 K 的值变大,K=11,在实心圆的内部,西瓜 5 个,香蕉 6 个,机器会认为水果的类型是香蕉。通过这个例子我们会发现,K 近邻算法的缺点是非常明显的,对于参数 K 的值特别敏感。

(二) 支持向量机算法

支持向量机算法于 1995 年正式发表,简称为 SVM,SVM 模型是将实例表示为空间中的点,将这些点按照类别进行最大间隔的分开,其实是一种二分类模型,即如何将两类点按照最大化的间隔分开。

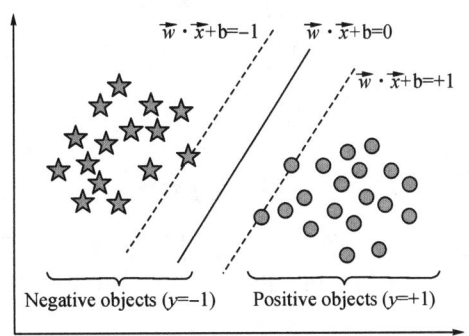

图 7-16　支持向量机算法示例

在一个二维平面上,有红色的圆形和蓝色的五角星两种形状,我们将蓝色的五角星表示一类(用-1 表示),红色的圆形表示另外一类(用+1 表示)。通过支持向量机算法求解一个超平面从而将五角星和圆形分开,距离超平面最近的样本点称为"支持向量",两个异类支持向量到超平面的距离之和称为"间隔"。支持向量机算法的目标就是找到最大间隔的超平面。

同学们思考一下,图7-16中实现支持向量机模型算法的是哪个平面(a,b,c)?

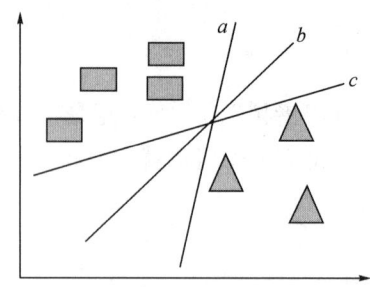

图7-17 支持向量机算法1

(三) 聚类算法

聚类算法是无监督学习中的一种算法,其基本思想是根据人类和动物都具有"归类"的能力,将样本数据按照一定的标准划分成若干类,使得同一类的样本点非常相似,不同类的样本点不相似。简单地说是同一类的样本点具有较高的内部相似度,不同类的样本点的相似度较低,最为广泛的聚类算法是k均值聚类算法。

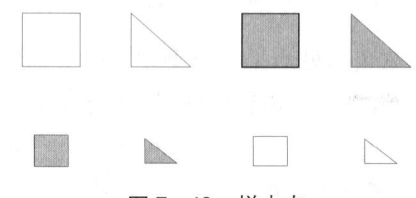

图7-18 样本点

图7-18所示的样本点通过k均值聚类算法进行分类,当设置样本的簇数k=2,选择不同初始位置得到的分类结果是不同的,如图7-19所示。

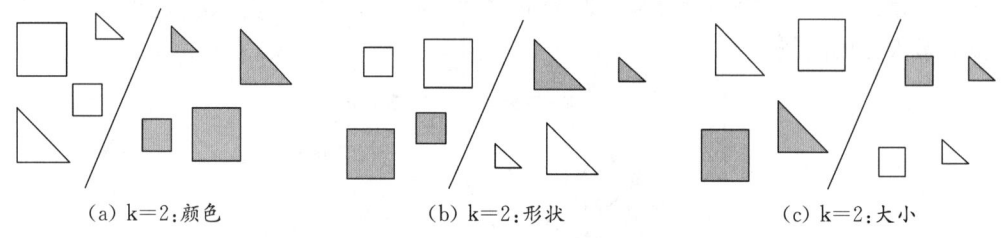

(a) k=2;颜色　　　　　(b) k=2;形状　　　　　(c) k=2;大小

图7-19 k均值聚类算法(K=2)

对上图所示的样本点通过k均值聚类算法进行分类,当设置样本的簇数k=4,选择不同初始位置得到的分类结果是不同的,如图7-20所示。

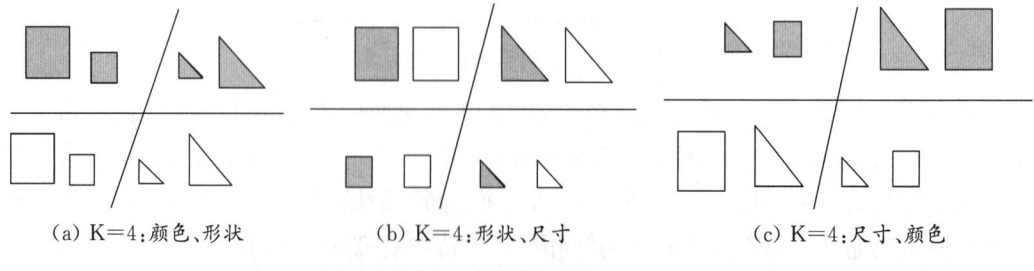

(a) K=4;颜色、形状　　　(b) K=4;形状、尺寸　　　(c) K=4;尺寸、颜色

图7-20 k均值聚类算法(K=4)

聚类算法的限制:聚类算法最终要求将样本数据唯一、确定地划为某一类别;不同类别之间样本不交叉。

(四) 自编码算法

自动编码算法是最近几年流行起来的算法,应用越来越广泛。自编码器是利用神经网络实现无监督学习的一种算法,包括编码器和解码器两个典型部分。原始数据通过神经网络"编码",再根据编码信息"解码",还原原有信息。算法的基础是自动编码器能够学习原始数据的某些特征,并且根据这些特征将原来的数据还原出来。这个过程类似于人类学习讲故事的过程,先是听别人讲故事,然后理解了故事内容之后叙述出来。

实验的基本原理是通过学习实验中给了大量猫的头像作为样本点,机器通过学习猫的特征将特征进行编码,通过编码得到了相应的表示向量,解码器通过对表示向量进行解码就可以还原出所输入的图像。

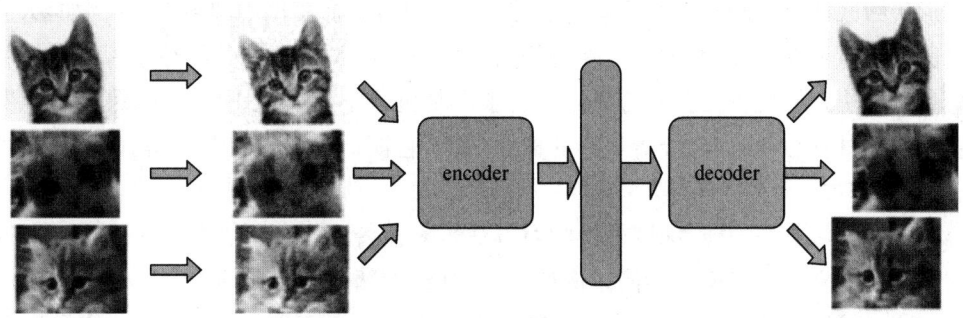

图 7-21 谷歌猫实验框架图

自动编码器使用范围:一是数据去噪,通过自动编码器将原来图像中的噪声去除;二是数据降维,即对隐性特征加上适当的维度和稀疏性约束,使自动编码器可以学习到低维的数据投影。

小试牛刀

1. 同学们思考:决策树的画法是唯一的吗?如果不是唯一的,同学们试一试可以画出多少种决策树,分析一下每个决策树的执行效果。通过画决策树,同学们会发现,决策树学习算法的关键是寻找最优的划分属性。

2. 已知数据集中的样本为{猫,狗,虎,鲤鱼,鲨,麻雀,鹰,青蛙},请仿照教材中的决策树模型,从生活环境、呼吸器官、生殖方式等角度将样本分为哺乳类、鸟类、两栖类和鱼等不同类型。

7.5 神经网络与深度学习

深度学习的概念源于人工神经网络的研究,多隐层的多层感知器就是一种深度学习结构,深度学习通过组合低层特征形成更加抽象的高层表示属性类别或特征,以发现数据的分布式特征表示。

深度学习的概念由 Hinton 等人于 2006 年提出,基于深度置信网络(DBN)提出非监督贪心逐层训练算法,为解决深层结构相关的优化难题带来希望,随后提出多层自动编码器深层结构。此外,Lecun 等人提出的卷积神经网络是第一个真正多层结构学习算法,它利用空间相对关系减少参数数目以提高训练性能。

深度学习是机器学习中一种基于对数据进行表征学习的方法。观测值(例如一幅图像)可以使用多种方式来表示,如每个像素强度值的向量,或者更抽象地表示成一系列边、特定形状的区域等。而使用某些特定的表示方法更容易从实例中学习任务(例如,人脸识别或面部表情识别)。深度学习的好处是用非监督式或半监督式的特征学习和分层特征提取高效算法来替代手工获取特征。深度学习是机器学习研究中的一个新的领域,其动机在于建立、模拟人脑进行分析学习的神经网络,它模仿人脑的机制来解释数据,例如图像、声音和文本。

同机器学习方法一样,深度机器学习方法也有监督学习与无监督学习之分。不同的学习框架下建立的学习模型不同。例如,卷积神经网络(Convolutional neural networks,简称 CNNs)就是一种深度监督学习下的机器学习模型,而深度置信网(Deep Belief Nets,简称 DBNs)就是一种无监督学习下的机器学习模型。

一、机器学习与神经网络

在理解深度学习之前我们要先了解两个概念:机器学习和神经网络。

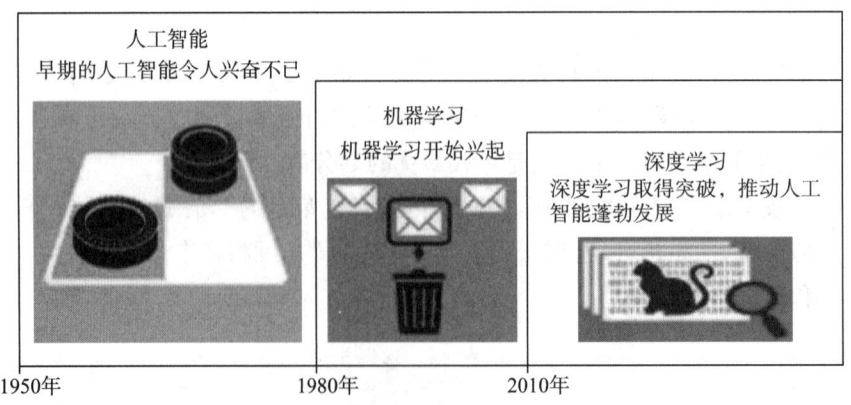

图 7-22 机器学习与深度学习的关联

通过图 7-22 我们可以看出,人工智能是一个很大的概念,机器学习是其中一个子集,而深度学习又是机器学习的子集。

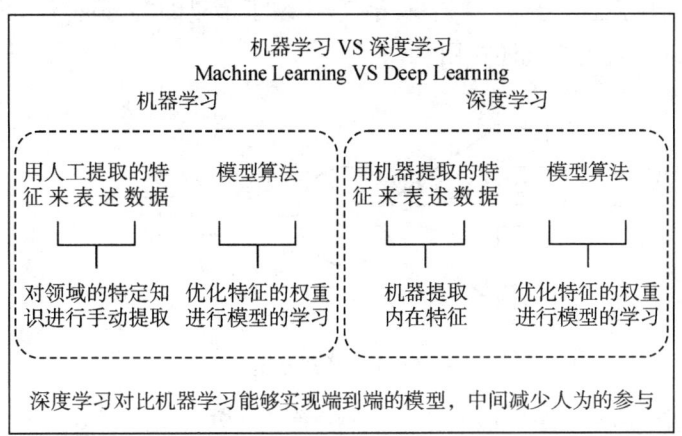

图7-23　机器学习与深度学习对比

人工智能的底层模型是"神经网络"(Neural Network)。许多复杂的应用(比如模式识别、自动控制)和高级模型(比如深度学习)都基于它。

(一) 感知器

历史上,科学家一直希望模拟人的大脑,造出可以思考的机器。人为什么能够思考?科学家发现,原因在于人体的神经网络。

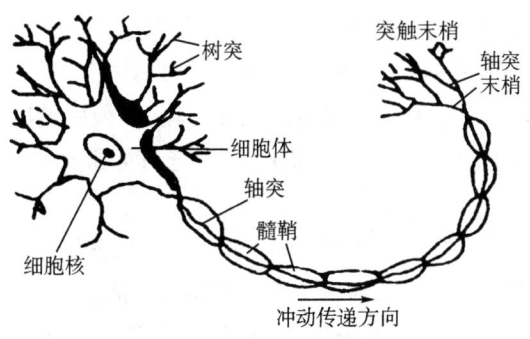

图7-24　人类神经元结构图

神经元的主体部分为细胞体,细胞体主要由细胞核、细胞质、细胞膜等组成。由细胞体向外伸出其他许多较短的分枝为树突,树突相当于数据的输入端,接收其他神经元传输过来的冲动信号。轴突末端部分有许多分枝,叫轴突末梢,主要功能是输出和传递数据,将神经冲动传给其他神经元。神经元具有两种常规工作状态——兴奋状态和抑制状态,为了描述方便,我们表示为"0-1"状态。

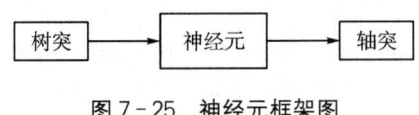

图7-25　神经元框架图

既然思考的基础是神经元,如果能够"人造神经元"(Artificial Neuron),就能组成人工神经网络,从而模拟思考。20世纪60年代,出现了最早的"人造神经元"模型,叫作"感知器"(perceptron),直到今天还在用。

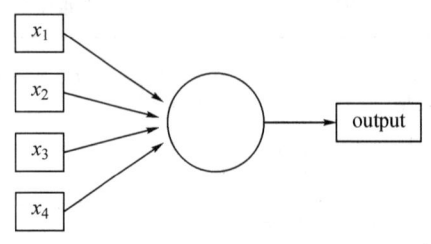

图 7-26　感知器模型

图 7-26 的圆圈就代表一个感知器。它接受多个输入(x_1, x_2, x_3, x_4……),产生一个输出(output),好比神经末梢感受各种外部环境的变化,最后产生电信号。

为了简化模型,我们约定每种输入只有两种可能:1 或 0。如果所有输入都是 1,表示各种条件都成立,输出就是 1;如果所有输入都是 0,表示条件都不成立,输出就是 0。

(二) 感知器的例子

下面来看一个例子,系部进行学生会选举,小王同学竞选学生会的岗位。决定他能否当选的主要有以下三个因素。

系部:系部对小王的意见。

班主任:班主任对小王同学的平时表现提出能否当选。

班级同学:班级同学投票对小王能否当选提出意见。

这就构成一个感知器。上面三个因素就是外部输入,最后的决定就是感知器的输出。如果三个因素都是 Yes(用 1 表示),输出就是 1(当选);如果都是 No(用 0 表示),输出就是 0(不能当选)。

看到这里,你肯定会问:如果某些因素成立,另一些因素不成立,输出是什么?比如,系部同意,班级同学也同意,但是班主任认为小王同学不适合当选,那小王同学能否当选?

现实中,各种因素很少具有同等重要性:某些因素是决定性因素,另一些因素是次要因素。因此,可以给这些因素指定权重(weight),代表它们不同的重要性。

系部:权重为 3。

班主任:权重为 2。

群众意见:权重为 5。

上面的权重表示,群众意见是决定性因素,系部和班主任都是次要因素。如果三个因素都为 1,它们乘以权重的总和就是 3+2+5=10。如果系部和班主任因素为 1,群众意见因素为 0,总和就变为 3+2+0=5。

这时,还需要指定一个阈值(threshold)。如果总和大于阈值,感知器输出 1,否则输出 0。假定阈值为 4,那么 5>4,小明可以当选。阈值的高低代表了能否当选的难度系数,阈值越低就表示越容易当选,越高就越不容易当选。

上面的决策过程,使用数学公式表达如下:

$$\text{output} = \begin{cases} 0 & \text{if } \sum_j w_j x_j \leqslant \text{threshold} \\ 1 & \text{if } \sum_j w_j x_j > \text{threshold} \end{cases}$$

上面的公式中,x 表示各种外部因素,w 表示对应权重。

(三) 决策模型

单个的感知器构成了一个简单的决策模型。真实世界中,实际的决策模型则要复杂得多,是由多个感知器组成的多层网络。

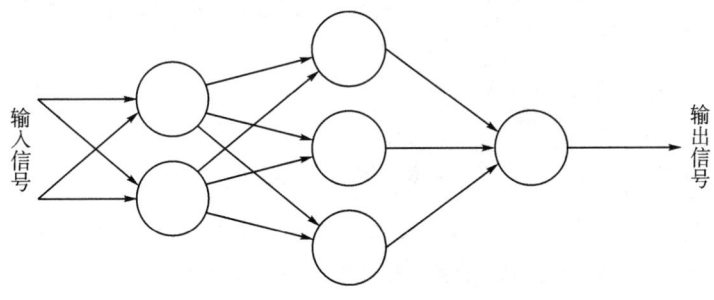

图 7 - 27 多层神经网络

图 7 - 27 中,底层感知器接收外部输入,做出判断以后再发出信号,作为上层感知器的输入,直至得到最后的结果。(注意:感知器的输出依然只有一个,但是可以发送给多个目标。)

图 7 - 27 中,信号都是单向的,即下层感知器的输出总是上层感知器的输入。现实中,有可能发生循环传递,即 A 传给 B,B 传给 C,C 又传给 A,这称为"递归神经网络"(recurrent neural network),如图 7 - 28。

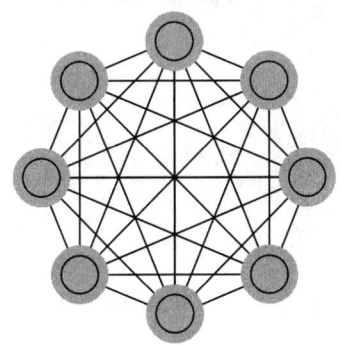

图 7 - 28 递归神经网络

(四) 神经网络的运作过程

一个神经网络的搭建需要满足三个条件:输入和输出,权重(w)和阈值(b),多层感知器的结构。也就是说,需要事先画出上面出现的图 7 - 27。

其中,最困难的部分就是确定权重(w)和阈值(b)。目前为止,这两个值都是主观给出的,但现实中很难估计它们的值,必需有一种方法可以找出答案。这种方法就是试错法。其他参数都不变,w(或 b)的微小变动记作 Δw(或 Δb),然后观察输出有什么变化。不断重复这个过程,直至得到对应最精确输出的那组 w 和 b,就是我们要的值。这个过程称为模型的训练,具体原理如图 7-29。

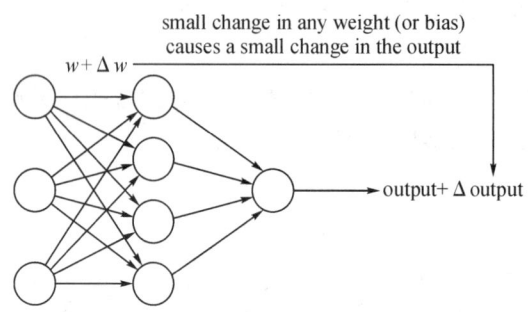

图 7-29　模型训练原理

因此,神经网络的运作过程如下:确定输入和输出;找到一种或多种算法,可以从输入得到输出;找到一组已知答案的数据集,用来训练模型,估算 w 和 b;一旦新的数据产生,输入模型就可以得到结果,同时对 w 和 b 进行校正。

可以看到,整个过程需要海量计算。所以,神经网络直到最近这几年才有实用价值,而且一般的 CPU 还不行,要使用专门为机器学习定制的 GPU 来计算。

(五)神经网络应用实例

下面通过车牌自动识别的例子,来解释神经网络。所谓"车牌自动识别",指高速公路的探头拍下车牌照片,计算机识别出照片里的数字。

图 7-30　车牌自动识别

这个例子里面,车牌照片就是输入,车牌号码就是输出,照片的清晰度可以设置权重(w)。然后,找到一种或多种图像比对算法,作为感知器。算法的得到结果是一个概率,比如75%的概率可以确定是数字1。这就需要设置一个阈值(b)(比如85%的可信度),低于这个门槛结果就无效。一组已经识别好的车牌照片,作为训练集数据输入模型。不断调整各种参数,直至找到正确率最高的参数组合,以后拿到新照片,就可以直接给出结果了。

二、深度学习

(一) 什么是深度学习

深度学习简单点说就是一种为了让层数较多的多层神经网络可以训练,能够运行起来而演化出来的一系列新的结构和新的方法。

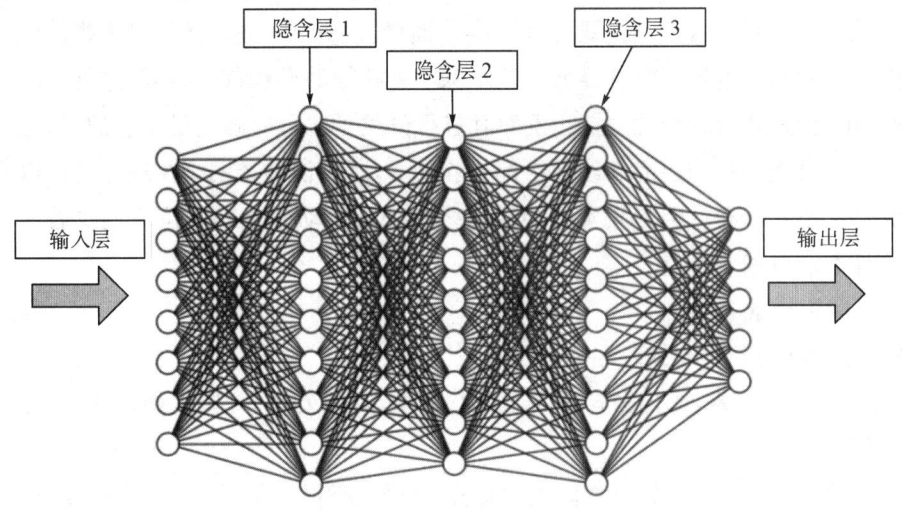

图 7-31　深度学习模型

普通的神经网络可能只有几层,深度学习可以达到十几层。深度学习中的深度二字也代表了神经网络的层数。现在流行的深度学习网络结构有 CNN(卷积神经网络)、RNN(循环神经网络)、DNN(深度神经网络)的等。现在流行的深度学习框架有 MXnet、tensorflow、caffe 等,而在这些框架之上,还有 PyTorch、Keras 等。

神经网络简单理解就是由好多个神经元组成的系统,类似于人类的神经网络。神经元是一个简单的分类器,你输入一个一个信号,就会有相应信号的输出。比如我们有一大堆苹果、西瓜照片,把每一张照片送进一个机器里,机器根据特征就能判断这幅图片是苹果还是西瓜。我们把西瓜和苹果图片处理一下,在图 7-32 中红色代表的是西瓜的特征,蓝色代表的是苹果的特征,这里我们只需要一个分类器就可以将苹果和西瓜分开,就相当于用一根线就可以将苹果和西瓜分开。

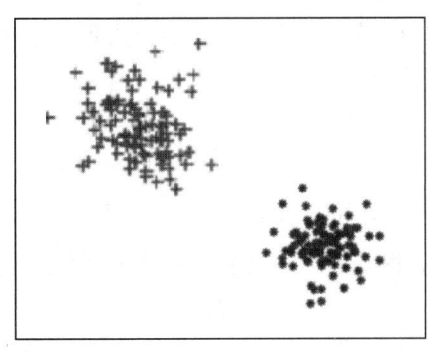

图 7-32　简单分类模型

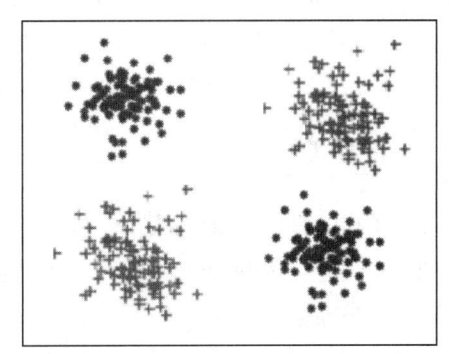

图 7-33　复杂分类模型

神经元的一个缺点是只能画一条线,可是很多分类是不可能通过一条线来实现。针对图7-33来讲,红色的特征和蓝色的特征是不可能通过一条线就区分开的。

解决办法是通过画多条线来实现分类,这样的话就相当于通过多层神经网络来实现分类,底层神经元的输出是高层神经元的输入。我们可以在中间横着画一条线,竖着画一条线,然后把左上和右下的部分合在一起,将右上和左下部分合在一起;每画一条线,其实就是使用了一个神经元,把不同线分开的半平面做交、并等运算,就是把这些神经元的输出当作输入,后面再连接一个神经元。这个例子中特征的形状称为异或,这种情况一个神经元搞不定,但是两层神经元就能正确对其进行分类了。只要画出足够多的线,把结果拼在一起,什么奇怪形状的边界神经网络都能够表示,所以说神经网络在理论上可以表示很复杂的函数/空间分布。但是真实的神经网络是否能摆动到正确的位置还要看网络初始值设置、样本容量和分布。

(二) 应用场景

深度学习在技术方面的应用如下。

(1) 语音识别技术:国内公司讯飞、百度、阿里,国外公司亚马逊、微软等,行业应用就是智能音箱等产品。

(2) 图像识别技术:比如做安防的海康威视、图森科技、依图科技、旷视科技,代表性的就是面部识别,人脸识别,刷脸解锁、支付等。

(3) 自动驾驶技术:比如特斯拉、百度等公司开发的产品。

(4) 金融领域的应用:预测股价、医疗领域的疾病监测、教育领域的技术赋能等。

(5) 深度学习在影像识别中的应用:经过深度学习的人工智能系统通过学习大量的病例切片图片,诊断癌症的正确率正在逐步向有经验的病理学家靠拢。例如黑色素瘤识别——将1万张有标记的影像交给机器学习,然后让3万名医生和计算机一起看另外的3000张。人的精度为84%,计算机的精度可以达到97%。

(6) 深度学习在智能博弈中的应用:IBM的深蓝战胜国际象棋棋王卡斯帕罗夫,2006年国际象棋软件深弗里茨击败棋王姆尼克后,人类再也没有在国际象棋这个项目中战胜过计算机。在围棋方面,AlphaGo战胜围棋界的各路高手,证明了人工智能技术在博弈中的地位。Google的DeepMind通用学习算法让机器可以通过游戏化学习尝试获得类人的智力和行为,DeepMind正在挑战《星际争霸》游戏,这是计算机在非完全信息博弈下的机器学习。如果成功,将会对人工智能的发展起到不可低估的影响。

小试牛刀

1. 观看电影《机械姬》,描述一下深度学习在电影中的应用场景。
2. 你认为利用深度学习技术会让机器在星际争霸游戏中战胜人类吗?说说你的想法和理由。

任务七 让机器自主学习

思维与操作实训

小组讨论:如何理解未来世界会让罪犯无处躲藏?

1. 实训目的

在开始本实训之前,请认真阅读相关内容。

(1)了解一下人脸识别技术中深度学习的技术应用。

(2)说一说人脸识别技术在生活中的应用场景。

(3)说一说你对DNA比对技术的了解。

2. 实训内容与步骤

开展头脑风暴小组讨论:我们如何理解"随着深度学习的发展,犯罪分子终究会无处躲藏"这个命题?

记录小组讨论的主要观点,推选代表在课堂上简单阐述你们的观点。

【实训总结】
_____
_____
_____

【教师对实训的评价】
_____
_____
_____

拓展资源

AlphaGo真的无师自通吗?

任务八

人工智能助力教育变革

案例导读

现代教育技术是伴随现代科技的发展，特别是电子、通信、计算机的飞速发展而产生的，也是现代教育理论发展到一定阶段的产物。作为新一轮科技革命的代表，人工智能（AI）技术已经或正在颠覆性地改变着许多行业和领域，而教育就是其中之一。目前，人工智能已经渗透到我们生活的方方面面，如搜索引擎、实时在线地图、手机语音助手、智能客服等都运用了人工智能技术。尽管人工智能要从感知、行为和认知三个维度全面模拟甚至超越人类还有很长的路要走，但目前的 AI 凭借强大的计算能力、存储能力和大数据处理能力，已经在改变着传统教育模式与教育形式，在破解教育资源不均、提高教育效率和教学质量、提供个性化精准化教学、优化教育评价系统等方面发挥重要作用。

8.1　创造更智慧的校园

一、什么是智慧校园

图 8-1　智慧校园

智慧校园是指以促进信息技术与教育教学融合、提高学与教的效果为目的，以物联网、云计算、大数据分析等新技术为核心技术，提供一种环境全面感知、智慧型、数据化、网络化、协作型一体化的教学、科研、管理和生活服务，并能对教育教学、教育管理进行洞察和预测的智慧学习环境。

二、智慧校园中的人工智能技术

人工智能技术在智慧校园中的应用主要体现在五个方面：大数据教学能够实现因材施教；智能语音系统将语音变为文字，提高课堂效率；机器视觉侦测学生注意力，充当教师的智能军师，让课堂更优化；游戏化教学平台实现交互方式新升级，让学习更有趣；知识图谱技术让学习更精准高效。

（一）大数据教学实现因材施教

人工智能技术支持下的大数据教学，可以依据学生的习惯与行为判断出学生的特点，从而做到因材施教。

只有充分了解学生的学习习惯后，教师才能够准确地把握学生学习行为的优缺点。大数据技术能够根据学生的答卷状况，智能分析学生学习行为中存在的优缺点，教师根据分析结果采取有效的措施来查缺补漏，从而提高学生的成绩。

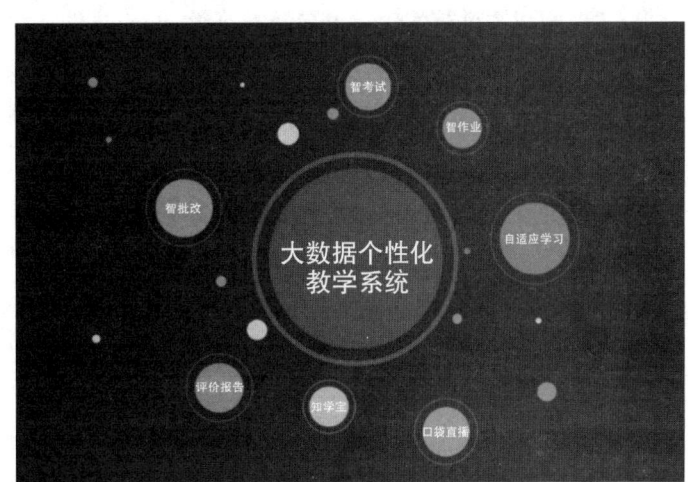

图8-2　大数据个性化教学系统

精准的大数据分析能够为教师的备课提供科学的依据，使教师在备课、上课、课后完善等方面，都能够做到有理有序，最终提升课堂教学效率。

（二）智能语音系统提高课堂效率

自然语言处理技术是人工智能的一个子领域，智能语音系统可以将教师教学语言转化为文字。在教学实践中，教师讲到的知识点可以被智能语音系统自动识别，并转化为对应的文字。同时文字能够以板书的形式展现在电子屏幕上，这样就能够大幅提高课堂讲课效率，让老师能够讲解更多、更有趣的知识，同时调动学生的学习积极性。

（三）机器视觉优化课堂节奏

机器视觉是通过机器代替人的视觉进行测量和判断。它常被用于一些危险的工作环境或人工视觉无法满足的环境中，其应用于教育领域可以通过表情识别来侦测学生的注意力。教师根据侦测结果分析来调整教学内容、教学方式、教学速度等。同时根据课堂情况的分析结果，教师也可以在讲课时活跃课堂气氛，以便更好地激发学生学习的积极性。

同时,机器视觉除了可以抓取学生的表情,还可以捕捉教师的动作和语音,以此作为研发智能教学产品的依据。现在已经有不少教育机构开始尝试用机器视觉捕捉教师的动作、语音,并将其运用到智能教学平台、教育机器人等产品之中。

(四) 游戏化教学平台让学习更有趣

人工智能技术可以不断创新教学环境,游戏化教学平台就是其中一种。游戏化教学平台将枯燥的知识转变为有趣的学习内容,便于学生理解;在教学方式上,采用竞争方式、合作方式、奖励方式等来激发学生学习的动力。

游戏化教学平台能够让学生愉悦地获取各种各样的知识,会让学生感到学习是一件轻松有趣的事情。游戏化教学平台发挥了游戏在教育中的价值,最终实现"寓教于乐"的教学目标。

(五) 知识图谱技术让学习更精准高效

搜索引擎、自适应教学、大数据分析等都与知识图谱技术密切相关。借助知识图谱技术,特别是利用数据采集、信息优化、知识计量及图形绘制等技术,可以让复杂的、隐形的知识清晰化、简约化。另外,知识图谱技术能够揭示知识的动态变化规律,能够为学习提供有价值的参考信息。

在智慧校园中,学生能够利用知识图谱技术制订科学的学习计划,让学习更精准高效。首先,知识图谱技术能够帮助学生快速找到想要的知识,避免盲目学习;其次,知识图谱系统会为学生提供一个知识清单,让学生知道知识的层次与内在逻辑结构,便于学生理解知识;同时,知识图谱技术让知识的搜索更具深度和广度,帮助学生更全面、深入地学习知识。

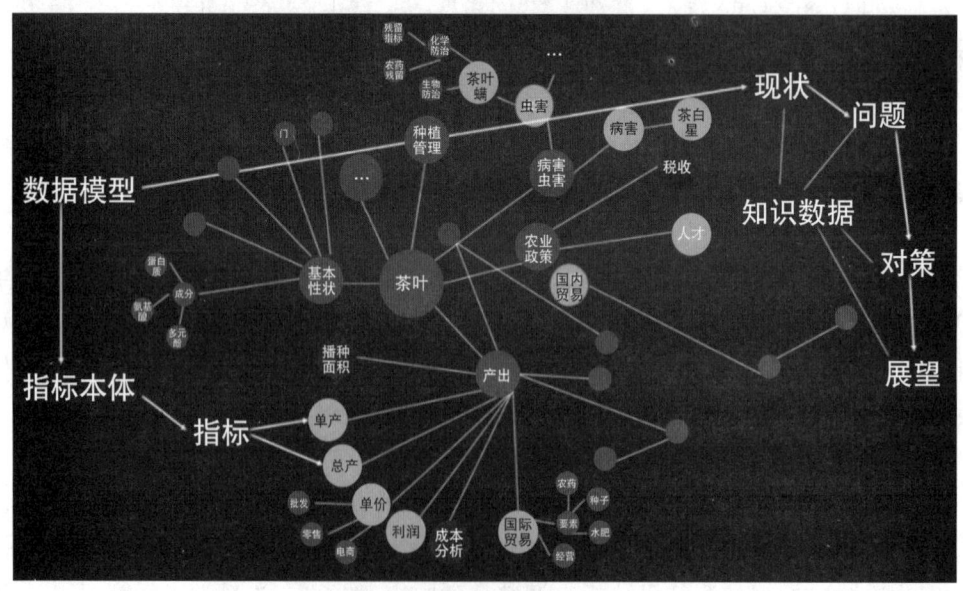

图8-3 知识图谱系统

三、智慧产品

(一)智能门禁

智能门禁系统是指基于现代电子与信息技术,在建筑物内外的出入口安装自动识别系统,通过对人(或物)的进出实施放行、拒绝、记录等操作的智能化管理系统。

智能门禁集校园内宿舍、教学楼、图书馆、体育场、设备房、仓库、机房、实验室办公室使用的门禁控制设备对接通道闸机等各式控制模式。

图8-4 智能门禁系统

(二)智慧班牌

智能班牌是目前学校文化建设、智慧校园建设的系统之一,学校为每个教室配置一个智能班牌一体机,一般安装在教室门口或教室里面,多用来显示班级信息,当前课程信息,班级活动信息以及学校的通知信息。信息内容为文字、图片、多媒体内容、Flash等,为学生和老师提供新颖的师生交流及校园服务平台。

图8-5 智慧班牌

智慧班牌在中小学德育方面起着非常积极的作用。同时,智慧班牌也是信息技术环境的一个应用载体,其有着更好的日常辐射、渗透功能。电子班牌可取代传统的班级黑板报、墙体宣传等一些烦琐的工序,通过智能化的功能可应用于普及科学知识,拓宽学生视野,提高学生管理能力、探究能力和信息素养。

(三) 智慧教室

智慧教室作为一类学习系统,是利用传感技术、网络技术、无线通信以及人工智能技术,通过物联网、大数据、人工智能等现代高科技技术,优化教学内容呈现、便利学习资源获取、促进课堂交互开展,实现全面感知学习情境、识别学习者特征,提供合适的学习资源与便利的互动工具;同时自动记录学习过程和测评学习结果,有效地支撑多元化的教学设计实施。

智慧教室是一个加强型的未来空间,是具有情境感知和环境管理功能的新型教室,是集多媒体教室、计算机教室、录播教室、校园电视台、互动教室等多种环境为一体的新型教学环境,充分发挥新技术给教学带来的便利。

(四) 校园广播系统

校园广播系统是小功率 FM 广播的一种,很多大专院校、中学甚至小学,现在已经大量采用校园 FM 广播方式播放英语节目或其他节目,频率范围通常在 76—87MHz 之间,也就是说用普通的电视伴音收音机可以接收得到。

如今,校园广播系统设备已经遍布各个学校,学生的作息时间、上下课铃声、课间操离不开校园广播系统设备,广播找人、通知、信息等都需要校园广播系统设备来传达,不同的班级,通过广播可以实现同时播放不同的内容等。

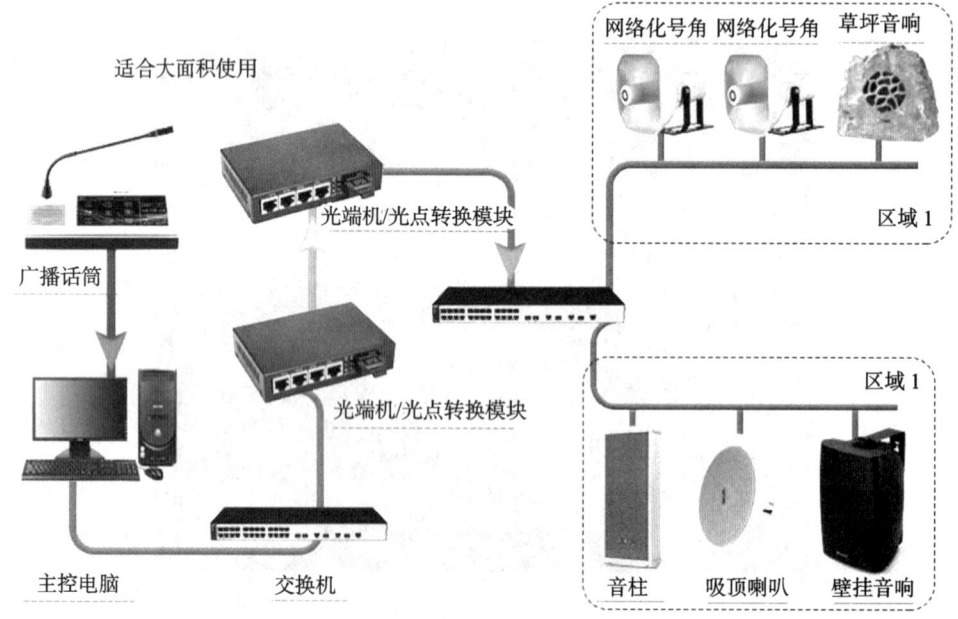

图 8-6 校园广播系统

(五)网上阅卷系统

网上阅卷系统是以计算机网络技术和图像处理技术为依托,以达到考试评卷客观、公平、公正性原则为最终目的,结合多年来传统人工阅卷的丰富经验和现代高新技术,实现客观题由计算机自动判分,主观题由阅卷教师通过网络在计算机上对考生答卷的电子图像进行评分,最终由计算机系统自动进行核分和统计分析的一种全新的阅卷方式。

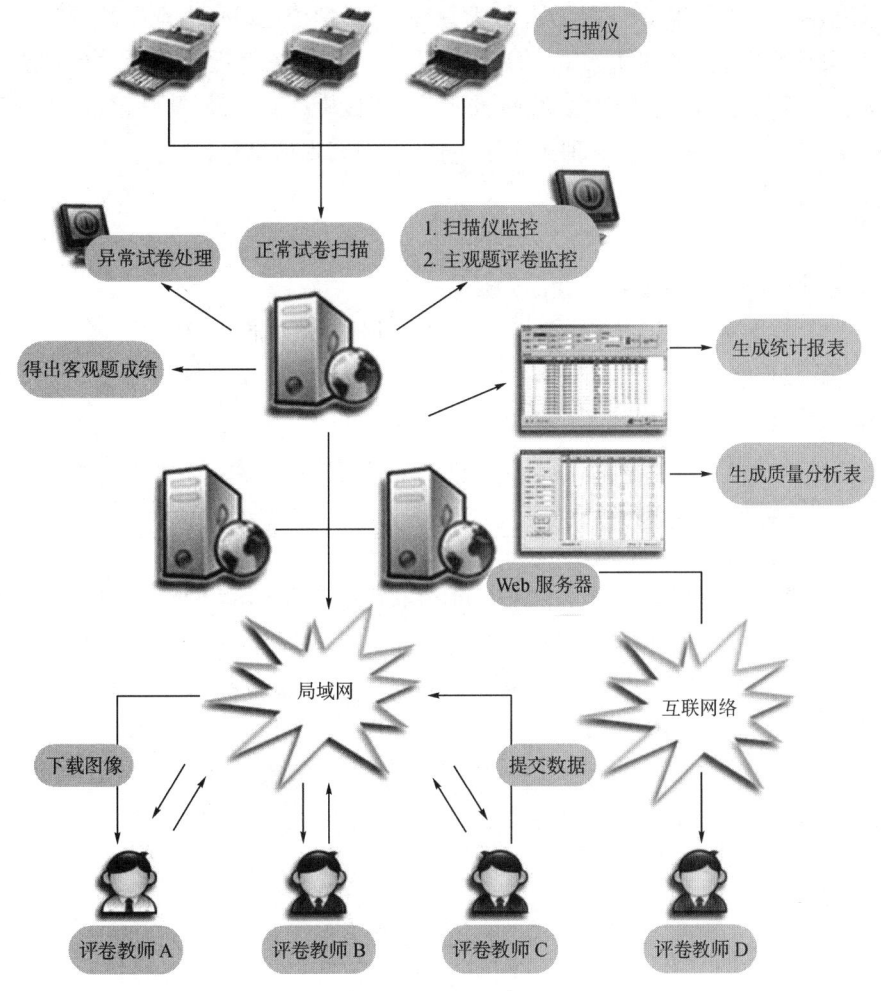

图8-7 网上阅卷系统

(六)网络考试系统

网络考试系统采用Web方式,同时适用于局域网和Internet,可实现网上在线考试、作业、练习、成绩排行、公告管理等功能,并能够实现答卷保存、自动判分、手工评卷、成绩查询和分析等功能。

网上在线考试系统同时拥有最开放的题库管理系统和最灵活的组卷系统,支持随机组卷和手工组卷两种方式,能够提供题目导入导出、题库和试卷导入导出等设计,提供资源的快速收集和高度共享,使考务管理突破时空限制,让教师和学生可以在任何时间、任何地点通过网络进行考试,完成考试任务以及自我练习等。试题分析、排名分析、机构分析,考试情况更加清楚明了,系统支持数据的备份与还原,可保障用户的数据安全,且对操作系统等软硬件要求不高,在同行业中,具有很强的实用性和优势,便于广大用户的使用。

(七)教务管理系统

教务管理系统以网络为平台,为各个学校教务系统的管理提供一个平台,帮助学校管理教务系统,用一个账号解决学校教务教学管理,并且学校可以自由选择学校需要的教务管理系统,灵活地定制符合学校实际情况的教务系统。教务管理系统为学校打造全方位的校园信息化管理平台,涵盖学生管理、教职工管理、绩效管理、成绩管理、课表管理等实用功能模块,集学校所有教学、管理工作于一体,全面实现信息化校园。

小试牛刀

1. 下列应用不属于智慧校园产品的是(   )。
   A. 智慧门禁   B. 智慧班牌
   C. 智慧教室   D. 无人驾驶
2. 下列关于智慧教室说法正确的是(   )。
   A. 智慧教室就是多媒体教室
   B. 智慧教室就是计算机教室
   C. 智慧教室就是互动教室
   D. 智慧教室是一个加强型的未来空间,具有情境感知和环境管理功能的新型教室
3. 下列属于智慧教室功能的是(   )。
   ① 课堂录播 ② 双师课堂 ③ 智慧教学 ④ 校园电视 ⑤ 视频监控
   A. ①②③⑤   B. ①②④⑤
   C. ①②③④   D. ①②③④⑤
4. 人工智能技术在智慧校园中的应用主要体现在哪五个方面?

8.2 实现更高效的教学

高效教学是相对于低效教学提出来的一个特定概念。它与低效教学的本质区别在于,能否确保在规定的教学时间内,落实规定的教学任务。即学生能当堂学,当堂会;教师能保落实,减负担。20世纪,国外一些教育家就开始进行有效教学的研究,追求有效的教学(effective teaching)或好的教学(good teaching)。其核心是研究如何提高教学的效益,即什么样的教学是有效的?教学是高效、低效还是无效的?现在,人工智能技术的发展和大数据在教育中的应用,极大地改变了传统的教学模式,使得教学更加便捷和高效。

一、自适应学习系统

(一) 什么是自适应学习系统

自适应学习是在行为主义心理学、认知心理学理论基础上,开始探索人的自我去适应一个学习模式,并产生习惯性的条件反射信息加工系统,被称为"自适应学习构建模型系统"。一般学习情况下,根据学习内容和学习方式的不同,可以将人的学习分为三种不同的类型,即机械学习、示教学习以及自适应学习。自适应学习通常是指给学习者提供相应的学习环境、实例或场域,通过学习者自身在学习中发现总结,最终形成理论并能自主解决问题的学习方式。

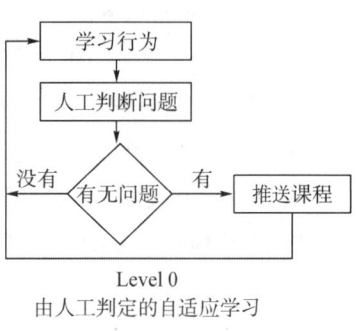

图8-8 自适应学习系统

自适应学习系统是针对个体学习过程中的差异而提供适合个体特征的学习支持的学习系统,通过对学习者学习风格、认知水平等基于学习者自身背景因素的综合分析,能为学习者提供个性化服务学习。

自适应学习系统是收集学生学习中与系统交互的数据,创建学习者模型,克服以往教育中体现的"无显著差异"问题。自适应学习系统可以根据学习者在课程过程中反馈回来的信息,动态地改变内容以及内容呈现方式、学习策略等。

(二) 自适应学习系统的原理

自适应学习系统中自适应的实现是通过实时交互数据的收集,并根据这些数据分析后提供个性化的服务来实现的。自适应学习是一种实现学习者个性化学习的具体方法,更多的是数据导向型的。自适应学习系统根据实时收集到的数据分析学习者的能力水平,并以此来推荐此时此刻最适合的学习材料(包括材料类型,如视频、文字等)和策略。

自适应学习有三个步骤:第一,要构建完善系统的知识图谱,将知识点体系标签化、结构化;第二,对用户的每个学习行为实现映射;第三,通过算法计算出最佳学习路径。

自适应系统一般都包括以下三大基本构件:首先是内容模型,以此为依据来建立详细的学习内容和知识点结构图;其次是学生模型,它能够实时测评每一个学生对每一个知识点的掌握水平,并且通过大数据分析推算和量化学生在当前知识点以及相关知识点的能力水平;最后则是教学模型,根据每个学生的最新能力水平提供相应的反馈,并匹配出最为合适的学习内容。

(三) 自适应学习系统的应用

随着人工智能技术的深入发展,它在教育领域中的应用也越发广泛,自适应学习系统也应运而生。自适应学习系统能够通过分析学习数据得到学习者的学习风格和认知风格,推荐适合学生的学习资源和学习路径,以满足学习者的个性化发展。较早开展这方面研究的美国匹兹堡大学的 Peter Brusilovsky 提出了自适应学习系统的通用模型,主要包括:领域模型、学生模型、教育学模型、自适应引擎、接口模块。在国内随着研究的不断深

入和扩展,自适应学习系统的各个组件和系统功能在此基础上越来越丰富和完备。

很多国家都有企业在在线教育上做尝试,国外的自适应平台起步较早、产品较多,如Ferreira(2008)开发的Knewton系统,它通过数据收集、推断及建议来给学生提供预测性分析、个性化推荐和个性化教学等服务。由一群美籍韩国教育工作者和工程师组成的教学团队开发的主要针对K12领域的KnowRe数学学习平台是一个专注于提高学生的数学技巧而不是简单做题,并在整个过程中加入卡通游戏元素的线上学习平台。国内典型的自适应学习系统有猿题库和精准学等。猿题库是一款手机智能做题软件,已经完成对初高中及小学的全面覆盖。猿题库针对高三学生还提供了总复习模式,涵盖全国各省市近六年高考真题和近四年模拟题。并匹配各省考试大纲和命题方向,可按考区、学科、知识点自主选择真题或模拟题练习。猿题库实时提供做题报告、评估能力、预测考试分数等。精准学是杭州智会学科技有限公司旗下的人工智能知识学习网站,是基于人工智能、大数据技术,专注于教育领域K12阶段的学科知识学习平台。该平台通过对考题的智能分析,对地区考情的深度拆解,运用大数据进行押题判断,预判押题准确率。精准学对于知识点进行基因级的拆解分析,用少的时间和题目,来测试出学生的知识图谱,并找出学生的最近发展区,针对性设计个性化学习路径,帮助学生掌握知识内容,增加学习兴趣和学习效率。

在今天大数据和人工智能背景下,自适应学习将会被广泛推广并使用。在学习过程中,系统会根据学习者的学习行为、参与式的学习活动推荐相关的学习资源。每一个学生的个性化学习需求可以通过系统来判断并实施,通过学生的学习数据进行"矫正",通过学生参与式的学习活动进行"评估",以适应学生的学习与成长。

二、作业自动批改系统

目前,在对传统纸面作业和试卷批改的过程中,存在以下问题:一方面,教师要花费大量时间来批改,费时费力;另一方面,学生无法及时得到讲解甚至得不到讲解,因此形成知识点漏洞。

随着网络高速地融入当今现代人的生活,学校对网络技术的应用也在不断地提高,作业作为一项重要的教学活动,解决作业的方便提交、发布、批改等问题是教学顺利有效进行重要条件。因此基于Web的作业管理系统便成为网络教学系统不可或缺的组成部分。借助计算机及网络的优势,它能实现作业信息的快速传递,并扩展作业的功能,提高作业的教学价值及管理效率及质量。网上作业批改系统主要使用JSP等开发语言,后台使用SqlServer等作为数据库管理系统,开发环境有MyEclipse等,整个批改系统是一个基于Web技术的B/S结构的在线布置作业、在线提交、批阅一体的管理系统。教师可以在网上发布自己的课程作业,而且还可以选择即时发布还是定时发布,对过期的作业进行删除,查看学生作业提交的情况,手动或自动批改学生作业等,既方便快捷也省时高效。

基于人工智能技术的作业自动批改系统,首先实现了无纸化作业,教师只需要在电脑前点点鼠标就能完成批改,这在环保、效率、针对性教学指导等方面比传统作业管理要更科学;传统作业管理方式是学生一人一本作业本,教师无论是在批阅还是存放、发放等管理上都有诸多不便,而网上作业管理系统,只需要做好数据库的保护,以上问题都迎刃而解;作业自动批改系统的使用,使教师能腾出更多的时间,给学生提供更多针对性、个性化的辅导,从而使每个学生都有机会在学习上取得更大的进步。

三、基于人工智能与大数据的精准教学

精准教学(Precision Teaching)是 Lindsley 于 20 世纪 60 年代根据 Skinne 的行为学习理论提出的一种教学方法。最初,精准教学触及小学教育,希望通过设计测量过程来追踪小学生的学习表现并提供数据决策支持。之后,精准教学发展为用于

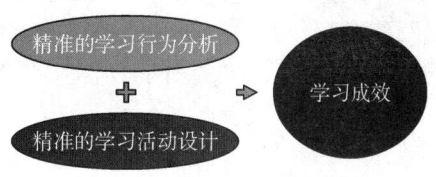

图 8-9 精准教学的关键

评估任意给定的教学方法有效性的框架。如今,精准教学已历经 50 余年的发展,形成了自身的一套理论方法。

随着科技的发展,如今的精准教学是利用云计算、大数据、人工智能等信息技术,打造课前(大数据学情诊断)、课中(人工智能教室)、课后(AI 学习系统)的教学闭环场景,开展的具有针对性的差异性和个别化教学,真正实现因材施教。通过数据驱动精准教学,实现管理者数据决策,老师针对性教学,学生个性化学习,实现以学生为中心,画像出每个学生差异特点,再通过数据实现自适应成长,从"知识的传授—能力的内化—素养的提升",来达到千人千面个性发展,最终培养具有"人文底蕴、科学精神、学会学习、健康生活、责任担当和实践创新"全面发展的人,为社会输送具有竞争力的现代人才。

小试牛刀

1. 自适应学习的三个步骤是_____、_____、_____。
2. 下列关于自适应学习系统叙述错误的是(   )。
   A. 自适应学习系统是一个在线学习系统
   B. 自适应学习系统能为学习者提供个性化学习服务
   C. 自适应学习系统能取代线下课堂教学
   D. 自适应学习系统自适应的实现是通过实时交互数据的收集,并根据这些数据分析后提供个性化的服务
3. 下列关于精准教学说法错误的是(   )。
   A. 精准教学可以实现因材施教
   B. 精准教学实现管理者数据决策
   C. 精准教学实现以学生为中心,画像出每个学生差异特点
   D. 精准教学可以取代课堂教学
4. 简述作业自动批改系统的原理及功能。

8.3 实现终身学习

过去20年,互联网已经让我们的生活发生了翻天覆地的变化,下一个20年,人工智能也必将深刻影响我们的生活。据预测,现在80%的工作,尤其是重复性的工作将会被机器取代。如果不想被淘汰,想跟上时代的脚步,那就只有不断学习快速提升自己,使自己可以胜任更复杂,更有创造性的工作。那该如何学习呢?以前的传统学习方式将无法适应未来的要求,"终身学习"将是明智之选。

一、什么是终身学习

终身学习是指社会每个成员为适应社会发展和实现个体发展的需要,贯穿于人的一生的、持续的学习过程,即我们所常说的"活到老学到老"或者"学无止境"。在特殊的社会、教育和生活背景下,终身学习理念得以产生,它具有终身性、全民性、广泛性等热点。终身教育和终身学习提出后,各国普遍重视并积极实践。终身学习启示我们树立终身教育思想,使学生学会学习,更重要的是培养学生养成主动的、不断探索的、自我更新的、学以致用的和优化知识的良好习惯。

二、人工智能时代的终身学习能力

终身学习已经成为人工智能时代的一种生存方式,终身学习能力即是一种生存能力,一种来发挥人类潜能然后去应用它们的能力。人的学习能力是人的一种生存、发展能力,是人生命力量的源泉,也是人的多种能力的混合产物。终身学习能力,也可以称作终身学习关键能力。20世纪90年代开始,"终身学习"一度成为国际热词,各个国际组织(联合国教科文组织、欧盟、经合组织等)、各个国家和地区均有文献对此做出了定义。终身学习的关键能力(Key Competencies for Lifelong Learning),指的是个体学习时表现出的普遍的、可迁移的、对其终身学习发展起关键性作用的能力,涵盖了知识、技能与态度三个方面,是学习者持续开展学习活动的主、客观条件的总和。

可见终身学习有以下基础性意义:第一,终身学习能力不仅仅是一种能力的概括,而且包含了知识、技能与态度,即包含了多方面的兼具内外的因素,反映了其综合性;第二,终身学习能力具有普适性,既能为大多数人(学习者)所掌握,也能适应多样化的学习情境;第三,终身学习能力是一种持续的能力,随着时代变迁,这种能力是一种让人持续学习的关键条件,具有持续性;第四,最重要的,人的学习能力是一种让人持续生存的能力。

因此,人工智能时代,面临复杂多变的学习情境,面临千变万化的社会生活,面临难以预料的未来,终身学习能力是一种适应新时代的能力,是一种促进人综合发展的能力,是一种持续的生存能力。简而言之,终身学习能力是一种人工智能时代具有基础性地位的学习能力。

三、人工智能时代终身学习的途径

发挥网络教育和人工智能优势,创新教育和学习方式,是构建服务全民终身学习教育体系的重要途径。以前学习没有那么方便,最主要的学习方式就是看书。除了获取的效率更慢,书本上的知识也更加容易过时,最典型的就是大学教材。而现在学习越来越便捷,方式多种多样,在手机上就可以了解世界上的最新资讯;躺在家里也能听到清华大学、北京大学名师的课程;也可以方便地向各领域的专家大咖演讲。人工智能技术是实现"人人皆学、时时能学、处处可学"的途径和保障,可以极大支撑构建开放融合的终身教育体系、加速搭建融通衔接终身学习的立交桥。通过智能、快速、全面的终身教育分析系统,立体综合教学场,基于大数据智能的在线终身学习教育平台,人工智能技术可以加快推动终身教育人才培养模式、教学方法改革,构建包含智能学习、交互式学习的新型终身教育模式。

当今社会已迈入信息社会,对人类的生产、生活乃至思维、学习方式都产生了巨大影响,全球教育发展已被深深打上了信息化的烙印,信息技术不仅改变着现在的教育,同时也塑造着未来的教育。爱学习,在什么时代都是一种优秀品质。不学习,不思进取的人注定会被时代淘汰。现在,人工智能的时代已经到来,人类社会将会迎来一次大的变革。而关于学习的竞争也将更加激烈,坚持终身学习,不断提升个人能力,适应变化,是一个人最佳应对之策。

小试牛刀

1. 下列关于终身学习的说法错误的是( )。
    A. 学习贯穿于人的一生
    B. 终身学习是"活到老学到老"
    C. 终身学习启示我们树立终身教育思想
    D. 退休了就不用学习了
2. 简述人工智能对终身学习产生的影响。

思维与操作实训

以小组为单位,制作一个在线教育资源,上传学校教学平台,供全校同学学习分享。
1. 实训目的
体验惠普教育理念,分享教育成果。
2. 实训内容与步骤
(1) 以小组为单位制作一个教育资源。
(2) 将教育资源上传学习平台供全校师生学习。
(3) 小组互评,评选出最佳学习资源。
【实训总结】

_____

_____

【教师对实训的评价】

_____

_____

任务九

人工智能点亮现代城市

案例导读

随着全球智能技术的发展与成熟,人工智能不再是止步于概念的海市蜃楼,而是开始与居民的日常生活发生"智慧的"交集,切实改善着居民生活的方方面面。2018年中国人工智能城市的落地应用场景可分为社会管理场景(AI+安全、AI+交通)、公关服务场景(AI+医疗、AI+生活办公、AI+政务)、产业运作场景(AI+零售、AI+金融)、个人应用场景(AI+文娱、AI+教育、AI+移动设备)。

目前来看,人工智能技术在建设新型智慧城市中主要有四大落地场景:

1. 人工智能+出行

"智慧生活"的一个很直观的感受就是:现在大多数旅游App,只要你输入起点和终点,这些程序就能自动为你规划旅游行程,不同的路线、不同的价格、坐什么交通工具、网友的评价等,一应俱全。

2018年的央视春晚,百度"无人驾驶汽车"引领上百辆车队在港珠澳大桥上穿行,为全国观众带来了一场震撼的表演。

"智慧城市"杭州在高架桥上安装AI信号灯,每两分钟扫描一次,可以发现100多种警情,还能实时监测交通情况,及时疏通交通拥堵情况,给交警和车主都带来了极大的便利。

"智慧生活"的智能化在部分国家的日常生活中早有体现:红绿灯上的智能传感器,可以给附近的盲人提供信号,告知红绿灯情况;在每个停车位安装智能传感器系统,车主可以直接搜索各个停车场的空车位;在垃圾箱上安装智能传感器,垃圾箱满了或者气味过重都会给负责人发送警告。

2. 人工智能+安全

苹果手机发布的iPhone X,采用了人脸识别技术。有人问"会不会拿张照片就解锁了",或者"长得相像的人是不是也可以解锁",其实不会。最新的AI技术可以很准确地识别人脸,苹果公司甚至邀请好莱坞特效公司制作面具,来训练"人脸识别"智能技术。

在城市安全方面,韩国实施了一系列"智慧城市计划",利用红外摄像机和无线传感器,自动化检测城市灾害;而在我国,智能门禁、智能监控、入侵检测、实时报警系统等也给大家的生活多提供一份保障与安心。

3. 人工智能+医疗

斯坦福大学的研究人员通过对AI产品的大量的训练和识别,使计算机学会通过图片诊断疾病。特别是在皮肤病方面,人工智能的识别准确率可以和专业的医生相比。

全球规模最大的"智慧城市主题博览会"的举办地——西班牙城市巴塞罗那,推出了公共医疗智能体系,市政府资助研发了一套养老服务电子系统,所有的医院实现病历共享,可以在线挂号、在线预约、在线问诊咨询,这大大方便了居民的看病问题。

4. 人工智能+生活+娱乐

大型电器商苏宁积极从传统线下行业转型,开发了智能导购机器人和智能客服"苏小语",并研发"AR易购""AR试用"等新型模式,让人"足不出户逛苏宁"。

最近网上大火的"AI换脸技术",吸引了不少年轻人的眼球。视频中,把网红主播的脸依次换成刘亦菲、杨幂等流量明星的脸,毫无违和感,一颦一笑都可以清晰再现,几乎可以以假乱真,让人不禁感叹:视频都能换脸了,时代真的不一样了。

根据麦肯锡的研究,预计到2020年,智慧城市产业规模将达到4000亿美元,届时全球将出现600个智慧城市。预计到2025年,这些智慧城市的GDP将占全球GDP的60%。

——《全方位了解智慧城市:再看智慧城市新风口》,搜狐网,2019年3月14日

9.1 智慧城市,塑造美好生活

一、智慧城市改变生活

不久之前,如果我们要去一座陌生的城市,需要提前做好充足的"功课",因为"人生地不熟",乘坐什么交通工具、如何前往目的地、住在哪里等都需要提前准备好,说走就走的旅行对大多数人来说,很难实现。但是在短短数年之后的今天,手机上的地图软件,利用GPS(Global Positioning System,全球定位系统),可以迅速而准确地告诉你现在所在的位置;只要你确定目的地,导航软件将告诉你最快到达目的地的方法,比如自驾的路线、最快的公交或地铁线路、最短的步行路线等;我们在家里、在办公室、在路上、在任何一个地方,就可以轻松买到汽车票、高铁票、飞机票;不需要现金,不需要银行卡,手机摄像头扫一扫,就可以实现付款、乘公交、乘地铁;最适合你的酒店、最具当地特色的美食、最值得打卡的旅游景点,一切都根据你的喜好出现在你的手机屏幕上,供你挑选;身份证、驾驶证、护照等证件都无需随身携带,因为它们都被收进了你的手机里,只要轻轻一点就出现在屏幕上;利用手机的NFC(Near Field Communication,近场通信)技术,公交卡、银行卡、门禁卡都可以用手机来实现……这一切变革,正在迅速改变我们的生活方式,使我们更加从容地面对日新月异的生活环境。

图9-1 智慧城市飞速发展

智慧城市就是利用各种信息技术或创新概念,将智慧政务、智慧城管、智慧交通、智慧公共安全、智慧管网、智慧教育、智慧社区、城市运行中心、公共信息平台、公共信息化基础资源打通、集成、共享,以提升资源运用的效率,优化城市管理和服务,以及改善市民生活质量。

二、智慧城市的架构

智慧城市是一个非常庞大的系统,各个系统密切配合,才能组成一个高效、实用、有效的智慧城市框架。一个完整的智慧城市架构,包括物联网感知层、网络传输层、支撑层、智慧应用层等。

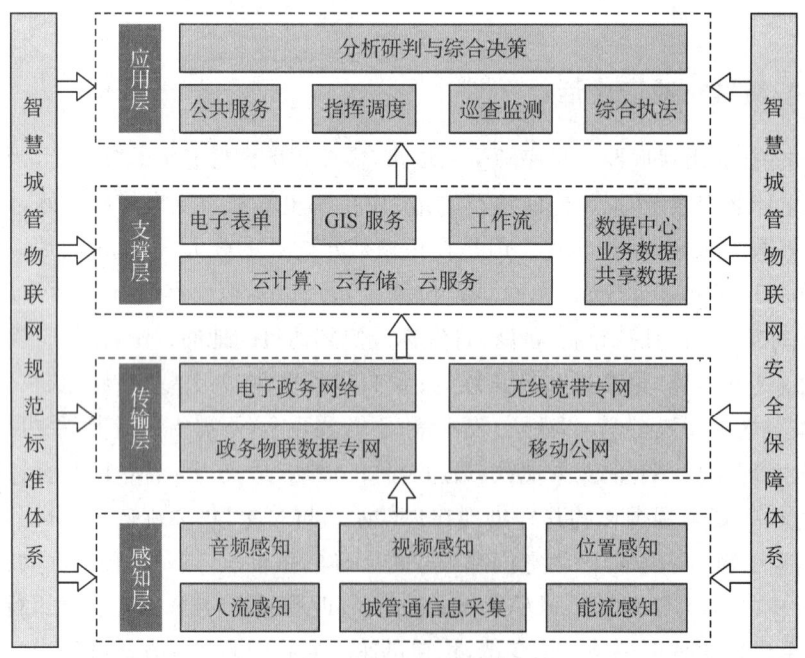

图9-2 智慧城市架构图

物联网感知层为整座城市提供底层的基础数据。例如,每个交通节点的车流量,城市不同位置的温度、湿度、降水量,江、河、湖的水位等,这些数据为智慧城市的上层应用提供了基础支撑。

网络传输层的主要任务是将物联网感知层所获取的数据、信息进行传输,并储存到数据库中,等待系统调用数据。

支撑层的主要任务是计算、存储、处理数据及服务融合,目的是将感知层获得的数据、用户的数据以及计算后的数据按一定的规则进行存储,以方便系统的获取;同时,对这些数据根据设定好的规则进行处理、运算和监控,对异常数据及时进行干预;最后将数据与应用层的服务进行衔接,使数据满足应用层所需,起到承上启下的作用。

智慧应用层是直接面向用户的层次,通过网页、小程序、App 等形式,与用户进行交互,满足用户需求,实现智慧城市的各种应用。

三、智慧城市怎样改变我们的生活

智慧城市的建设,在不知不觉中影响着每个人的生活,在无声无息中让我们的生活变得更美好。

(一)智能政务

2020 年年初新冠肺炎疫情来势汹汹,却也让大家感受到了智能政务带来的震撼。首先是健康码在各地的推广,使大家的出行更加便捷;其次,年初,作为防疫重要物资的口罩严重紧缺,各地政府推出了口罩预约平台,帮助大家买到低价口罩,起到平抑物价,打击倒卖的重要作用。此外,智能政务还能实现在线审批、在线办证等功能,使大家可以"跑腿少、办事快"。

(二)智能管网

在城市看不到的地方,存在很多管线,如电网、水管、天然气管网等,这些管道会通到每家每户,因此形成了庞大而又复杂的网络,如何管理这繁杂的管网成了一大难题。在人工智能系统和物联网技术诞生前,主要依靠人工的维护和检修,而随着人工智能技术的发展,城市管网的管理就越来越依赖机器来进行了。利用传感器、窄带物联网等通信模块,系统实现了管道状态的监测和报警、自动抄表等功能,节约了人力,提升了效率。

图 9-3 中国政务服务平台小程序上线

除此之外,智慧城市中的典型应用还包括人脸识别、物品识别、车牌识别、智能交通、智慧社区等应用场景。

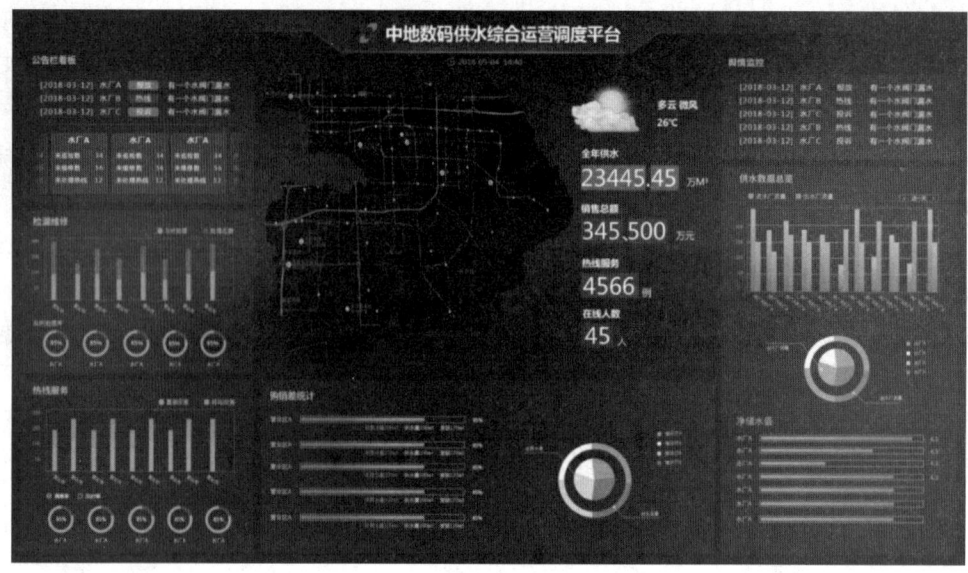

图 9-4 智能供水管理平台

小试牛刀

1. 什么是智慧城市？智慧城市包含哪些内容？
2. 智慧城市的架构是什么样的？

9.2 人脸识别,永不忘带的身份证

一、人脸识别

计算机视觉是指利用摄像头等设备代替人的眼睛,进行图像采集,并利用计算机软件处理图像,来建立人类视觉的计算理论。人脸识别技术是计算机视觉的应用之一,通常通过摄像头进行人脸图像的采集,并以人的脸部特征为信息,利用程序加以分析和比对,从而进行身份识别的一种生物识别技术。

人脸识别系统的主要功能模块包括图像采集、预处理、图像表示和特征提取、图像识别。图像采集是指用摄像头等设备获取人脸图像;预处理就是对图像进行初步处理,如消除噪声、调整灰度、几何校正等;图像表示是比较关键的一步,图像可以按照颜色、纹理、空间关系、形状等特征进行分类;特征提取就是提取图像中的某一类特征,是将一张人脸图像转化为一串固定长度的数值的过程;最后就是图像识别了,利用提取出的特征进行匹配和分析,进行图像的识别。

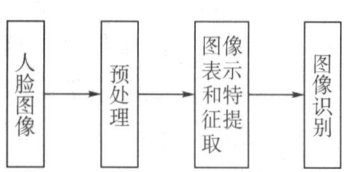

图 9-5 人脸识别的过程

二、人脸活体检测

早期的人脸识别系统,主要是针对静态图像的识别,不法分子可以利用照片、提前拍摄的视频等图像冒充,造成系统将不该识别成功的情况误判为成功,会导致信息泄露、经济利益损失等情况发生。为避免此类情况发生,现在的人脸识别技术都加入了活体检测技术,即在进行人脸识别时,系统除了判断人脸是否为被识别人本人的同时,还需判断其非静态图像,或提前拍摄的视频。

活体检测技术是一系列问题的解决方法,无法用一个算法来完成。它是人脸识别算法与用户交互的结合,对应了完全不同的算法,其算法取决于交互方式的不同。因此,人脸活体问题的解决,需要通过一系列软件和硬件的配合,例如红外线检测、生物信号(如脉搏、体温等)、摄像头、语音指令等。

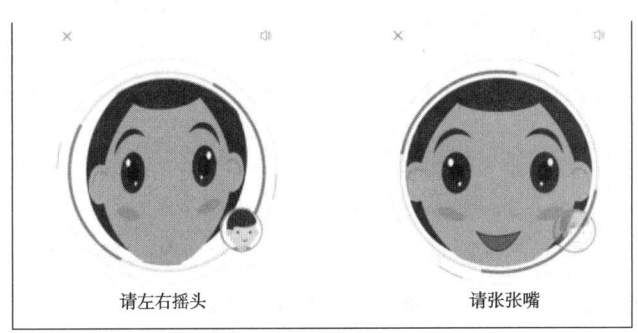

图9-6 人脸识别活体检测

三、人脸识别的应用场景

(一)人脸属性识别

人脸属性识别,是指通过人脸图像,判断人的性别、年龄、表情等属性的一项技术。系统可以通过属性识别,了解一个人的性别、大致年龄、体貌特征、现在的心情等信息,为实现人机互动打下了基础。

图9-7 人脸属性识别

(二)人脸比对

通过比较,判断两个人脸图像的相似程度,是人脸比对的主要功能。它是人脸识别、人脸验证、人脸检索等算法的基础。

(三) 人脸验证

人脸验证是人脸识别技术的基本应用之一,通过将待识别人脸图像与数据库中本来的图像进行对比,判断待测对象是否为本人。手机的人脸解锁、火车站的实名认证、支付宝的人脸认证等都是用的这个技术。

(四) 人脸检索

利用人脸检索,计算机可以将特定的人脸图像与系统后台数据库中的人脸特征进行逐个对比,从而筛选出最符合当前特征的身份。下文提到的嫌犯抓捕,就是利用了人脸检索功能。将人脸图像与逃犯库中的人脸特征进行比对,对可疑程度较高的人进行盘问,提高了逃犯抓捕的成功率。

> **知识链接**

苏州火车站"人脸识别"系统成功抓获通缉嫌犯

2017年10月,苏州火车站在候车室内查获一名涉嫌抢劫被上网通缉的逃犯达某。首先发现疑点的,是苏州站安装的"人脸识别"系统。

10月27日下午1时许,上海铁路公安处苏州站派出所接到报警,安装在北进站口一楼的"人脸识别"系统比对出一名涉嫌抢劫的逃犯,值勤一队队长蔡永添、民警张苏洲立即带着特勤前往候车室寻找。当民警排查至二楼候车室服务台附近时,发现一名25岁左右的男子神色慌张,与系统识别的嫌犯极为相似。蔡永添随即上前盘查,嫌疑男子出示了一张名为"韦某"的身份证。

民警将嫌疑男子带回作进一步调查。经查,男子就是"人脸识别"系统识别出的嫌犯达某。

图9-8 火车站人脸识别自动核验身份

达某,26岁,四川省冕宁县人。据交代,他是2014年在四川冕宁县拦路抢劫后出逃外地的,手中的身份证是他在广州打工时拾获的,因为觉得身份证上的照片与自己很相似,便将证件留在身边,屡屡假冒。达某称,之前冒用韦某的身份证往来各地一直平安无事,没想到会在苏州火车站被识破。

"人脸识别"技术是基于人的脸部特征信息进行身份识别的一种生物识别技术。目前北京、长沙、长春等地部分火车站已启用这一技术。苏州火车站从2017年4月开始设置"人脸识别"进站通道,旅客经过时可以"刷脸"进站。与传统的人工通道进站相比,"刷脸"进站的速度一般只需要3~6秒,极大方便了旅客通行。这次发现达某,也是苏州火车站"人脸识别"系统首次为识别犯罪嫌疑人建功。

——《苏州日报》,2017年11月1日

小试牛刀

1. 系统进行人脸识别技术的主要步骤有哪些?
2. 为什么人脸识别需要加入活体检测?
3. 想一想,你所知道的人脸属性识别还有哪些?

9.3 物品识别,成就智能化时代

一、物品识别技术

物品识别技术,是指通过物品检测算法,有效检测图像中的动物、交通工具、生活用品等生活常用物品。当我们遇到认不出的植物时,只要拿出手机,选择百度App,拍一张照片,就可以知道这是哪种植物了;当我们想买一件商品却不知道商品的名称时,只要用淘宝App拍一张照片,就直接弹出了商品的购买页面。这些物品识别技术的使用,使我们的生活变得更为便捷。

物品识别技术的发展经过如下几个过程:早在20世纪60年代,物品识别技术处于萌芽阶段,物品识别的算法是基于物品的外观来设计的。由于物品呈现的外观在不同的光线、环境、位置下处于不同的状态,因此这时候的物品识别技术非常难以实现。在1990年之前,物品识别技术的研究主要是尝试通过三维建模的方式。通常,事先定义了一些几何形状,然后把物体表示为几何形状的组合,再去匹配图像。这阶段的识别问题,本质上就是匹配问题。由于不是所有物体都能用几何图形去表示,因此这种算法的识别准确度并不高。20世纪90年代之后,主流的算法不再利用几何图形的匹配,而是回到关注物体本身,利用图像的特征进行判断和识别。2000年之后,物品识别技术得到了飞速的发展,各种各样的图像特征被设计出来,利用机器学习的方法,为模式识别提供了强大的分类器。而在现在,随着硬件的发展,3D传感器、深度摄像头使物品识别技术升级到了三维识别阶段。

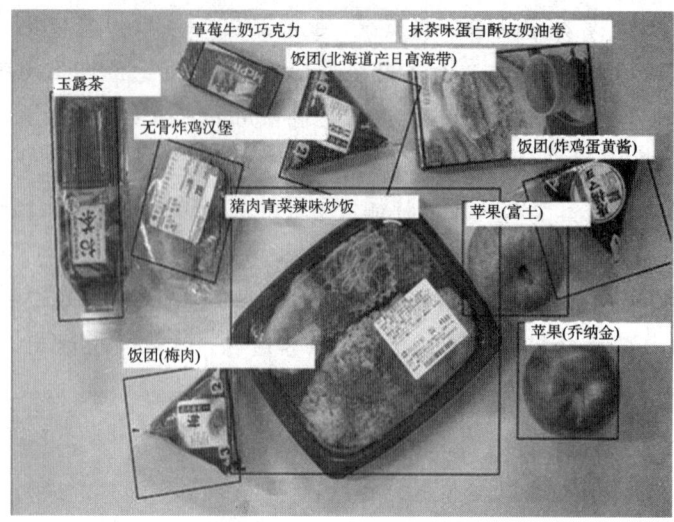

图9-9 物体识别技术

知识链接

健身房App结合菜品识别开发案例

连锁健身品牌技术部门负责人马主管,负责开发健身房的App。由于健身和减脂塑形讲究"三分练,七分吃",该吃什么、吃多少是非常重要的,越来越多的会员通过App中的饮食板块来指导自己每天的饮食。但目前饮食版块需要用户手动输入食物名称来计算卡路里,用户体验很差,有时候会员们并不能准确地输入食物名称,造成他们无法追踪每天从饮食中摄入的卡路里。

于是马主管准备在App中增加一个功能,用户随手拍摄食物照片,一键上传即可识别图片中菜品名称,从而获取菜品类别、营养成分及参考卡路里含量等信息,根据识别结果进一步提供饮食推荐、健康管理方案。当他着手做这件事时因缺少相关技术,使项目进度缓慢。通过对市面上多家厂商能力的比较,马主管选择了百度图像识别中的菜品识别产品,实现了50 000种以上菜品的识别,准确率在90%以上;且随着百度AI菜品数据库的持续更新,识别率不断提升,极大地降低了App的开发成本,也为用户提供了便捷的操作方式及良好的用户体验。

——百度AI开放平台,2020年7月31日

二、物品识别的主要过程

作为图像识别技术的一个应用和拓展,物品识别技术的主要过程和图像识别的过程是相似的。首先,都要利用各种输入设备获取物品的信息,例如摄像头、X光射线、超声波等,获取物品的图片、视频等信息;其次,对图片进行预处理,使每张图片的表观特征(如颜色分布、整体明暗、尺寸信息等)尽可能一致;再次,特征提取,即提取出一幅图像中区别于

其他图像的根本属性,例如大家所了解的颜色、纹理、亮暗等,也有可能是大家所不熟知的颜色直方图、空间频谱图等;最后,匹配,即将物品图像与训练好的模型进行识别和判断,输出结果。

在上面所述过程的最后一步中,提到了已经训练好的模型。在经典的物品识别技术中,识别物品的前提条件是,提前对机器进行训练,即提前将大量同类物品的不同图像信息输入机器,利用算法提取出它们的特征信息,再利用一定的算法提取同类物品中的相同点,分辨它们的不同点,形成机器学习后的模型。这种机器学习的方法被称为深度学习。

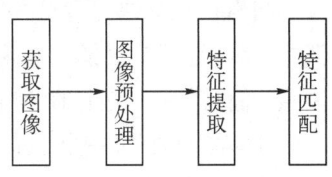

图9-10 物品识别流程

三、物品识别的应用场景

(一)自动安检系统

相信大家对安检系统并不陌生,在机场、高铁站、地铁站等场所都需要进行安检,我们把包放进安检仪,安检仪利用X光对包裹进行扫描,并将扫描到的物品以不同颜色的图形显示到屏幕上,安检员根据看到的画面判断是否有违禁物品。因此,传统的安检系统依赖安检员的经验和工作质量,如果安检员开小差了,或者由于经验不足,就有可能误将违禁品放行,给人民群众的生命财产安全造成威胁。

随着物品识别技术的引入,利用计算机软件,对X光扫描到的图像进行自动识别和判断,一旦发现违禁物品,则自动进行报警。相比依靠安检员双眼进行识别的传统安检流程,自动安检系统可靠性更高,还能保护旅客的隐私。

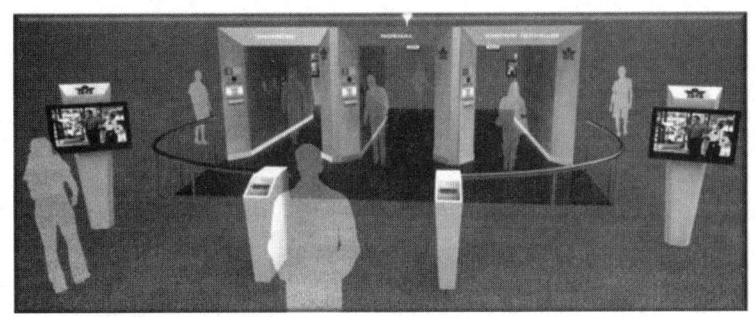

图9-11 未来的机场安检

(二)垃圾分类投放系统

近年来,国家大力倡导实行垃圾分类,各地的垃圾分类工作如火如荼开展,将不同种类的垃圾分开投放,根据垃圾的不同特点进行不同处理,实现资源的再利用,减少垃圾的堆积,保护环境,实现可持续发展。各地政府部门为垃圾分类工作投入了大量的人力、物力、财力,居民也积极配合,形成了良好的局面。

人工智能在垃圾分类中当然也有用武之地,利用物品识别技术,垃圾分类系统将自动分辨垃圾的种类,并把不同种类的垃圾自动投放到对应的垃圾桶中去,这样可以大幅减少垃圾分类中人力的使用,也让大家更方便地参与垃圾分类工作,更有利于垃圾分类工作的开展。

(三) 商业零售业

当你在某个地方看见一件很好看的衣服,你想在网上找到同款的衣服,可是找了很久都找不到,是不是很郁闷?现在你可以尝试一下淘宝的拍照购物,将你想购买的商品进行拍照,并将图片在淘宝的 App 里上传,就能找到同款式的商品啦!这就是智能物品识别在商业零售业中的一个小应用。此外,商品识别技术还能用于货架排面管理、无人超市、无人零售柜等场景。

图 9-12 淘宝拍照购物

小试牛刀

1. 下列不属于物品识别技术应用场景的是(　　)。
    A. 某无人超市,只要把物品放到摄像头下面,就可以自动识别物品并结账
    B. 某 App 可以通过照片或视频搜索相同的商品
    C. 某快递公司采用的快递自动分拣系统,根据条码判断快递的目的地
    D. 某 App 可以自动显示所拍摄的动物名称
2. 下列不是物品识别技术主要步骤的是(　　)。
    A. 图像预处理　　B. 特征提取　　C. 图像匹配　　D. 模型训练
3. 物品识别技术是(　　)技术的应用之一。
    A. 大数据　　　　B. 图像识别　　C. 语音识别　　D. 物联网
4. 特征提取的主要目的是什么?
5. 模型训练的主要步骤和作用是什么?

任务九　人工智能点亮现代城市

9.4　交通精细管理，提升出行效率

一、交通精细化管理

随着国家的发展，大家的生活水平在逐步提高，私家车的保有量也在飞速提升，于是堵车成了城市发展中的"阵痛"。造成堵车问题的原因有很多，车辆的增加、道路规划的不合理、道路建设的落后、交通管理的不足甚至城市发展的不均衡，等等。解决交通拥堵无法靠一朝一夕来改变，但是随着人工智能技术的发展，越来越多的城市选择通过人工智能来收集和分析交通、人口、企业等各种数据，为政府决策提供依据，从而影响道路规划决策、影响交通管理模式，进而减少城市的拥堵。

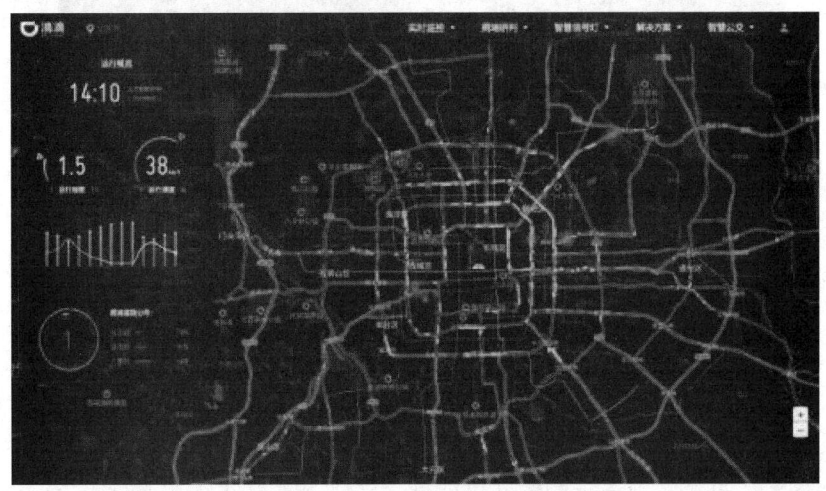

图 9-13　智慧交通实时监控平台

因此，交通精细化管理包含了市内或者城市间道路状况的实时监控和管理、拥堵治理和快速疏散、城市道路规划和建设决策管理、公共交通规划和建设管理等多个方面，是一种全方位、立体化的交通管理方式。随着交通精细化管理在越来越多的城市管理中被应用起来，我们相信，将来的城市交通将不会再像现在这样拥堵，出行的快捷程度和舒适程度都将得到提升。

二、治理拥堵

利用遍布道路的摄像头以及各种传感器，城市交通指挥中心的"大脑"，也就是交通管理系统可以实时获取路面上的交通状况，每条主干道的车流量都了然于心，一旦有道路发生拥堵，甚至只是发生了事故等异常状况，系统判断即将造成拥堵时，系统就自动计算解决拥堵的方案：控制各个路口红绿灯的放行时间；在各平台发送拥堵通知以及绕行方案，提示车辆绕开拥堵路段；导航软件获得信息推送，实时更改最优路线，避开拥堵路段。

因为人工智能的加入,使城市道路在机动车越来越多、负荷越来越高的情况下,仍能实现基本畅通。对于在拥堵路段的车辆,能尽快缓解拥堵,减少等候时间;对于未进入拥堵路段的车辆,可以帮助车辆提前避开该路段,节约行车的时间,提升了城市交通的运行效率。

图9-14 城市交通指挥中心

三、智能交通信号灯

大家可以先思考一下,路口的交通灯,两个方向的红绿灯时间是一样长的吗?这个时间是怎么决定的?通常来说,目前大部分路口交通信号灯的红绿灯时间,是根据经验提前设定好的,两个方向的放行时间可能相同,也可能不同,取决于两条道路车流量的情况。而遇到高峰时期,这个提前设定的时间可能就无法满足道路实际的通行需求了,这时候我们会看到,会有交警在交通信号灯附近手动控制信号灯,以实现快速通行。

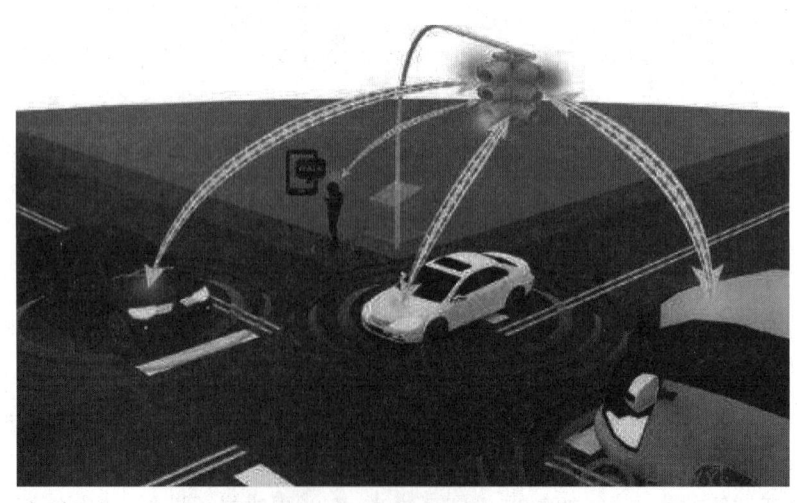

图9-15 智能交通信号灯

而随着人工智能技术的深入应用，今后更多的交通信号灯就不再需要交警手动控制了。每个路口都会有一套感知系统，这个系统可以感知路口每个方向的车流量，然后决策系统会根据各个方向汽车的积压情况，自动计算出最佳的通行方案，从而根据方案给出不同的红绿灯放行时间。随着技术的进一步发展，系统除了根据当前路口的车辆状况，还会参考其相邻路口的车辆状况进行综合决策，给出最优方案。

知识链接

高德"一路护航"功能惊艳亮相 120 急救车

近日一则与交通事故相关的新闻牵动了杭州市民们的心。在江干区东茂苑有一位女子被工程车撞倒了，情况非常紧急。好在 120 急救车在接到伤者后，只用了 8 分钟就从事发现场赶到了 5 公里外的邵逸夫医院，让伤者得到了最佳的救治。

市民们都知道，这条路日常行车需要耗时大约 15 分钟以上，而 120 急救车为何只用了一半时间就顺利赶到了呢？据新闻报道，当时行车之所以这么顺利，全都是因为司机在手机高德地图 App 中启动了"一路护航"功能。

"一路护航"功能是在杭州"城市大脑"升级 2.0 版本后的又一个全新突破。

原来，当司机启用了高德地图"一路护航"功能后，相关信息立刻就通过网络发送给了杭州市的"城市大脑"。而城市大脑则迅速与交警指挥中心进行联动，在不到 5 秒钟时间内即为该辆 120 急救车规划并推送了最佳路线。在急救车行进的同时，城市大脑与交警指挥中心互相协调，将沿途所有的路口的红绿灯，都调整到为该辆急救车放行的状态。

与此同时，城市大脑还会定位沿途所有私家车，并向司机发送语音通知，当司机们听到"杭州市交警提醒，为保障救护车通行，红绿灯可能临时调控，请谅解"这句话后，立刻就对情况心中有数了，焦虑不安情绪得到缓解，并以最快的速度主动为 120 急救车让出生命通道。高德地图"一路护航"功能和杭州市的城市大脑完美配合，为受伤市民的救治开启了名副其实的绿色生命通道！

图 9-16 杭州城市大脑

杭州的城市大脑，其实是一个以交通大数据为基础，用AI开放平台和应用服务平台打造的城市智能交通解决方案。杭州最早在2016年的阿里云栖大会上提出了城市大脑建设的构想，经过2年时间的探索，如今这个城市大脑已经发展到了2.0版本。它整合了杭州全市3400多路球机监控系统，能够对城市交通体系进行实时感知。在AI人工智能系统的支持下，城市大脑可以实时运算处理大规模全量多源数据，对城市交通状况进行全局协调。

有了城市大脑后，杭州现在全市的交通路网实时状况，每隔2分钟就会被自动扫描一遍。城市大脑已经能够自动发现并识别110种警情，各种紧急情况从被发现到报警只需要10秒钟，准确率高达95%以上，而且其中97种都能够闭环处理。城市大脑＋高德地图"一路护航"功能，这对完美组合已经成为杭州市民生命安全的守护者！

——《城市大脑不是空谈！高德一路护航功能惊艳亮相120急救车》，搜狐网，2018年12月21日

四、辅助决策

人工智能是治理拥堵的高手，但是相比拥堵后治理，如何避免拥堵是更为重要的工作。城市交通是一个综合体，包含城市道路系统、公共交通系统、地铁等交通参与者。每个城市都会有自己的道路建设规划、公交运行和调整规划、地铁建设规划等，这些交通基础设施的建设关系到城市未来交通的运行是否通畅，是否能满足城市居民的日常出行。

城市高架路线是如何确定的？公交线路的开通是如何确定的？是否需要建地铁，地铁线路和站点又是如何确定的？这些规划都是需要依据的，而这个依据就是根据过去若干年城市交通的运行状况以及城市的发展规划来进行预测的。人工智能的介入，使数据收集更为便捷和完整。人工智能系统可以根据过去若干年的数据，对未来的交通进行精准的预测，从而为政府的决策提供可靠的依据。

五、车牌识别

汽车牌照是全球唯一的对车辆身份识别的标记，只要读出车牌号，就能确定汽车的"身份"。各位同学应该都知道，车牌号是由文字、字母和数字的组合。车牌识别就是对文字、字母和数字的识别。它应用于地下车库入口、高速公路入口、道路监控等多种场合，大大节省了人力，提高了工作的效率。

车牌识别技术的主要步骤包括：①图像采集，即获取包含车牌的图像信息；②车牌定位，即确定采集到的图像中，车牌的所在位置，将不属于车牌的部分去除；③车牌字符分割，将车牌中的字符一一分开；④车牌字符识别，将分开的字符一个一个进行识别；⑤输出识别结果，将识别后的字符重新组合起来，并将识别的结果输出。

任务九　人工智能点亮现代城市

图 9-17　车牌识别系统

六、车型识别技术

如果说车牌识别只是对文字、字母和数字的识别,那么车型识别,就又涉及了物品的识别和处理了。这个过程和上一节讲的物品识别相类似,通过汽车的照片或者视频等信息,经过人工智能系统的识别,可以获取汽车的品牌、型号、颜色、款式、生产年份等信息。

图 9-18　智能车型识别

通过这些信息,可以实现拍照识车、拍照购车、拍照修车等功能。在路上看到心仪的车辆,拍个照就知道是哪个品牌、什么型号、车价多少、配置多少、4S 店在哪里等信息;如果是新手刚刚上路,通过拍摄汽车的照片,可以轻松获得汽车的使用说明书;当车辆发生故障,或者需要保养的时候,汽车厂只要拍个照片,就能了解车辆的型号、配件等信息。

七、电子警察

道路交通安全需要依靠大家自觉遵守交通规则,但是总有很多人不愿意主动遵守交通规则,闯红灯、超速等现象屡禁不绝,以前主要是依靠交警的巡逻和处罚加以规范,但是这种方式需要耗费大量的人力、物力,而且效率不高。而现在主要依靠电子警察来监控道路上的交通违法行为。

其实电子警察也不是一下子就发展到现在的水平的,早期的电子警察也是依靠人工来识别车牌的,自然工作量也不小,而且容易出错。现在的电子警察,利用车牌和车型识别技术,可以直接识别违章车辆的牌照,并在系统中进行记录。而随着车型识别技术的发展,电子警察除了可以识别车牌,还可以识别车型,并和系统中的数据进行比对,这样一些"套牌"车辆就无处遁形了。

图9-19 电子警察

小试牛刀

1. 下列不是车牌识别所需要识别的内容的是(　　)。
   A. 车牌颜色　　　B. 文字　　　C. 字母　　　D. 汽车品牌
2. 车牌识别技术是利用汽车的动态视频或(　　),进行车牌号码自动识别的模式识别技术。
   A. 视频图像　　　B. 动态图像　　C. 静态图像　　D. 以上都不是
3. 车型识别系统主要使用了人工智能中的(　　)技术。
   A. 图像识别　　　B. 语音识别　　C. 智能控制　　D. 智能决策
4. 什么是交通精细化管理?
5. 现代交通管理中,对于拥堵的治理是如何进行的?

9.5　智能出行,享受每一次旅程

一、智能导航

正如案例导读所看到的,说起智能出行,大家第一个想到的可能就是手机地图,例如百度地图、高德地图等。电子导航系统最早出现时,只有一些简单的功能,只能实现点对点的导航,甚至地图都需要定期更新,否则容易出现各种错误。如今,人工智能技术已经深刻影响到了手机地图的很多功能,例如地图的实时更新。当然,这有赖于移动数据业务的发展、流量费用的降低、4G甚至5G通信速度的提高,使地图不需要离线更新,而可以实时通过网络进行更新。

当然,人工智能在电子导航系统中的应用远远不止更新个地图这么简单,很多非常实用的功能被一个个开发出来。众所周知,驾驶员在驾驶途中看手机是非常危险的,如果要使用手机导航,必须在安全的地方将车停下后才能使用。但是,随着人工智能语音识别技术的应用,现在的导航软件可以使用语音唤醒,驾驶员只需要喊一个识别短语,就能唤醒手机地图,随后可以将需要导航的地点语音告知地图,从而,在驾驶员眼睛保持持续观察路况的情况下开启导航。再如,由于人工智能的应用,使地图可以获取路线上的实时路况,甚至可以预测路况,因此可以在导航时及时更新路线,避开拥堵路线,提

任务九　人工智能点亮现代城市

升驾驶体验。

值得期待的是，人工智能技术的不断发展，使各种新的应用场景被不断开发出来，将来的电子导航软件将更加智能，更加人性化。

图 9-20　智能导航

二、路线规划

作为一款地图软件，除了可以实现导航的功能，自然也能实现路线规划的功能，路线规划包括自驾、骑行、公交、步行等方式的规划。自驾路线的规划，可以根据使用者的要求，给出例如时间最短、路程最短、不走高速等选项；如果使用公交车出行的选项，则系统能根据要求给出时间最短、步行最少、系统推荐等选项，如果设定了出行时间，系统还能根据历史数据判断该时间段的最短路线；在有些城市，系统还能根据公交车的到站信息来判断等待时间，从而尽可能减少路上所需时间。

腾讯地图

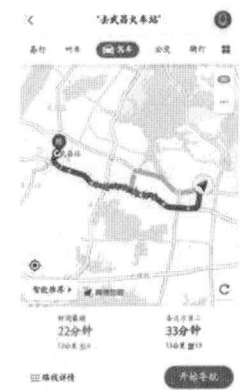
高德地图

图 9-21　智能路线规划

171

三、行程管理

除了导航、路线规划等功能,行程管理也是人工智能技术在智能出行领域的重要应用之一。系统可以根据用户的需求或者目的地,自动选择合适的交通方案,高铁、飞机、公交相互配合,形成一个完整的行程规划,系统可以推荐最合适的高铁班次、性价比最高的航班、合适的出行时间等,形成综合的方案提供给用户。

人工智能技术正在深刻改变着人们的出行方式,向着更智能、更便捷、更准确的目标,为人类带来更美好的未来。

图9-22 手机里的行程管理

小试牛刀

1. 智能导航有哪些功能?
2. 智能出行的App是如何进行行程管理的?

9.6 自动驾驶,让出行更安全

一、自动驾驶的概念

自动驾驶又被称为无人驾驶、电脑驾驶,主要指自动驾驶机动车,包括汽车、地铁等交通工具。它们是一种通过电脑系统实现自动驾驶的交通工具,主要依靠人工智能、机器视觉、雷达、监控装置和全球定位装置等系统协同工作,让电脑在没有任何人类主动干预的情况下,实现机动车辆安全、平稳的运行。

自动驾驶可以极大程度地节省人力成本,交通工具可以不需要驾驶人员,只需要有若干个管理和维护人员,对车辆进行实时监控,确保安全稳定运行就可以了,这可以进一步降低大家的出行成本。

二、自动驾驶的主要技术

自动驾驶车辆要在道路上实现安全行驶,除了需要行车电脑(相当于汽车的大脑)的控制外,还需要很多模块协同工作,密切配合才可以实现。从大类上来分,主要包括环境感知模块、行为规划模块、车辆定位模块、控制与执行系统模块、高精地图与车联网模块五大模块。

环境感知模块主要是指车辆感知车身周围环境的系统,包括车道识别、周围车辆识别等,它的主要技术路线包括利用摄像头进行图像识别的方法,以及利用雷达和传感器进行识别的方法。

行为规划模块是指车辆在行驶过程中所需要具备的相应行为,包括车道保持、车道变

任务九 人工智能点亮现代城市

图 9-23 自动驾驶

更、路口直行、路口转弯、掉头、绕障、智能启停、自动泊车等驾驶行为,这些行为的有序排列和有效衔接,才能实现车辆的自动驾驶。

车辆定位模块主要实现对车辆当前位置的感知,主要包括卫星定位、地面基站定位和视觉感知定位。在空旷的路面自然可以采用卫星进行定位,但是在隧道等无法收到卫星信号的路段,就需要视觉感知等方式进行定位了。

控制与执行系统模块是自动驾驶车辆的主要功能模块,它控制着车辆的启动、停止、前进、后退、加减速等基本功能,也对车辆的运行状况进行实时监控,并且模拟驾驶员的行为操作。

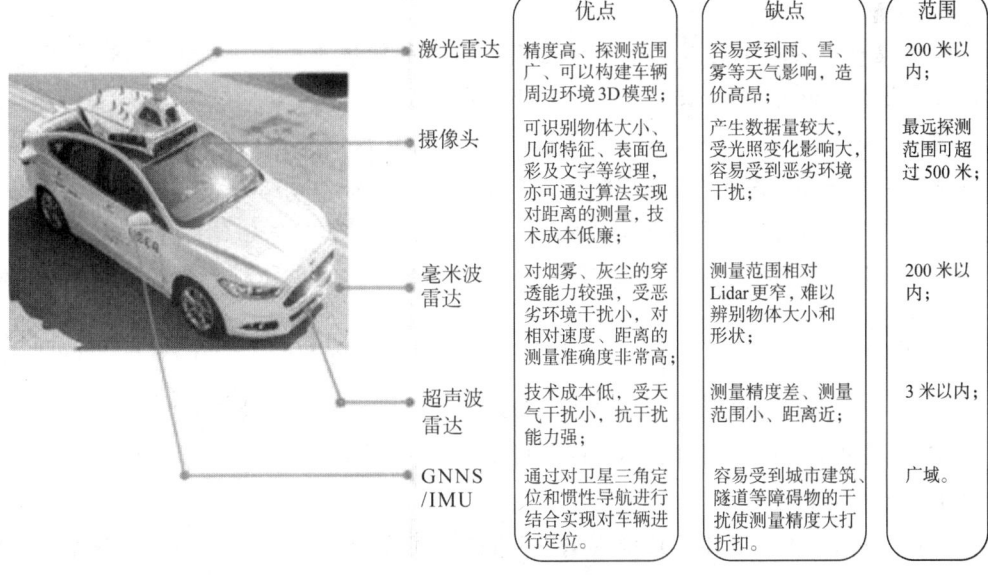

图 9-24 常见车载环境探测传感器

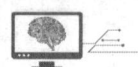

高精地图与车联网模块除了可以实现路线、行程的规划，还可以自动获取路面上的交通状况，以实现躲避拥堵，选择最优路线等功能。

三、自动驾驶的安全性

说起自动驾驶，大家最关心的首先就是安全问题，无论汽车也好，地铁也好，自动驾驶交通工具真的能保证交通的安全吗？出现意外怎么办？

在本节最开始的案例中，作为试点无人驾驶公交车，其采用的是安全员代替驾驶员的做法，安全员无需做任何操作，一切驾驶行为都是自动行车系统在进行，安全员只需要监控车辆运行是否正常，并及时处理异常就可以了。同样的道理，飞机在天上平飞的过程中，飞行员也不需要对飞机进行操控，飞机上的自动驾驶系统同样可以让飞机安全平稳地运行，飞行员此时也只是对飞机的运行进行监控。

自动驾驶交通工具主要依靠具有人工智能算法的系统来对危险进行识别，这是自动驾驶的大脑，它还需要很多摄像头、传感器、雷达等，以识别当前的车道、车身周围，特别是车身前后的车辆距离和速度等信息。当然，一种安全设备存在故障的可能，但是多种设备协同工作后，故障率可以得到有效降低。我们可以做一个简单的计算，假设某个传感器的故障率是0.1‰，那么如果同时有3个传感器，它的故障率就变成了十亿分之一。因此，自动驾驶车辆依靠人工智能系统和多种传感器协同工作，来保证车辆运行的安全。

知识延伸

无人驾驶的等级划分

SAE是一个创立于美国但在全球范围活跃的多领域工程学专业技术组织、标准组织。主要负责领域是汽车、航空和商用车辆等运输行业。

热衷于制定技术标准的SAE，在英国、印度等地均设立了附属机构。SAE的技术标准文件不具有任何法律效力，但有些时候美国高速公路安全管理局和加拿大交通部都会将其用作参考。而我们今天讨论的无人驾驶技术的L级别，就被包含在其中。

SAE将汽车自动化的程度分为了6个等级，也就是我们常看到了L级别。每个级别的描述如下：

L0：无自动化，完全人工驾驶。

L1：自动化系统可以在某些时候可以帮助驾驶员完成某些驾驶任务。

L2：在驾驶员监视周围驾驶环境的前提下，自动化系统可以完成一部分驾驶任务，并由驾驶员完成剩余的部分。

L3：自动化系统可以自我监视驾驶环境，并且完成一部分驾驶任务。但驾驶员必须时刻监督，并随时准备手动处理任何突发情况。

L4：自动化系统可以在特定环境下独立完成驾驶任务，整个行驶过程不需要人类采

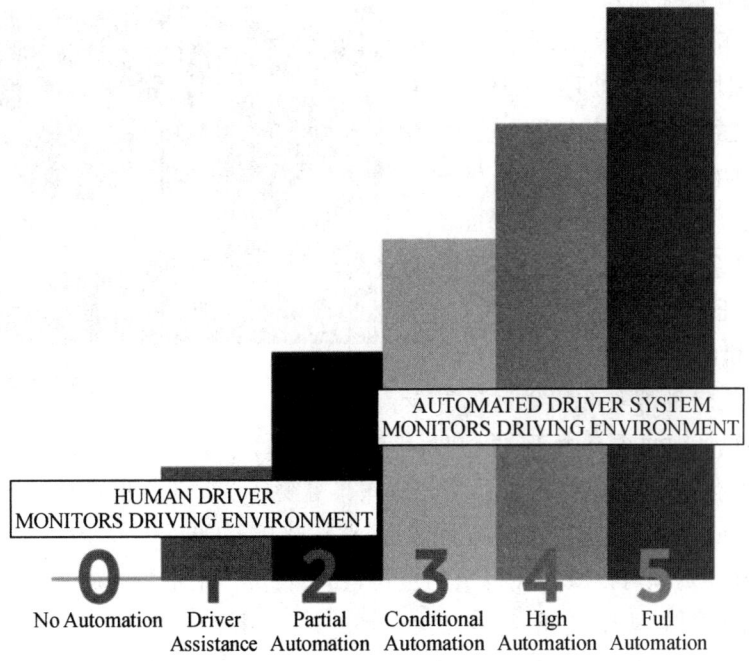

图 9-25 自动驾驶安全等级

取任何措施。

L5：自动化系统可以独立完成，驾驶员可以完成任何的驾驶行为。也就是我们认为的自动驾驶。

由上面的分类可以看出，真正的自动驾驶要在 L3 及以上级别，其他级别都不是真正的自动驾驶。

四、自动驾驶的应用

（一）自动驾驶汽车

说起自动驾驶，大家第一个想到的就是自动驾驶汽车，也叫无人驾驶汽车，未来可能大家接触最多的自动驾驶就是这些无人驾驶的公交车、出租车甚至私家车等。当然，自动驾驶难度最大的，可能也是自动驾驶汽车，因为道路情况千变万化，需要处理的突发状况特别多，需要系统能够及时应变。

（二）自动驾驶地铁

自动驾驶地铁，主要优势体现在三个方面：首先，更准点，效率更高；其次，运行速度更稳、更安全；再次，司机脱离繁忙，更灵活调配列车。目前，北京、上海、广州等地均已有自动驾驶地铁车辆开通。而更多的自动驾驶地铁线路正在建设中，例如苏州的轨道交通 5 号线，是江苏首条无人驾驶地铁。此外，全国还有近 40 条无人驾驶线路正在建设中。

国际标准按照轨道交通自动化程度，定义了自动驾驶的 5 个等级，自动化程度从低到高为 GOA0—GOA4。GOA0 须由人工进行进路确认，列车行驶、对行车轨道和乘客上、下车监控，没有系统介入。GOA1 为完全人工驾驶，列车的启动、停止、车门开关及突发情况处理均由司机处理；GOA2 是半自动驾驶，车辆的启动、停止是自动运行，由司机控制车门的开关以及处理突发情况；GOA3 是自动驾驶，但是列车会配备一名司乘处理紧急情况；GOA4 是完全自动运行，不需要任何工作人员参与。

图 9-26　无人驾驶地铁

(三) 飞机的自动驾驶

其实，飞机自动驾驶的出现远远早于汽车的自动驾驶，这主要是由于飞机和汽车面临的运行环境是不一样的。飞机在平流层飞行时几乎没有障碍物，因此其自动驾驶比汽车容易许多。飞机的自动驾驶可以实现保持飞行方向、保持飞行高度和速度、航路跟踪、路线选择等功能。

飞机的自动驾驶可以减轻飞行员的负担，让飞行员集中精力完成其他与飞行安全相关的工作，例如导航、观察交通、与塔台沟通等。并且，由于自动驾驶的存在，可以减少飞行员的体力损耗，特别是长途飞行，可以让飞行员将更多体力分配到起飞和降落这样比较危险的阶段，从而最大限度地保障飞行安全。

图 9-27　自动驾驶的飞机

延伸阅读

苏州无人巴士上路

说到无人驾驶的巴士，很多相城区的居民并不陌生。

7月3日，高铁新城夜经济品牌"枢纽活力城、高铁时尚夜"发布仪式的当晚，就有不少市民上车体验了约1.5公里长路程的无人小巴。

今天，香橙君就带来了好消息！高铁新城即将为市民提供无人小巴体验线路，市民通

过手机预约就能体验,而且有多个站点停靠。不仅是体验黑科技,更能真正方便新城居民的出行。

在7月11日下午举行的"智联世界·驾驭未来"长三角G60科创走廊智能驾驶产业发展大会现场,苏州市相城区Robo-bus市民体验线路现场发布,而首期就落地在高铁新城!

此次即将投入供市民体验的Robo-bus叫作"轻舟无人小巴"(QCRAFT),其车辆和技术方案均由今年1月签约落户高铁新城的苏州轻棹科技有限公司(轻舟智航)提供。

图9-28 苏州无人驾驶巴士

这辆L4级自动驾驶小巴的外观不同于常见的小巴车,其外形更具时尚科技感,车内空间宽敞明亮,32寸大屏实时展现行驶中的周边环境感应画面。

走下公交、地铁等公共交通工具后,离目的地还有段距离,这一体验路线的开通,就可以解决居民出行这最后1—3公里的难题!

——名城苏州网,2020年7月12日

小试牛刀

1. 自动驾驶汽车有哪些等级?分别是什么含义?
2. 实现自动驾驶技术,需要哪些模块协同工作?
3. 自动驾驶的安全性要如何保证?

9.7　智慧社区，让家更温暖

一、智慧社区

服务是智慧社区的核心，通过创建智慧社区，可以为社区居民创造幸福美好的生活。例如，当发现小区里的灯不亮了，或者垃圾没有及时清理，在过去，我们会打电话给物业或者找管家，然后物业再安排人来清理。但是现在，我们只需要在手机 App 上点一下报修，物业就会安排人来维修或者清洁了。有客人来家里，以前需要保安电话里询问业主后放行，现在只要在手机上动动手指，就能申请访客二维码，客人利用二维码就可以直接进入小区，免去了询问和等待的时间。

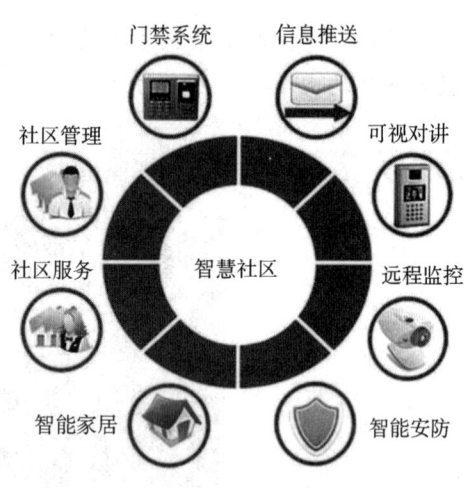

图 9-29　智慧社区

因此，智慧社区是指通过利用各种智能技术和方式，整合社区现有的各类服务资源，为社区群众提供政务、商务、娱乐、教育、医护及生活互助等多种便捷服务的模式。从应用方向来看，"智慧社区"应实现"以智慧政务提高办事效率，以智慧民生改善人民生活，以智慧家庭打造智能生活，以智慧小区提升社区品质"的目标。

二、智慧社区的系统架构

智慧社区的系统架构主要包括基础设施与感知单元、网络单元、数据处理单元、平台单元和应用单元。

基础设施与感知单元是智慧社区的基础，基础设施是指建设社区的建筑、车、器材等数据实体，感知单元是指对各种数据的采集、监测和控制；网络单元是指将感知单元的数据进行连接的通道，是智慧社区的支柱；数据单元是指将采集到的数据上传到数据中心，并进行分析和处理，从而实现信息化和智能化的单元；平台单元是指对感知功能进行应用支持的平台，以及社区内部与外部交流对接的平台；应用单元是指面向最终用户的应用系统，用来满足用户的各项需求。

三、智慧社区如何改变我们的生活

（一）智慧物业管理

对小区居民来说，在小区里接触最多的，除了邻居，就是物业管理人员了。物业公司的管理效率一方面影响其自身的盈利能力；另一方面也影响居民对物业公司服务的评价。

利用智慧社区建设，物业公司可以利用信息化手段，包括微信、客户端、小程序等渠道，方便地获取居民的报修、保洁、表扬、投诉等信息，并提高处理效率；可以利用App方便居民缴纳物业费、水电煤气等费用，提升用户体验；此外，还可以进行访客管理、组织活动、发布公告等。

知识延伸

绿城物业打造"智慧社区"

缴物业费，你还要亲自去小区物管？家电出了问题，给物管打电话报修？家中饮用水没了，是不是还要找送水公司？社区公告，你是不是又没看到？

随着移动互联技术的发展，众多的杭州本土房企依托物业，纷纷瞄准移动互联网为基础的物业服务模式，以求在传统的物业管理费用之外，通过平台开展增值服务带来长期的利润，实现由开发向服务的模式转型。

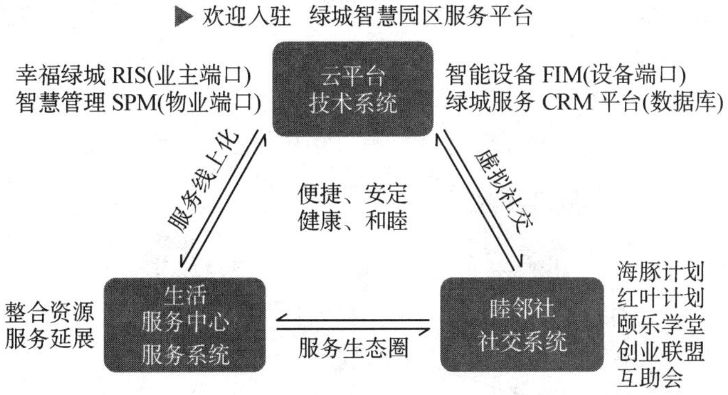

图9-30 绿城智慧物业服务平台

日前绿城服务集团在全国业主代表大会上，推介了绿城服务旗下的一款"幸福绿城"App，这款研发上线已近1年的App，正在绿城物业服务的众多社区里大范围地推广和使用。

打开绿城物业的"幸福绿城"App可以看到，其中功能几乎涵盖全部传统物业的服务内容。"每位业主只要通过App，就可以轻松了解到小区的最新信息和公告，可以随时报修、提建议、投诉，可以随时购买桶装水和粮油米面等生活品，并获得上门配送服务，还能找到家政、洗衣、外卖、购物、旅游等其他日常服务内容，并能实现线上下单甚至支付，能极大地方便小区住户。"绿城物业服务集团常务副总经理吴志华介绍说，物业App系统将移动互联网技术运用于传统物业服务，搭建业主与物业企业间即时沟通的桥梁。

近一年来，"幸福绿城"App已分阶段在200多个小区推广，拥有了近5万的注册用户，占入住业主数的50%以上。"我们将整合更多资源，开发更多服务模块，例如酒店预约、金融、代驾与租车等，为业主提供更细致更贴心的服务。"绿漫科技公司总经理陈昂介绍，未来"幸福绿城"App功能将更为强大，将充分利用物业公司在服务业主方面的巨大优势,开展社区 O2O 服务,将线上和线下进行完美的结合。譬如,物业公司会整合基于小区 1 公里范围内的实体商店服务,并与电商、物流公司形成联盟组建独立的 O2O 生态,建立会员体系。在物业管理平台的干洗店、零售店、快递公司、理发店、餐饮店开个年卡,也将有机会抵扣物业管理费。有了利益联盟,物业公司也更乐于积极主动地提供多样化的综合服务,并通过服务质量来争取最大化的收益。更为关键的是,新型物业公司未来还将是一家整合互联网金融服务的公司,为家庭提供理财、融资、借贷、投资等系列化的金融服务。如果购买物业公司稳健型的理财产品,达到一定额度,"零物业费"的梦想一定会照进现实。

——《杭州日报》,2015 年 3 月 4 日

(二)电子商务服务

对于智慧社区来说,电子商务是指让大家足不出户就能购买到所需商品。这在平时可能作用不算特别明显,但是在 2020 年年初新冠肺炎疫情爆发,全国人民被隔离在家的时候,通过电子商务购买商品,并及时送到大家的家中,保障了大家的基本生活不受影响,减少了人员流动,维护了社会稳定,为减少疫情的扩散,保护大家安全和健康做出了巨大的贡献。

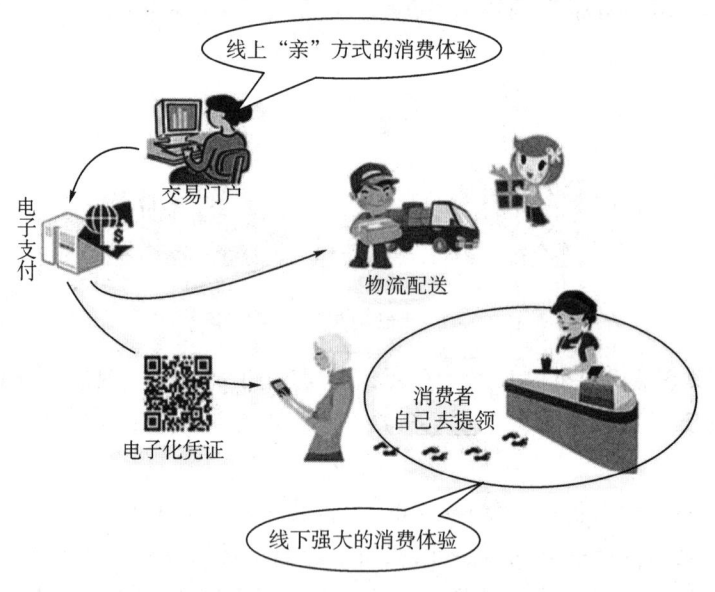

图 9-31 社区电子商务服务

(三)智慧养老服务

老年人居家养老,是我国社会的主流养老模式,对于在自己家里的老年人,特别是独居老人,无论是亲友也好,还是社区工作人员也好,都会特别关注他们,身体好不好,吃饭问题怎么解决这些最基本的民生问题。智慧养老就是要解决这些问题。利用摄像头、传感器等监控老人在家里的活动状况,遇到问题及时发出报警并进行干预,可以第一时间保障老年人的生命安全;对于部分老年人,可以通过手机进行订餐,获取社区准备安全放心

的午餐、晚餐，让子女放心，政府方便管理。

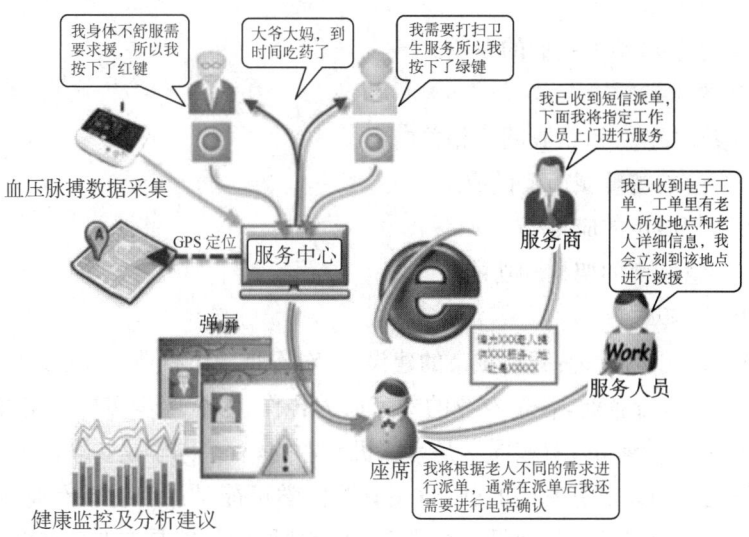

图9-32 智慧养老服务

（四）智能家居服务

智能家居也是智慧社区的组成部分，主要可以实现远程控制家里的电器设备、语音控制、远程监控、自动控制等功能，实现舒适、安全、便利、环保的居住环境。

图9-33 智能家居服务

小试牛刀

1. 什么是智慧社区？
2. 智慧社区的系统架构是什么样的？
3. 智慧社区的应用场景有哪些？

思维与操作实训

头脑风暴：智慧城市和我们的专业。

1. 实训目的

在开始本实训之前，请认真阅读相关内容。

（1）了解当前的智慧城市建设成果。

（2）了解智慧城市的应用场景。

（3）了解智慧城市的架构和功能。

2. 实训内容与步骤

开展头脑风暴小组讨论：智慧城市的建设，绝对不是一个行业、一项技术、一群人就可以实现的，它需要各行各业，各个专业的专家通力合作，才能逐步实现和完善其功能。有些同学是电子、通信专业的、有些同学是计算机专业的，有些同学是物联网专业的，这些专业当然和智慧城市的建设有紧密的联系；还有些同学可能是酒店管理专业、物流专业等，这些专业其实也与智慧城市的建设存在联系；还有些同学可能是农业类专业的，这些专业当然也需要积极参与智慧城市的建设。请各位同学仔细思考：我们的专业在智慧城市的建设和发展中处于什么地位？我们可以怎样让自己参与智慧城市建设的浪潮？

【实训总结】

【教师对实训的评价】

人工智能打造智慧商业

案例导读

京东的首个无人仓库也是全球首个全流程无人货仓，坐落于上海市嘉定区的仓储楼群，总面积4万平方米。整个物流中心包括四个作业系统，分别是：收货、存储、订单拣选和包装。仓储系统有8组穿梭车立库系统组成，可同时存储商品6万箱。整个无人仓分为三个主要区域：入库＋分拣＋打包，仓储区域和出库区域。

京东无人仓库有哪些"黑科技"呢？

1. 智能控制系统

无人仓中，操控全局的智能控制系统，为京东自主研发的"智慧"大脑。仓库管理、控制、分拣和配送信息系统等均由京东开发并拥有自主知识产权。无人仓的智能大脑在0.2秒内，可以计算出300多个机器人运行的680亿条可行路径，并做出最佳选择。智能控制系统反应速度为0.017秒，许多心理学专家对人的生理反应时间做过实验，结果都测得大于0.1秒，也就是说，无人仓智能大脑的反应速度是人的6倍左右。

2. 无人分拣机器人——小红人

在出库区域，大大小小类似扫地机器人的AGV（物流行业的自动分拣运输机）各司其职：最小型的300多个"小红人"AGV负责将每个订单小包裹按照订单地址投放入不同的转运包裹中，中型AGV完成第二轮分配和打包，大型AGV则直接把最后要送往京东终端配送站点的大包裹送上传送带。而传送带直接从库房内延伸至库房外的运输车上。再接下来，就是运输车与终端配送人员的合作，把包裹一个个送到消费者手上了。

在这个过程中，最亮眼的莫过于300多个"小红人"的密切配合：它们在广阔的分拣区域内背着商品往来穿梭，运行速度为每秒3米，这是全世界最快的分拣速度。同时，"小红人"所有的路线都由计算机控制自行选择，"小红人"会互相避让；如果发现电量低了，它们会自动挪到墙上的充电桩上充电——10分钟充电，可以工作4小时。此外，"小红人"还会根据分拣量大小，自行计算是"靠墙休息"还是驶上分拣场进行工作。

3. 机械手

在货物入库、打包等环节，京东无人仓配备了3种不同型号的六轴机械臂，应用在入库装箱、拣货、混合码垛、分拣机器人供包4个场景下。

4. 全自动打包系统

京东物流在无人仓的规划中,融入了大数据和云计算技术,利用大数据精确推荐包材,可以实现全自动体积适应性包装,不浪费1厘米材料,以缓解人工打包中出现的"小商品大包装"或者"大商品小包装"造成包装过度或者纸箱破损的情况。在测量环节利用阳合仓储网中的传感器技术,传感器测出大小、体积后,计算机"大脑"便能判断出选用多大的包装去盛放。

5. 订单挑选作业系统

在分拣场内,京东引进了3种不同型号的智能搬运机器人执行任务;在5个场景内,京东分别使用了2D视觉识别、3D视觉识别以及由视觉技术与红外测距组成的2.5D视觉技术,为智能机器人安装"眼睛",实现了机器与环境的主动交互。

——《京东无人仓库在哪?揭秘京东无人仓里的"黑科技"!》,物联云仓,2018年10月19日

10.1 人工智能与新零售

近年来,在国家政策的大力扶持和业内企业的不断努力下,零售业持续良好发展势头,市场规模持续扩张,经济效益显著。就零售商业而言,线上线下融合的"新零售"业态,有望成为互联网时代下零售业变革主要方向。在新的消费理念下、新的零售时代下、新的生态系统中,实体零售企业应当创新转型。

一、新零售的内涵

新零售是一种以互联网为依托,通过运用大数据、人工智能等先进技术手段,对商品的生产、流通与销售过程进行升级改造,进而重塑业态结构与生态圈,并对线上服务、线下体验以及现代物流进行深度融合的零售新模式。新零售的本质是对生产、销售、物流等环节的重塑,实现线上线下的深度融合和相互引流,人工智能对新零售的效率提升发挥至关重要的作用,有望引领第五次零售行业变革。

目前新零售的典型业态有无人零售(包括无人货架、无人便利店等)、无人与有人相结合的智慧门店、新型生鲜超市、以体验为主的新消费场景等。新零售之所以被各地政府和企业关注,除了新模式、新物流、新消费等多重机遇的叠加因素之外,最主要的一点就是人工智能、大数据等新技术在商业零售领域的应用,正在彻底改变传统零售方式甚至整个流通方式,从而给互联网时代新经济带来无限想象和发展空间。

任务十 人工智能打造智慧商业

> **知识链接**

"无感支付"便利店

情景剧《老娘舅》剧中的人物角色阿庆,有句经典台词"超市是你家,东西随便拿"。当年的滑稽经典片段现如今却变成了现实。进店扫描关注小程序,选择自己心仪的商品,然后走出店就可以了,这是位于上海虹口区的全国首家采用人工智能及5G技术的无感支付便利店。听起来很炫酷吧,这个名叫"爱趣拿"的连锁店铺,在当地政府的全力支持下,已于2019年8月运营,它的出现代表着人工智能新零售的脚步离我们越来越近了。当我们到"爱趣拿"连锁便利店时,除了惊讶于店铺有特色的名字外,其他并无过多的装饰设计,乍一看就是一个普通的连锁便利店。走入店内,总面积不过100平方米,这里的货品基本都是基础的食品类、饮品及简单的生活用品,价格也和一般的连锁便利店相差不多。但它却是5G和AI、红外感应、互联网技术及手机支付技术的集成,不到100平方米的店内遍布着50多个超清智能化拍摄头,根据人工智能技术AI视觉剖析随时随地追踪入店消费者的行动轨迹,在仓储货架上配有控制器,如果货物被取走,仓储货架控制器便产生统计数据转变。在离店的时候,要是那件货物"陪你"出来了,就算是被扔出去或是放包里,对应的账款也会在关联账户上全自动扣费。

人工智能技术+大数据,重新定义了人们的购物方式,将传统商店升级为高度数字化、智能化、无需人工收银的智慧商店。

二、人工智能实现零售业"人、货、场"的优化重构

新零售是互联网、大数据、云计算、物联网、人工智能等新技术叠加应用于商业领域而形成的商务服务新模式,是智慧零售、智慧物流与智慧支付三重体系的融合。它重构了零售系统中"人、货、场"三要素的结构关系,正深刻地改变着人们的消费观念、消费模式和消费体验。在传统的零售中,"人、货、场"的次序是这样的:首先有一个产品(货),然后去寻找一个渠道(场),再将产品卖给消费者(人)。而新零售是以消费者体验为中心的数据驱动的泛零售形态,商家对于用户的认知无限趋近于用户的内心需求。商家根据用户(人)的需求,推送产品(货),并为用户打造消费的场景(场)。

相比于传统零售而言,新零售最大的特点是零售功能发生根本性变化:一是从传统的出卖实物产品为主逐步转向出卖生活服务为主;二是定制模式的广泛应用,即从先生产后销售的B2C模式为主逐步转为先销售后生产的C2B模式;三是销售全渠道,即鼓励企业整合线上、线下和移动渠道,合力打造全渠道以推动价格消费向价值消费转型,用新技术促进零售业态重组。

三、人工智能赋能门店最优配置及智能化管理

传统零售行业除了会员卡以外,缺乏有效的手段理解消费者的需求和习惯。人工智能

通过对线下客流的实时监控,动态识别门店中人流密度并绘制热图,从而计算出最受欢迎的商品和服务,正确理解消费者的购物习惯和兴趣。通过数据计算,人工智能能够实时调整线下实体店的运营设置,使其始终处于最优配置状态,动态实现人、货、物三者的平衡。

在门店管理上,传统的大型连锁零售企业需要对全国上百家门店进行管理,传统管理方法效率低下。通过引入人工智能,零售店的员工可以完成精准营销,管理者可以查看全国各家门店的数据概览,通过经营数据找出销售不佳的门店。使用远程巡店功能,直接查看各个门店的经营管理、陈列、卫生、服务等情况,并对优劣门店进行实时对比。通过人脸识别技术精准统计出客流数据,并结合门店销售数据,让管理者进行有效的经营状况和VIP顾客喜好分析。

知识链接

互联网巨头携手零售商,借助人工智能重塑零售行业新格局

随着腾讯、京东等互联网巨头大举切入线下零售,依托其海量数据积累、超强的数据分析与计算能力,率先实现了如盒马鲜生、7Fresh、超级物种等智慧零售业态的落地。这些业态融合了购物与餐饮,在满足顾客互动式消费需求的同时,有效增加了单客留店时长,实现了二次挖掘商品价值,成为人工智能应用在新零售业态上的有益尝试。

以盒马鲜生为例,它是以数据和技术驱动的新零售平台。盒马希望为消费者打造社区化的一站式新零售体验中心,用科技和人情味带给人们"鲜美生活"。盒马鲜生以无现金支付获取用户精准数据,从而实现精准营销。电子价签和移动手持终端FDA搭配物流,实现前后端高效流转。除龙虾、螃蟹等以鲜活为卖点的水产品外,盒马将蔬果等产品包装销售,基于电子价签实现线上线下同价。通过对消费者购买力、偏好、习惯等数据的分析,线下门店实现优化提效,最大限度挖掘消费潜力。同时培养用户的App使用习惯,将门店的良好购物体验与线上渠道绑定,放大辐射范围,购物期间产生的数据将为盒马精准营销、精细化经营做出贡献。

盒马鲜生的口号是"手机App下单,最快30分钟送达",盒马鲜生之所以能做到30分钟送达,关键在于其店内的轨道式拣货系统。生鲜配送收到请求后,移动手持终端FDA上显示相关信息,工作人员只需按接照收到的编码在超市货柜中拣货,然后将商品装袋后经传送链运送至快递部门。一般情况下,顾客下单到货物进入传送区不超五分钟,高效的数据传导链条是盒马30分钟配送承诺的重要支撑。

小试牛刀

1. 新零售最大的特点是什么?(　　)

　　A. 零售功能发生根本变化

　　B. 沿用传统的"人、货、场"三要素的结构关系

　　C. 实现无人销售

2. 盒马鲜生使用什么样的拣货系统？（　　）
   A. 轨道式拣货系统　　B. 分单合单拣货系统　　C. 一单到底拣货系统

10.2　人工智能与商业机器人

商业机器人，顾名思义主要是指运用于商业服务领域的机器人，根据行业用途可分为多个类型，如为银行服务的金融机器人、为餐厅服务的送餐机器人、为展厅和购物中心服务的导购机器人和迎宾机器人、为政务服务的政务机器人等。

目前，我国商业智能服务机器人的典型代表有中智科创智能服务机器人、沈阳新松餐厅服务机器人、科沃斯商用服务机器人、哈工大迎宾机器人等。商业服务机器人已成功实现替代或辅助人工作业，降低企业人力成本，提高管理效率。

一、送餐机器人

当下，想必许多人对餐厅送餐服务机器人并不陌生，可自动完成点餐、送餐、结账等服务，无需人工干预，提供餐厅内控位管理信息、娱乐互动内容、业务推广等多项服务。从运动方式来看，目前送餐机器人有两种类型：一种是带磁条轨道的，机器人沿固定轨道行走。一种是隐形轮自主行走，不需磁条轨道，不需磁条的送餐机器人可应用于更多场合，可自主避障，自主充电，灵活性更高。代表品牌有哈工大服务机器人、沈阳新松智能服务机器人、昆山穿山甲等。

知识链接

送餐机器人

2018年10月28日，海底捞全球首家智慧餐厅开业，引进由擎朗智能定制的送餐机器人，此举在中国的火锅行业掀起了一场智能化革新。送餐机器人担任餐厅传菜员一职，后厨装盘完成后，直接将餐品放在机器人的托盘上，选择桌号后，机器人就将根据最优路线进行配送。据统计，一台送餐机器人单日配送托盘数超过300盘，高峰期能达到450盘以上，使传菜效率得到极大程度的提升。目前，送餐机器人已落户100多家海底捞门店。

除了海底捞以外，巴奴毛肚火锅也出现机器人上菜服务。在巴奴概念餐厅里，三台送餐机器人相互配合工作，配送工作有条不紊地进行。机器人还吸引了孩子以及众多顾客的目光，收获了一大批抖音、小红书、美食博主及食客的良好口碑。

通过机器人提升顾客体验，巴奴毛肚火锅再一次在火锅行业这个逐渐饱和的市场中脱颖而出。

图 10-1 送餐机器人

除了火锅品类,送餐机器人在中餐品类也落地无数。在杭州新白鹿餐厅,送餐机器人在传菜口列队待命。接到传送任务时,自动上前调整至最佳角度,方便服务员将菜品放在餐盘上,按下 UI 广告屏对应的桌号后,机器人就出发送餐了。据餐厅老板介绍,机器人传菜员上岗短短一个月的时间,新白鹿餐厅在美团点评的好评率翻了一倍,全部含有"机器人"关键词,更有甚者是被机器人吸引专程而来。

二、智能客服

智能客服又称智能机器人,伴随 AI、5G 等新技术的商业化落地,客户服务场景发生了多元变化。研究指出,机器客服正在以 40%—50% 的比例代替人工客服工作。智能客服系统是一种面向行业的基于大规模知识处理的自动问答系统,它涉及大规模知识处理、自然语言理解、逻辑推理等技术,为企业与海量用户之间的沟通提供了一种有效的技术手段,同时还为企业提供了精细化管理所需的统计分析信息。

图 10-2 智能客服

智能客服机器人可以有效降低人工成本、优化用户体验、提升服务质量,甚至可以最大程度挽回夜间流量,帮助客服解决重复咨询问题。数据显示,截至2020年,超过80%的零售行业的消费者互动都由人工智能来完成。

知识链接

智能客服机器人的核心技术

1. 通过人工客服日常积累的问题集,为智能客服建立一个高质量、高扩展性的语料库,并在此基础上通过各种渠道获取尽可能多的行业问答知识,从而形成丰富的语料库。客服机器人从语料库中寻找答案,语料库覆盖面越广意味着机器人可以回答的问题越多。

2. 用户所提的问题通常都是非标准化的,同一问题的问法多种多样,因此必须将各种形式的问题归一化,以便与知识库中的标准问法匹配。

3. 在大型语料库中快速高效地检索出正确的答案。

以上三部分不仅涉及了比较多的前沿技术(如机器学习、自然语言处理、搜索技术),还需要进行工作量巨大的基础性建设(如语料库建设、语义知识库的建设),此类库的规模和质量往往决定了客服机器人的智能水平。

三、导购服务机器人

机器人导购对消费者而言早已不是新鲜事。机器人销售员的优点很明显:成本低、增加用户购物过程的趣味性,从而提升销售额。导购机器人已大量应用于商场、购物中心、连锁商店等场合,可实现物品查询、导购和交互体验,给消费者提供不一样的导购体验。

导购机器人可以实现的主要功能有:

(一) 导购咨询及引导

导购机器人可以承担许多简单重复的基础业务,如迎宾接待、问题咨询、商品导购、智能排队取号等。同时,利用语音、视频、图片等方式为消费者提供准确的位置引导,甚至可以通过机器人实现移动支付。

(二) 营销推广

导购机器人作为科技感十足的"吸睛体",可化身为"推销大师",在人机互动体验过程中,可适时对品牌开展促销推荐及扫码吸粉。相比传统的人为推销,顾客更愿意接受机器人的推荐,从而大大提高成功率。

(三) 娱乐互动

在购物中心,机器人可以发挥无障碍交流特性,与顾客进行趣味性娱乐互动,如智能幽默对话、小游戏、知识问答等。此举为顾客带来愉悦美

图 10-3 导购服务机器人

好的购物体验,提高顾客黏性,带动商场消费人气,拉高消费频次。

四、迎宾机器人

迎宾机器人是集语音识别技术和智能运动技术于一身的高科技展品,绝大部分迎宾机器人为仿人型,在身高、体形、表情等方面都力争做到与人类逼真。迎宾机器人内置计算机语音处理系统,含自然语音库和行业专业语音库,可以无障碍地与宾客或来访者进行交流沟通,提供智能精准回复。

迎宾机器人可以实现的主要功能有:

(一) VIP 迎宾

支持人脸识别,可辨别新老顾客并做出相应的迎接。当宾客经过时,机器人会主动打招呼并播报欢迎语、欢送语。

(二) 引导带领及产品讲解

客人语音交互后,机器人会带领客人到达指定地点,完成后返回起点。迎宾机器人可播放音频讲解、图片、视频等形式的广告或相关宣传内容,增加宾客的参与性、娱乐性,产生良好的互动效果。

(三) 业务办理

迎宾机器人还可以定制查询、预约、业务结算等工作,如酒店自主入住、银行业务咨询、政府机关业务预约、医院到诊和导医、模拟营业厅的大堂经理、商场促销等。不仅如此,它还可以表演唱歌、讲故事、背诗等才艺节目,充分展示机器人的娱乐功能。

图 10-4 迎宾机器人

小试牛刀

1. 智能客服(又称智能客服机器人)是在(　　)的基础上发展起来的一项面向行业的应用。

　　A. 大规模知识处理　　　　　　　　B. 复杂数据资源

　　C. 深层次金融计算　　　　　　　　D. 深度算法处理

2. 客服机器人的发展大致有四个阶段,分别是:①以神经网络为基础,应用深度学习理解意图;②基于关键词匹配的"检索式机器人";③在关键词匹配的基础上引入了搜索技术,根据文本相关性进行排序;④运用一定的模板支持多个词匹配,并具有模糊查询能力。它们的发展顺序是(　　)。

　　A. ①②③④　　　　B. ②④③①　　　　C. ④③②①　　　　D. ①③②④

3. 随着人工智能技术的发展,智能客服正在悄悄地渗透进我们的生活。智能客服时代的人和机器分工体现在四个方面,但下列(　　)不属于其中。

　　A. 用机器守住第一触点　　　　B. 让机器分发个性内容
　　C. 用人工获取消费洞察　　　　D. 以机器优化人工服务

10.3　智　慧　物　流

随着大数据、云计算、人工智能、区块链等技术加快推广应用,建设高效的物流体系已成为当今物流行业发展的基本要求。智慧物流体系是我国物流产业发展和转型的必由之路,以现代信息技术为标志的智慧物流正步入快速发展阶段。众多企业依靠人工智能技术实现智能搜索规划、动态识别、智能仓库选址、精准获悉产品库存等功能,构建了"物流＋互联网＋大数据"相融合的、覆盖线上线下的物流产业生态系统。

一、人工智能优化仓库选址

物流仓库的选址在整个物流系统中具有重要的作用,是属于物流企业战略发展层面的问题。合理的仓库选址,可有效地降低企业的经营成本,提高经济效益。

图 10-5　人工智能优化仓库选址

传统的仓库选址往往是基于地图及地理数据来选择,缺陷是除了自然环境因素外,未能全面考虑到涉及运输经济性的因素及其他方面。基于人工智能技术的仓库选址能够根据生产商和供应商的地理位置、仓库建设和营运成本、运输量及经济性、国家政策等众多要素进行大数据提取和分析,最终给出应对不同选址考虑因素和分析尺度的最优仓库选址模型和解决方案。它摆脱了人为主观因素的干扰,克服传统模式下面临的地理数据获取及分析难度大等障碍,使选址更加科学精准,从而有效降低企业物流成本、提高物流运营效率及经济效益。

二、合理管理库存量

库存管理的方法是人工智能技术应用较早的领域之一。传统的库存管理对员工的经验依赖性较大,库存物料的存放位置、在库时长、出入库时间等管理的科学化水平普遍不高。运用人工智能技术,可通过分析顾客历史消费数据、出入库数据和库存信息,实时动态调整库存水平,推动库存管理向实时化、智能化、高效化转变。人工智能技术有效降低库存及仓储物流成本,员工通过智能眼镜扫描仓库中的条码图形以采集统计库存商品信息。

三、提高仓储作业效率

智慧化仓库是人工智能提升物流行业运转效能的最佳体现。目前智能仓库中多采用机器人技术,如搬运机器人、分拣机器人和货架穿梭车等。机器人之间进行有条不紊的作业配合,使仓储作业的搬运速度、拣选精度以及存储密度得以极大提升。例如,2017 年,苏宁在上海率先探索使用仓库机器人进行仓储作业,1000 平方米的仓库里,穿梭着 200 台仓库机器人,驮运着近万个可移动的货架。商品的拣选不再是人追着货架跑,而是等着机器人井然有序地沿着货架排队跑过来。根据实测,1000 件商品的拣选,使用仓库机器人拣选可减少人工 50%—70% 的工作量,小件商品拣选效率更是人工拣选的 3 倍,拣选准确率可达 99.99% 以上。

图 10-6 机器人在智能仓库中的应用

四、优化运输配送路径

运用智能算法等人工智能技术,可以根据收发货地址、车型、订单类型等现实的约束条件,在极短时间内运算出满足不同业务需求的优化配送路线及方案,减少出车次数及行驶里程数,有效节省物流运输成本,显著提升物流服务能力及用户体验。京东于2017年正式上线智能路径优化系统,融入了客户收货习惯、站点地址、订单号、订单时效、客户收货地址经纬度、配送员当前坐标、配送员配送习惯等各项参数,在最大限度保持配送员现有配送节奏的前提下,实现以配送路径最短的形式准确达成全部订单配送的效果。展望未来,基于无人驾驶技术的智能物流车将使物流运输更加快捷和高效,通过实时跟踪交通信息并调整优化运输路径,物流配送的路线优化水平及时间精度将进一步提升。

知识链接

京东智能路径优化系统

《最强大脑》节目中,出现过考验选手记忆多名运动员15分钟内奔跑路径的难题,让观众大呼不可思议。而对于京东普通的配送小哥而言,每天平均上百件的配送包裹量,不同的配送地址,如何能够在最短的时间内将每一个包裹快速送达用户手中,不亚于一次次的"最强大脑"测试。

成熟的配送员依靠一段时间的摸索逐渐得心应手地完成订单配送。但随着京东配送服务的不断提升,"京准达"等个性化、定制化的服务产品的推出,以及生鲜商品等特殊品类商品的加入,给配送员的工作提出了更高的要求。为了更好地辅助配送员的工作,满足用户个性化的配送需求,京东物流为小哥配上了"最强大脑"——智能路径优化系统。

智能路径优化系统是京东物流自主研发、用算法技术打造的决策系统。该系统融合了目前业内领先的分支——割算法、可变邻域搜索、快速小邻域局部搜索、分布式并行技术等。该系统融入了客户收货习惯、站点地址、订单号、订单时效、客户收货地址经纬度、配送员当前坐标、配送员配送习惯等各项参数,在最大限度保持配送员现有配送节奏的前提下,实现以配送路径最短形式的订单配送效果,满足客户更精准的需求。

小试牛刀

1. 基于人工智能技术的选址能够_____。
2. _____是人工智能技术应用较早的领域之一。

10.4　精准营销和选择性推送

2005年,现代营销学之父菲利普·科特勒在一次世界级营销会议上正式提出"精准营销"概念。精准营销(Precision Marketing)是在精准定位的基础上,以科学管理为基础,以消费者洞察为手段,以精细操作为特征,依托现代信息技术手段建立个性化的顾客沟通服务体系,从而对目标市场实行精准有效的出击。

相较于传统营销手段,精准营销能根据消费者需求的转变,营销手段从传统的、大众的和粗放的模式演化为深度化、细分化和精确化的模式。

一、实现精准营销的三个要素

(一) 精确的信息

精确信息是基础。实施精准营销需要有精确信息作为支撑,这样才能精准把握消费者的真实需求。那么如何精确采集信息呢? 受益于现今信息化程度的飞速发展,消费者会通过各种信息手段产生消费行为,包括通话、购物、网页浏览等。而用户的消费行为会在信息通道留下轨迹和数据,我们可以借助这些数据来分析用户、分析市场。麦肯锡的一份研究显示,金融业在大数据价值潜力指数中排名第一。以银行业为例,中国银联涉及43亿张银行卡,超过9亿的持卡人,超过一千万商户,每天近七千万条交易数据,核心交易数据都超过了TB级。通过对大数据资料库所在地的人口特征、年龄及交易量等数据分析,以及客户在网站、手机银行、微信银行等软件使用习惯进行分析,精准捕获用户信息。

(二) 精准的投放

精准投放是核心。精准投放是建立在精确信息的基础上,对采集到的信息进行系统分析,然后再通过对市场进行有效的细分,根据细分结果有效组织资源,实现消费者和资源的精准匹配。事实上,与人工智能相结合的精准营销的独特之处,不仅在于对用户群体的精准定位,还在于对"人性"深处的洞悉。巴里·施瓦茨在《选择悖论:为何商品越多,选择越少?》一书中曾描述:商品的过度丰富不仅不能让消费者更快乐,反而使他们在购物前就感到疲惫、沮丧。

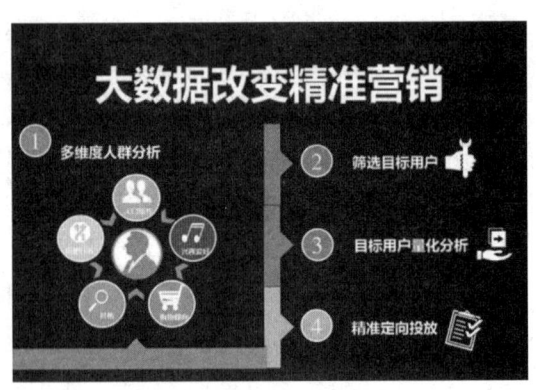

图10-7　大数据改变精准营销

消费者的诉求在不断提升,他们需要的不再是简单的商品,而是功能、情感、社会属性等多方面的满足,他们需要的是一种深度的消费。人工智能精准营销有效地解决了"消费焦虑症"的问题。所以在精准营销体系中,营销要素的匹配应该更多地考虑变得智能化和具有情感性。

（三）精细的管理

精细管理是保障。精准营销中的精细管理就是要确保精准营销的顺利实施。精准营销的执行是一个过程，整个过程就像生产车间的流水线一样环环相套。如果流程不合理或不畅通，就会直接影响营销效果。

在未来的商业世界中，市场只会越来越细分。客户在庞大的信息海洋中，最终只会选择自己最感兴趣的那一个，而对于企业来说，客户的选择才是企业的机会，因此精准营销对于企业来说愈加重要。

二、精准营销实现选择性推送

目前，人工智能在广告推送领域最为广泛的应用是通过对用户数据进行过滤、判断，有针对性地向他们投放广告。以前，当用户逛体育类网站时产生了临时购买行为，我们就会向他投放与体育有关的广告。而现在，AI 经过学习后，能够识别这些用户当中谁是体育活动中某类运动的爱好者。比如通过数据分析得出用户是网球爱好者，可以更加精确地向用户投放和网球运动有关的广告。这种选择性推送进一步提升了对目标受众的定位精度，有效提升转化率。

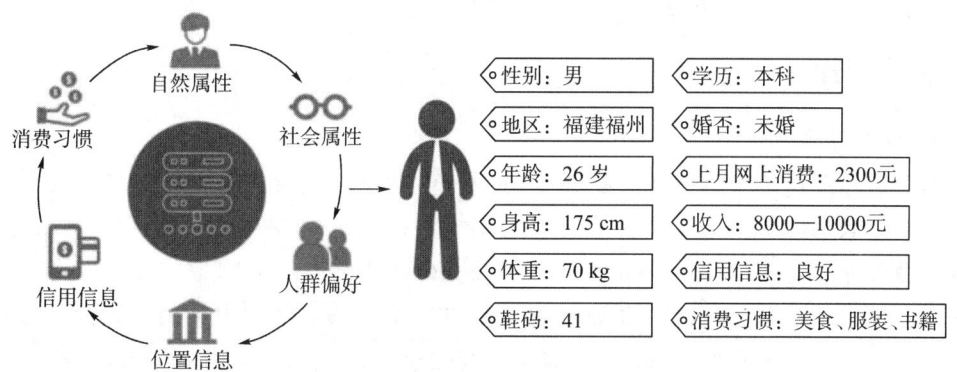

图 10-8　精准营销可实现选择性推送

在电商销售平台，如淘宝和天猫已经从以人工运营为主分配流量和资源定位的方式成功转变为以大数据和人工智能为导向的新方式。在淘宝和天猫平台，用户登录后呈现的网页是"千人千面"——几亿用户登录后呈现的界面是符合每个人偏好的几亿种形态。即便同一个人，周末和平时、假期和工作日看到的界面也会有所不同，这样的结果就是因为有强大的数据技术在进行支撑。

特朗普就是一位充分利用人工智能竞选的总统。据彭博社等媒体报道，他的技术团队通过脸书、推特等平台上的用户公开数据，如点赞、转发、收藏行为等，精准获悉选民画像，向他们推送因人而异的竞选广告。甚至特朗普的每条推特、每条脸书都是有针对性的，不同内容对不同网民可见。

三、市场营销自动化

市场营销自动化是基于人工智能大数据基础的用于执行、管理和自动完成营销任务的方案。市场营销自动化可以帮助识别潜在客户,自动执行将潜在客户培育成有效客户的过程。它以达成交易和开始持续关系为目标,自动让潜在客户在适当的时机直接与销售团队接触,使用各种策略组合迅速将大量潜在客户转化成目标客户来实现这一目标。潜在客户开发对于任何企业都是极其重要的步骤。通过从市场营销到销售过程的自动执行,营销团队可拥有更多时间专注于企业总体战略以及培育出更多有希望的潜在客户。

市场营销自动化还能够对潜在客户的行为进行更丰富、更细致的分析。通过使用行为跟踪法,例如跟踪用户浏览网站的路径,市场营销自动化可以帮助营销团队了解潜在客户的兴趣及其所处的购买生命周期,营销团队随后便可根据这些信息定制跟进行动。举例来说,在潜在客户培育过程的早期阶段,对品牌的认知度可能是营销的关键任务。市场营销自动化能够提供有效的内容来建立对品牌的信任和尊重,迅速帮助潜在客户了解他们所需产品信息。当潜在客户进一步缩小感兴趣的产品范围时,可以向潜在客户发送为他量身定制的产品信息。最后,当通过市场营销自动化系统跟踪的潜在客户表现出更专注的兴趣时,销售团队便可迅速介入完成营销任务。

知识链接

1. 推荐引擎

推荐引擎是建立在算法框架基础之上的一套完整的推荐系统。利用人工智能算法可以实现海量数据集的深度学习,分析消费者行为,并且预测哪些产品可能会吸引消费者,从而为他们推荐商品,同时也有效降低了消费者的选择成本。

阿里巴巴称,人工智能算法正助推顾客服务操作,包括智能产品和搜索建议。阿里巴巴的软件通过追踪顾客浏览以及与网站互动的记录,向顾客提供适合的产品推荐。

2. 图片搜索

电商平台的商品展示与消费者的需求描述之间,是通过搜索环节产生联系的。不过,基于文字的搜索行为有时很难直接引导用户找到他们想要的商品。通过计算机视觉和深度学习技术,可以让消费者轻松搜索到他们正在寻找的产品。消费者只需将商品图片上传到电商平台,人工智能便能理解商品的款式、规格、颜色、品牌及其他特征,最后为消费者提供同类型商品的销售入口。

小试牛刀

1. 大数据营销的核心是(   )。
 A. 精准营销　　　B. 预测分析　　　C. 个性化营销　　　D. 移动互联网
2. LBS 营销能够获取用户准确的(   ),帮助商家实现精准营销。
 A. 地理位置　　　B. 个人资料　　　C. 商品信息　　　D. 情感信息

3. 判断：精准营销的关键在于如何精准地找到产品的目标受众，再让产品深入消费者心坎，让消费者认识产品、了解产品、信任产品到最后依赖产品。（ ）

　　A. 对　　　　　　B. 错

10.5　商业零售客流统计

　　零售商业是一个覆盖非常广泛的行业，主要包括百货、商超、连锁店铺等各种商业形态。随着行业竞争越来越激烈，零售商需要通过不断地提升竞争力来获取更好的销售业绩。那么如何高效地提升自己的竞争力便是每个商家需要思考的重要问题。客流的数量和质量决定了店铺的销售能力，即客流数据决定销售数据，就像电商网站的流量决定了成交量。客流数据的重要性由此可见。

　　欧美、日本、新加坡等发达国家和地区的大型商场和连锁商业网点都已广泛使用客流数据统计，通过客流统计数据来辅助运营管理决策。国内不少注重运营效能的零售企业也开始通过客流统计和分析来指导精细化运营，从而降低成本、提升效率。

一、商业客流统计的现实意义

　　以人脸识别为代表的计算机视觉技术是人工智能领域在国内落地最顺利的技术之一，已在安防、金融、交通、教育、零售等多个领域有着规模化的成熟应用。客流数据的统计分析对商业综合体、大型商铺等租赁方和运营管理方都有着重要的价值和意义。商铺可以根据客流信息分析顾客的消费购买习惯；管理方对商场楼层的客流量进行分析，可以优化店面布局，通过对出入口的人流量进行分析，可以判断该出入口的设置是否合理。活动促销组织者根据客流量数据可以快速有效地评估促销推广活动的吸引力，评估宣传投入和投资回报等活动效果。甚至在超市领域，购物车作为最常见的硬件载体，可以将具有生物识别技术的摄像头系统安装在购物车上，从而提供人流量统计和人脸识别服务。

二、常用客流统计技术

（一）红外感知技术

　　在门店入口两侧安装红外收发设备，人体经过门店时，红外光束会被人体阻断，阻断次数即客流次数。红外感知的缺点是如果两人或两人以上人员并排走进门店，计数器仅计入一人。此外，红外客流感知设备受到外界因素干扰，误差较大，适用于人数较简单的场景。

（二）视频客流统计技术

　　在门店入口的天花板上安装智能监控摄像头，通过对人员的头、肩等信息进行检测和跟踪，当提取的个体特征符合预设规则时，实现客流量统计。如果安装的是两个摄像头，则对两个镜头采集的视频进行计算处理，以获取物体的高度信息，并匹配与人体高度接近的运动目标从而实现人员检测与统计。

(三) 基于 WiFi 获取 MAC 地址的客流统计

现在人们出门都会携带智能手机，当消费者在购物时，他的智能手机很可能打开了 WiFi。基于这一原理，通过 WiFi 信号来获取智能手机设备 MAC 地址，进而实现客流量统计。此方式的缺陷是，不是所有的人都会打开手机 WiFi，并且 WiFi 信号探测的有效距离较远，在门店附近走动但未走进门店的人员也会被误统计到客流次数中。

(四) 基于人脸识别的客流统计

基于人脸识别的智能摄像头能够抓取到镜头范围内的所有人脸，并通过人脸聚类和去重技术获得准确的客流量数据。如果是员工的出入、人员在门口逗留等情况，都不作为有效或多次的客流数据计入，使客流统计数据更加准确。基于人脸识别的客流统计已成为主要的客流统计方法。

> **知识链接**
>
> #### 人工智能客流分析系统
>
> 广州的人工智能企业——图普公司的主要业务是利用深度学习和计算机视觉技术提供图像识别服务，利用企业在计算机视觉技术方面领先优势开发客流统计解决方案。使用人脸识别摄像头，通过对购物中心消费者年龄、性别、着装风格等特征的洞察，加上在商城内部聚集热区的分析，为商城的活动策划和招商提供数据佐证，提供精细化运营的策略依据。
>
> 基于人脸识别技术的商业智能方案在线下场景中的准确率达到 90% 以上。通过门店内部署的人脸识别摄像头采集线下数据，然后通过算法在云端进行分析，得出门店内客流情况，包括用户年龄、性别、表情等画像。再根据行人再识别算法，用颜色标记同一个顾客或店员的行动轨迹，根据人群的聚集情况输出店内热力图，展示店内热区的分布。通过比对分析用户画像和门店内的热区图，管理者可以分析门店存在的隐性问题并进行调整，从而提高转化率。根据不同的门店，转化率可以提高 10%—50%。

> **小试牛刀**
>
> 1. 常用客流统计技术有哪些？
> 2. 客流统计的意义体现在哪里？

10.6　人工智能引领商业变革

一、人工智能创造新的商业机遇

如今，人工智能（AI）已是全球公认最具变革性的商业趋势之一。在技术领域，计算机和通信硬件飞速发展，为 AI 带来重大突破，而"科技超能力"云计算、移动设备和边缘计算的发展,让 AI 获得前所未有的海量数据和运算能力,从而酝酿出巨大的商业变革。

2019 年 8 月,世界人工智能大会(WAIC)在上海黄浦江畔掀起新一轮 AI 浪潮。作为国内举行的顶级 AI 盛会,本次大会吸引了包括图灵奖获得者在内的来自全球 50 多位顶尖科学家、百余位业界领袖,以及国际组织和国外官员,共同发现全球人工智能行业新趋势、新动向。作为本次大会的重要一环,由京东集团主办的"2019 上海世界人工智能大会——京东人工智能论坛"于 8 月 31 日在上海世博中心隆重举行。此次论坛以"AI 引领城市商业智能升级"为主题,共同探讨人工智能在城市发展和商业智能升级路上的机遇与挑战。

二、人工智能改变商业逻辑

人工智能大数据的一个重大作用是改变了商业逻辑。以往我们做决策时先去调研,收集数据,然后依据调研数据进行归纳总结,最后形成自己的推断和决策意见。这是一个观察、思考、推理到决策的商业逻辑过程。大数据时代我们可以利用数据的力量,直接获得答案。我们无需知道答案的来源过程,只需要聚焦结果。

三、人工智能重构商业思维与商业模式

通过大数据,我们用全新的视角来发现新的商业机会和重构新的商业模式。比如现在商业领域的很多决策往往依靠个人经验,因个体差异或经验的多少存在失败风险。有了大数据就不一样了,很多事情不用猜了,客户的习惯和偏好一目了然,商家的设计能轻易抓住客户的心理。人工智能大数据重构商业模式表现在如下几个方面:

(1) 对顾客群体细分,然后对每个群体量体裁衣采取独特的方案。瞄准特定的顾客群体来进行营销和服务是商家一直以来的追求目标。云存储的海量数据和大数据的分析技术使对消费者进行实时和更小范围的细分成本显著降低。

(2) 运用大数据模拟实境,发掘新的需求和提高投入的回报率。汽车和智能手机的普及使可收集数据呈现爆炸性增长。云计算和大数据分析技术使商家可以在成本效率较高的情况下,实时地把这些数据连同交易行为数据进行储存和分析。大数据技术可以把这些数据整合起来进行数据挖掘,从而在某些情况下通过模型模拟来判断不同变量情况下何种方案投入回报最高。

(3) 提高大数据成果在各部门的分享程度,提高整个管理链条和产业链条的投入回报率。大数据能力强的部门把大数据成果同大数据能力比较薄弱的部门分享,帮助他们利用大数据创造商业价值。大数据技术使商家可以加强对产品和服务的创新,甚至打造出全新的商业模式。

小试牛刀

1. 人工智能在商业应用方面的价值有哪些?
2. 为什么说人工智能重构了商业模式?

思维与操作实训

小组讨论：如何理解未来电子商务将会消失？

1. 实训目的

在开始本实训之前，请认真阅读相关内容。

（1）熟悉"智慧地球"下的"新零售"概念。

（2）熟悉智能客户服务的内容与方式，了解智能服务时代的人机分工。

（3）课外观看电影《人工智能》，讨论人工智能技术未来对人类生活的影响。

2. 实训内容与步骤

开展头脑风暴小组讨论：在电子商务占据中国零售市场主导地位的今天，我们如何理解"未来电子商务将会消失"这个命题？

记录小组讨论的主要观点，推选代表在课堂上简单阐述你们的观点。

【实训总结】

_____

_____

_____

【教师对实训的评价】

_____

_____

拓展资源

1. https://chuangyi.taobao.com/pages/aiCopy
2. https://ai.baidu.com/tech/speech/tts_online

任务十一

人工智能促进医疗腾飞

案例导读

医疗保健行业一直都是创新先行者。然而,疾病和病毒不断地变种,给医疗保健行业带来一定的挑战,现在借助人工智能(AI)和机器学习算法,该行业迎来了新机遇。

《柳叶刀数字健康》(*The Lancet Digital Health*)曾发表过一项研究,比较了深度学习与医疗专业人员在检测医学影像疾病方面的表现,该研究采用的样本是2012—2019年期间的所有相关数据。研究发现,在过去的几年里,AI在图像识别疾病诊断方面变得更加准确,并成为一个更可行的诊断信息来源。研究人员表示,在其考察的14项研究里,AI系统能够正确识别疾病的百分比达87%,而医疗保健专业人士正确识别疾病的百分比为86%;且AI还能够正确地识别出病例中93%没有疾病的患者,而医疗保健专业人员为91%。不难推断出,AI未来在医疗成像识别诊断技术应用上的效率会更高。

人工智能在医疗领域的应用不仅限于诊断疾病,还包括可能的治疗方法。

制药公司拜耳(Bayer)积极与科技公司合作,开发有助于诊断复杂和罕见疾病的软件,并帮助开发治疗这些疾病的新药。他们一直与医院和研究人员合作,希望找出机器学习在分析和学习如何诊断病人病情时需要的东西。人工智能吸收的信息来源广泛,包括症状数据、疾病原因、检测结果、医学图像、医生报告等。

负责拜耳人工智能项目的Angeli Moeller在接受美联社的采访时解释了新药物的开发及用到的系统:"我们可以模拟它在细胞里的表现,同时综合考虑患者服用的其他药物。我们正在研究如何找到适合的病人和地点,进行我们的临床试验。如果成功,我们就可以进行更短期的研究,可以更早地发现哪些药物适合患者。"

机器学习系统并不是要取代医生,也不能在治疗病人时做出绝对的决定。据Moeller说,他们仍然希望病人能够控制自己的治疗,希望利用AI来支持决策,并根据得到的结果提出建议。

——《人工智能如何用于诊断疾病》,电子发烧友,2020年4月6日,http://www.elecfans.com/rengongzhineng/1197970.html

11.1 人工智能助力疾病预防和诊断

医疗是紧密关系到我们每一个人健康的重要行业。我国国民经济迅速发展、人民群众基本的生存需求已经得到了极大的满足与提升。根据马斯洛需求理论，我们在解决了生存问题之后，对于健康的需求开始与日俱增。从医疗资源供给角度来讲，一个合格医生的培养是需要非常长的时间周期以及巨大的资源投入，在可预见的未来，我们的医疗资源都是稀缺的，优质的医疗资源更是珍贵的；从需求角度来讲，经济水平上升带来的庞大的医疗需求与我国海量的老年人口进行了叠加，产生了对医疗资源的大量需求。如何破解这个难题？

现在我们可能迎来了强大的援军，破解医疗资源供给不均衡的重要手段——AI 医疗。AI 将用于减轻人类的痛苦，消除折磨人类的疾病，研究对抗疾病的药物，甚至会拿起手术刀拯救人类。在这里人工智能对人类善意被发挥得淋漓尽致，我们看到了 AI 美好的一面。医疗行业变成了人工智能的主要赛道之一，人工智能在医学方面应用会带来什么样的挑战和机遇？

目前，人工智能在医学方面将会产生三个层面的影响：一是从医生层面来讲，在 AI 这个强大助手的帮助下将会减轻医生的繁重负担，极大地提升工作效率；二是从整个医疗系统来讲，可以高效分配医疗资源，提高医疗系统的效率，降低系统压力，减少整个医疗流程中的医疗差错；三是从患者角度来讲，患者可以享受到更多更优质的医疗资源，更好地促进自己的健康。比如作为人工智能系统可以精确确定脑部出血面积，快速准确地确定哪些需要立刻进行紧急处理，即时转移给专业医生。再比如，一个病人的医疗影像需要一个医生 3—6 个小时看片时间，现在成熟的系统可以在几十毫秒做出识别判断，识别的准确率甚至可以达到 99.9％以上，实时给出诊断结果。如果这些系统普及，那么即使是最偏僻的地区都能享受到最顶级的医疗诊断资源。

目前人工智能在医疗领域的分析，主要包括医学影像、辅助诊断、药物研发、健康管理、疾病预测的五大领域，下面我们主要从医学影像和药物研发角度进行阐述。

一、人工智能在医学影像上的应用

现代医学是建立在实验基础上的循证医学，医生在相应的医学影像上进行医学诊断。临床医生需要大量、各式各样的历史影像资料作为判断依据，做出专业的判断。目前，人工智能系统在医学影像处理上的能力分为以下方向：医学疾病影像分类、医学病灶目标定位、医学器官分割。

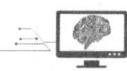

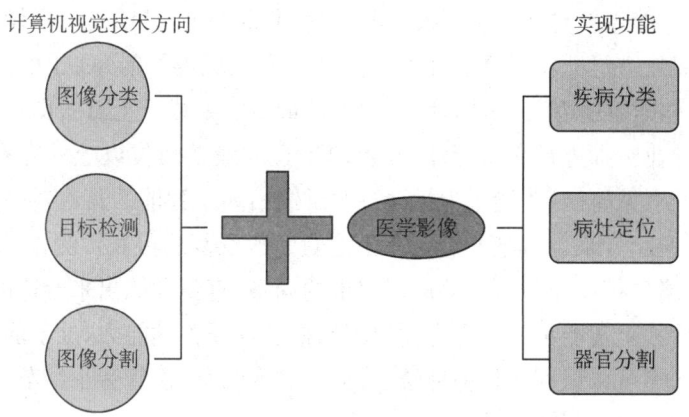

图 11-1　计算机视觉技术在医学影像上的应用

人工智能和医学影像结合的应用示例：

（一）疾病识别（肺部筛查、心电疾病识别、脑瘤识别等）

肺癌是所有恶性肿瘤中死亡率最高、发病率排名前三，同时发病后五年存活率最低的疾病，因为其早期表征不显著，引起病人注意的时候已经是晚期。而肺部出现结节是肺癌早期的警示，因此早发现、早预防、早诊断、早治疗能在很大程度上降低肺癌的发病率。肺结节是一种原因未明的多系统多器官的肉芽肿性疾病，常侵犯肺部、双侧肺门淋巴等器官。尤其是对于长期吸烟、长期接触粉尘、家族史及既往有慢性肺部疾病的高危人群，要定时进行肺部结节的检查和筛选。鉴定一个人肺部是否有肺结节病变，需要医生观察 200 张以上肺部影像。一天 300 个病人，一个医生就要看六万张图片，医生是非常辛苦的。一个病人的胸部 CT 经过医生检查后发现了大量的小结节，人工是无法进行统计计数的，但是人工智能肺结节识别系统快速、精确地识别出了 800 余个结节，并且能够非常明确地定位其中的恶性结节。

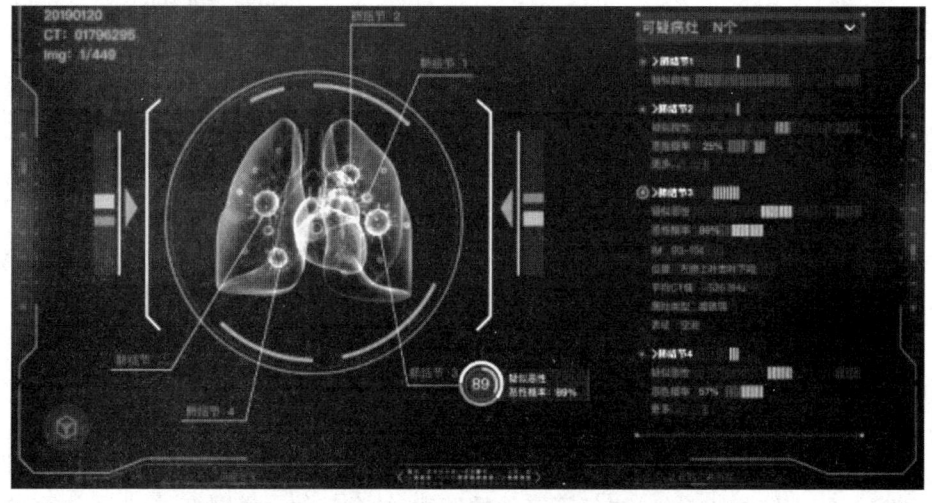

图 11-2　肺结节识别系统（深睿医疗）

那么，人工智能系统是如何进行疾病分类的训练的呢？目前是这样做的，首先是对某种疾病的影像图片进行标注。要集合大量的某一个领域内的专家（比如肺结节领域），同时集合大量某一领域的疾病影像图片，一种疾病最少需要成千上万张图片进行标注，每一张图片由几个专业医师进行交叉标注，互相验证。一般是两位以上的专家对同一个标注点都给出相同的意见时候，才能作为标准答案反馈给人工智能。其次，将标注好的图片输入特定的网络。在GPU的高速平行计算下进行多次反复练习和预测，如果预测结果和标准答案不同，网络进行反向传播自动进行权重的调整，直到训练出来合适的网络以及网络权重。虽然目前人工智能仍然没有进化出因果推理这项关键能力，处于弱人工智能阶段，但是人工智能已经可以识别多种肺部结节，如磨玻璃结节、血管旁小结节、微小结节、多发小结节等认为比较难以判断的结节。

（二）器官分割

医学影像设备成像技术包括磁共振成像（MR）、计算机断层扫描（CT）、超声、正电子发射断层扫描（PET）等。有报道显示，全世界医学影像信息量占全世界信息总量的1/5以上。图像分割是图像处理的关键部分和环节，目的是将医学影像中具有某些特定组织或者器官从影像中分割出来，提取相关特征，为临床诊断和病理学研究提供可靠的依据，辅助医生作出更为准确的诊断。医学图像器官分割的质量高低对于医疗整体水平提升具有重要的意义。医学器官分割的方法有很多种，最近基于深度学习的图像分割算法取得了巨大成功，准确率超过了传统算法。图11-3就是目前我们经常使用的的医学图像分割网络U-net网络结构图。

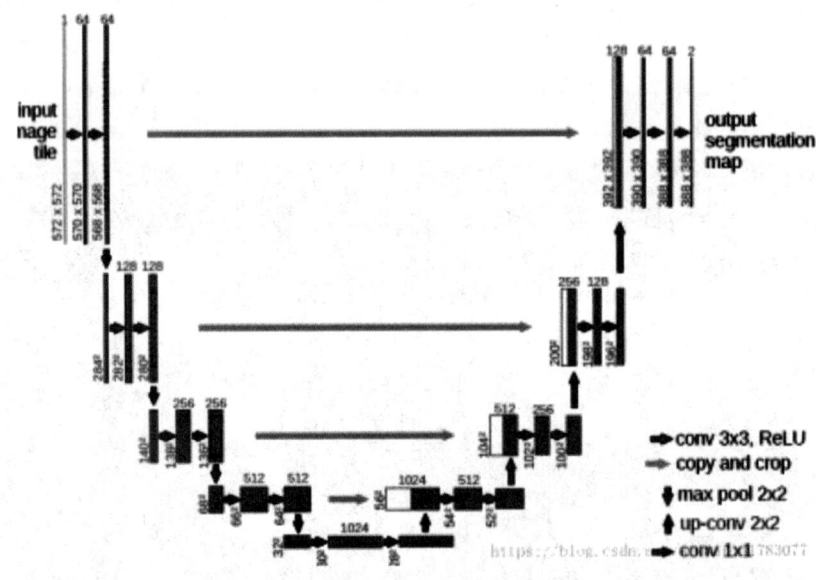

图11-3 U-net网络结构图

在U-net网络结构基础上进行了其他的探索，结合其他分类网络，提出了更多的网络模型，下面就是在U-net网络结构基础上进行的一些医学器官分割案例。

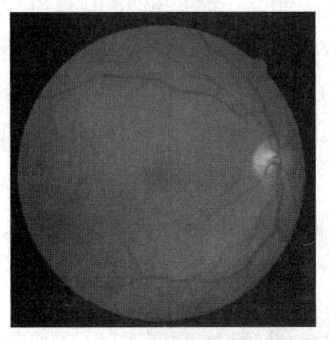
图 11-4 眼底血管分割

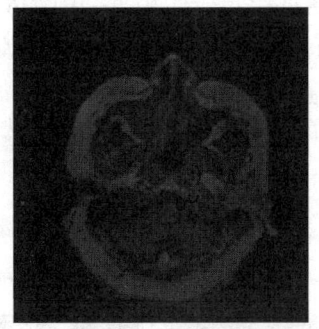
图 11-5 脑部 MRI 分割

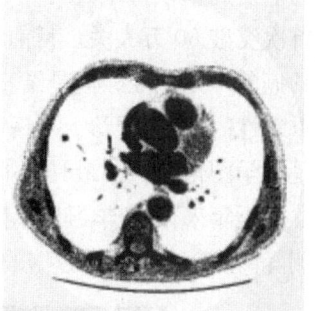
图 11-6 肺段分割

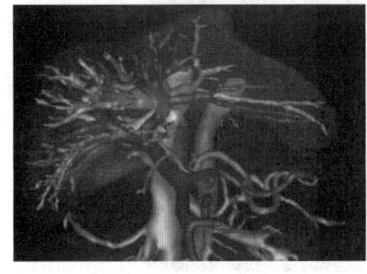
图 11-7 3D 肝脏分割

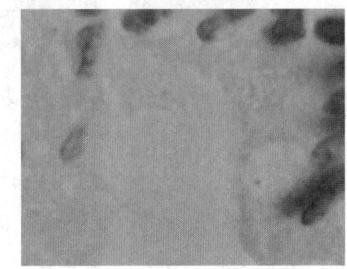
图 11-8 细胞分割

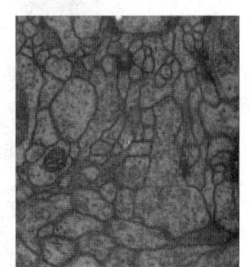
图 11-9 细胞壁分割

(三) 病灶定位(以结肠息肉检测为例)

如果我们将计算机的目标检测算法应用到医学图像上来,那么是否能够对病灶部位进行目标定位呢?答案是肯定的。这里我们介绍一下目前主流的 yolo 家族算法在病灶定位上的应用。

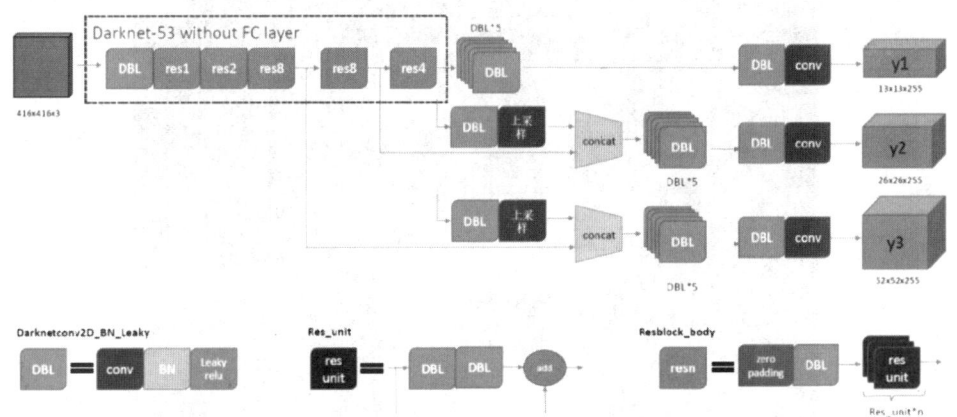

图 11-10 yolo 家族算法

结直肠癌是最常见的消化道恶性肿瘤之一,近年来发病率与致死率逐年上升。2014 年中国大陆新增结直肠癌患者共 37 万例,仅次于肺癌和胃癌。2018 年,中国结直肠癌发病率已经达到 52 万之多,远远超过胃癌,排在所有癌症的第二位。2014—2018 年,结直肠癌发病率以每年大约8%的速度增长。2020年,中国结直肠癌的新增病例将很有可能首次突破60万大关。目前结直肠癌检测主要以医生病理诊断为依据,结直肠息肉是结直肠癌的早期病变。但是结直肠息肉检测严重依赖于医生的临床经验,医生工作量大,工作重复性高,容易误诊。从医学图像(超声、CT图像、核磁共振图像等)中精确定位疾病一直是医学图像分析中最具挑战性的问题之一。

近年来,深度学习目标检测被广泛应用于医学图像处理,比如肺部肿瘤检测、肺结节检测等。然而由于相关数据的缺乏,应用在CT图像中检测结直肠息肉的开源算法并不多见。

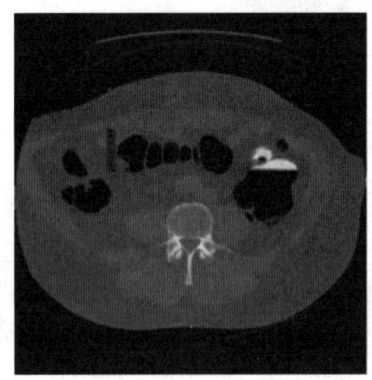 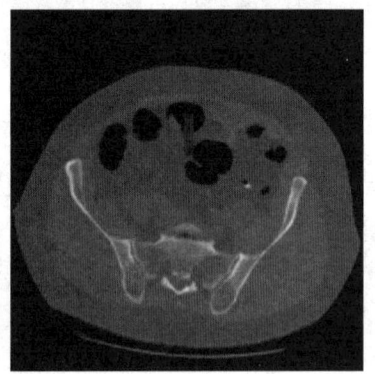

图11-11 医学图像

二、人工智能在药物研发方面的应用

Schrödinger公司宣布在纳斯达克(Nasdaq)上市,募资逾2亿美元。

图11-12 SDGR公司纳斯达克上市

根据《自然》研究资料显示,药企开发一款新药,从项目启动到上市,时间跨度需要10—15年,成本需要几十亿美金投入,如此高昂的研发投入未必能给药企带来丰厚的回报。目前很多的研发机构将AI和医药研发相结合,使用深度学习模型对数据集进行学习,达到模型自动生成分子结构、合成、药物性质预测等过程,进而提高投资回报率。比如 SDGR 公司每周可以评估数十亿种化合物分子,能够在合成和测试前反复迭代,对化合物进行全面评估和优化,其技术较传统技术有更高成功率。

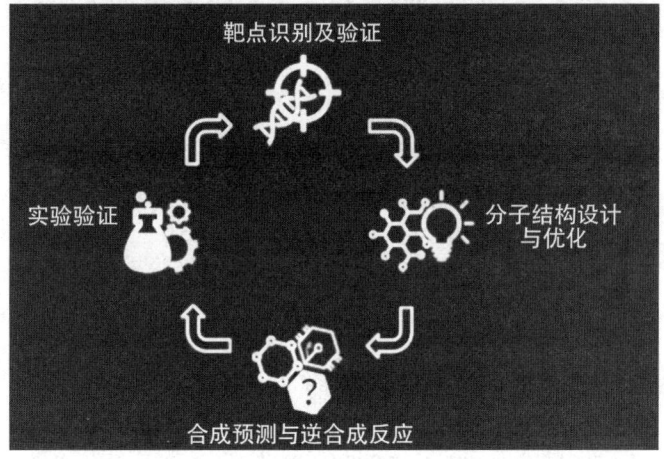

图 11-13　人工智能与医药研发

小试牛刀

1. 目前人工智能在医学影像处理上的能力分为以下方向:_____、_____、_____、_____。
2. 目前我们经常使用的医学图像分割基础网络是_____。
3. 目前我们是如何利用人工智能系统进行疾病识别的?

11.2　医疗机器人

一、医用机器人

医用机器人是指用于医疗场所,辅助医生工作或诊断,拥有独自编程操作计划,按照环境需要确定动作程序,并转化为对应操作的智能型机器人。根据国际机器人联合会(IFR)的规定,分为手术机器人、康复机器人、辅助机器人和服务机器人四大类。医疗机器人的研发如同医生手中的刀剑,是双手之延伸,可以做到很多传统医疗上无法完成的事。无论对于医生还是患者都是一大福音。

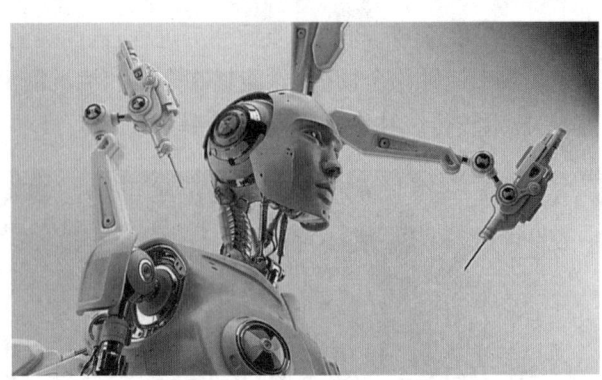

图 11-14 医用机器人(示意图)

知识延伸

四类医用机器人的优点

手术机器人，具有高精度性，可以避免医生因劳累、手部抖动所产生的不良影响，我国于 2016 年所研发的第三代"天玑"骨科手术器，精度可以达到亚毫米级，位于世界领先水平。

康复机器人，帮助患者完成肢体活动度和运动功能恢复，是康复医学和机器人的结合体，能够有效刺激患者的肢体感受器，重建大脑皮质下的功能区，如德国的 Lokohelp 机器人，近年来在帮助患者的下肢恢复上起到了相当不错的效果。

辅助机器人，这类机器人的名声并不是很响，但是作用并不比其他三类差。比如 LG 公司所研发的 CLOi SuitBot 辅助机器人，可以让下肢残疾的患者摆脱轮椅的束缚，直立行走，让腿脚不便的老年人，行走起来更加方便，规避许多肌力不足产生摔倒、骨折的风险。也许在未来，辅助机器人可以帮助人们实现更多仅凭人类本身做不到的事情，有着非常好的应用前景。

服务机器人，可以在一些恶劣危险的环境下(如重大疫情、核生化等场所)代替医生对患者或场所进行定时、定量、定性的检测，极大减少医生在这些场所的死亡风险。

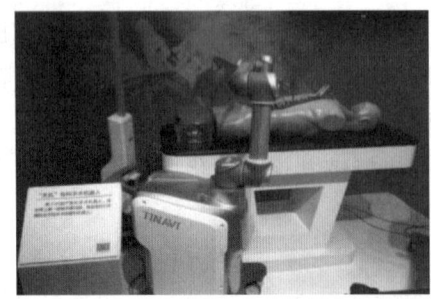

图 11-15 第三代"天玑"骨科手术器

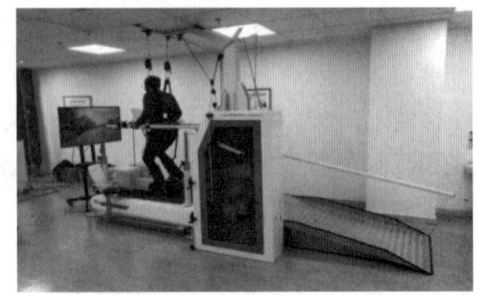

图 11-16 Lokohelp 机器人

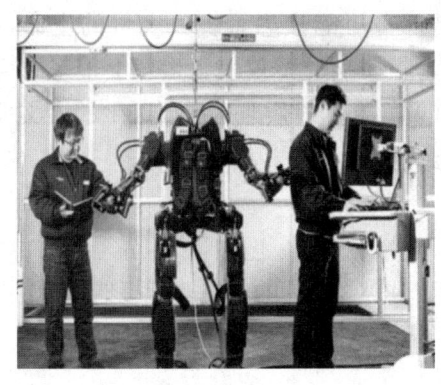 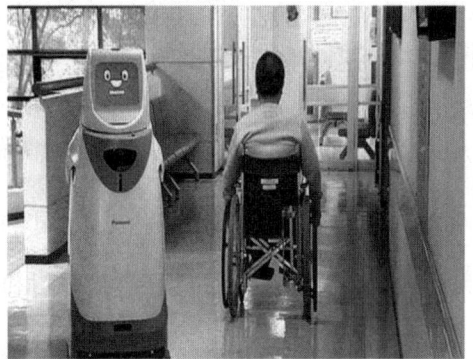

图 11-17　CLOi SuitBot 辅助机器人　　　图 11-18　服务机器人

二、纳米机器人

以上的机器人大多是我们肉眼可见的,然而当前还有一种机器人并非肉眼可见,却同样在医疗领域中占领重要地位,甚至是未来着重发展的对象,它就是纳米机器人——根据分子水平的生物学原理,以纳米为尺度,具有编程控制的分子机器人。

自 2004 年美国研制出双足分子机器人后,世界各国都开始了对纳米机器人的研究。之后逐渐出现了"纳米蜘蛛"微型机器人,能够跟随 DNA 运行轨迹行走移动;我国的"OMOM 胶囊内径系统"的纳米机器人医生,可以钻进人的肚子里,把人体内的图像反映到屏幕上……

人们之所以在纳米机器人上投入了大量的科研精力,主要是因为其具有非常强大的发展潜力。纳米机器人可以修复人体内损伤的细胞,疏通养护血管,清除体内垃圾。更重要的是,纳米机器人可以充当人体内的定向导弹,它可以将携带的药物指定性地带到疾病的病灶区域,提高药物作用效率的同时减少对其他内脏器官的损伤。在未来,纳米机器人还有更多的前景有待开发。

三、医疗机器人如何协助医生

随着深度学习的逐渐发展,目前已有不少先进模型可以识别肺结节、癌症等的 CT 或 MRI 图像,并对图像进行分割,圈画出病灶区域,同时,其识别率往往在 97% 以上,这样的智能化机器人可以大量节省医生的读片时间,提高医生的工作效率,将更多的精力投入到对患者本人的关怀上。

手术机器人是目前大型医院可以常见的机器人,其主端为医生,从端为机械臂。医生通过主端的操纵杆,远端控制机械臂对人体实施手术。手术机器人具有精度高、微创的优点,同时可以将患者内脏结构通过显示屏数倍放大,使医生更方便地完成各项精微、细密的操作,提高医生手术的成功率。

然而,当前除了在危险场所工作的服务型机器人以外,其他机器人都只是起到辅助作用,协助医生更好地开展工作,照顾患者,并不能直接取代医生的位置。首先,机器的识别度无法做到100%，哪怕是0.0001的概率出错都有可能让患者丧失宝贵的生命，而这0.0001往往才是医生高水平的体现。其次，患者在患病时不仅仅是生理上带来的疼痛，精神层面在巨大的疼痛压力下也处于濒临崩溃的边缘，这时候非常需要医生的人文关怀，需要人的温暖，仅仅依靠冰冷的机器，是无法做到这一点的。

四、应用实例

以身边的小小机器助手：基于深度学习和PYNQ所设计的心电监测机器人为例。

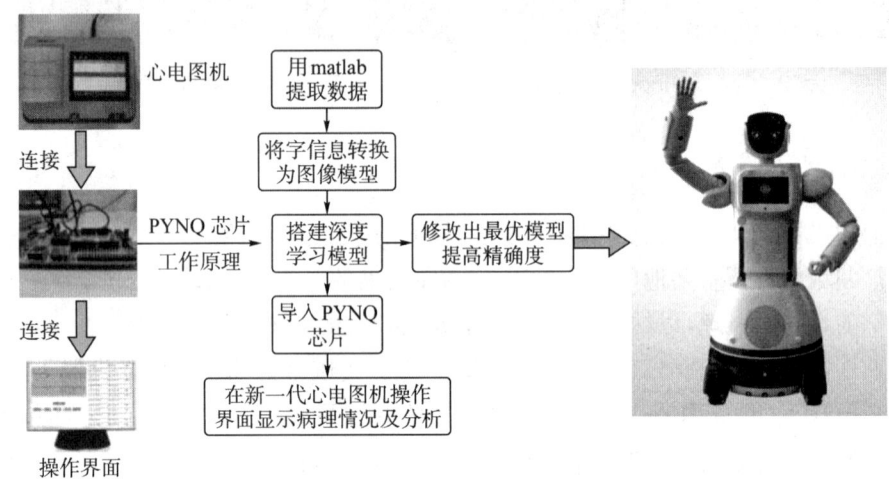

图11-19 基于深度学习和PYNQ所设计的心电检测机器人组成结构

基于深度学习和PYNQ所设计的心电检测机器人的核心技术主要体现在以下几个方面：

（1）首先将收集到的大量心电数据转化为图像模式，并对提取出的图像进行增强、旋转、平移等一系列预处理，为后续的模型训练做准备，在加大数据库的同时提高训练结果的精确性。

（2）对近年来图像识别中较先进的几种模型，如DenseNet、ResNeXt、EfficientNet等模型上加以取舍和改进，修改卷积池化层数、激活函数、损失函数和连接方式等，找出最适合识别心电信号的结构模型。

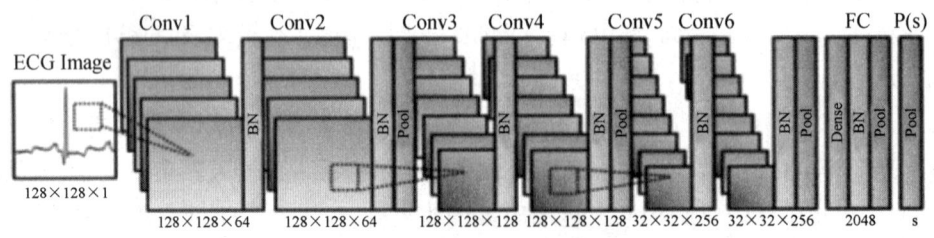

图11-20 DenseNet模型结构示意

（3）将设计好的模型载入PYNQ芯片中，让识别脱离超高显卡的计算机单独运行，为最终形成机器人的核心运算做准备。

以上几个部分包含了比较多的前沿科技,如深度学习对心电信号的识别,PYNQ芯片的模型嵌入,等等。当然,做完这些工作只是大体完成最核心的设计,想要进一步提高识别的精确度还需要对数据库进行大量的充实,需要专业医生对这些数据的诊断判定形成标签,这中间的工程量往往更为巨大,然而也能体现出一个产品背后真正孕育的价值。

知识链接

心电检测机器人的技术难题及未来发展

心电信号不同于CT、MRI图像识别信号,其数据类型复杂,模型设计难度大。一台心电图机往往拥有12—18个导联,每个导联的信息需要通过单独的通道完成,这就意味着在深度学习的模型中至少需要12—18个通道数。然而当前前沿的模型中大多只有两到三个通道,过多的通道数会导致运算量呈几何倍上涨,加大了运算的时间、成本和代价,对运算的电脑要求更高,操作代码载入PYNQ芯片的难度也更大。

基于深度学习和PYNQ所设计的心电检测机器人目前可以识别出心电信号所对应的疾病名称、心室厚度等。在未来,会有更多的内容增加进去,如患者病灶区域的3D图形,疾病病理特征的描述,以及诊断建议及急救手段,等等。

小试牛刀

1. 根据国际机器人联合会(IFR)对医用机器人的分类,以下不属于其中的是(　　)。
   A. 手术机器人　　B. 康复机器人　　C. 纳米机器人　　D. 服务机器人
2. 基于深度学习和PYNQ所设计的心电检测机器人其心电的智能识别用的是深度学习技术,以下不属于深度学习组成部分的是(　　)。
   A. 卷积池化层　　B. 激活函数　　C. 连接方式　　D. 以上都是
3. 辅助类机器人在医疗界的名声并不是很响亮,但这并不影响它对于医疗世界的贡献,以下属于辅助类机器人的是(　　)。
   A. 第三代"天玑"骨科手术器　　B. Lokohelp机器人
   C. CLOi SuitBot机器人　　D. OMOM胶囊内径系统
4. 基于深度学习和PYNQ所设计的心电监测机器人核心技术主要包括将心电信号转化为图像信息、(　　)、建立修改模型、将模型导入PYNQ芯片四个步骤。
   A. 对提取图像的预处理　　B. 对提取心电信号预处理
   C. 将提取图像直接运用于模型　　D. 将提取心电信号直接运用于模型
5. 相对于利用深度学习对CT,MRI图像识别,心电信号的识别与之最大的区别是(　　)。
   A. 心电信号是数字信号
   B. 心电图机拥有的导联过多

C. 心电信号无法用深度学习模型检测

D. 深度学习只能用于图像检测

11.3 虚拟护士

在全球范围内，都存在看病难的问题。造成这一现象的根本在于医疗资源的供给和患者需求之间存在巨大差异。在任何国家医疗资源都是稀缺的，尤其是极为优质的医疗资源的供给是极为有限的。那么如何利用人工智能解决这些问题呢？

庞大的市场需求以及日益成熟的人工智能技术，使很多公司开始从虚拟护士助理切入医疗服务市场，为患者提供高质量、全方位、全天候的高质量医疗护理服务。目前的虚拟护士助理可以通过语音和 AI 实现健康检查，以更低的成本推动更好的医疗成果。感受过虚拟护理的患者，六成以上表示虚拟医疗助理能全天 24 小时监控患者的身体状态，快速回答病人关于药物方面的问题，能够在任何时间得到相应的医疗服务和支持。

目前我们的技术在医院等医疗场景下已经实现了很多应用，但是医院场景相对固定，简单可控，主要是医生和 AI 之间进行专业的交互，通过屏幕进行视觉信息提供就可以了。但是同学们思考一下，虚拟护士面临的场景是多样的，交互的方式可以是语音、手写甚至是脑波等形式，键盘鼠标交互方式可能不太现实了，并且需要成熟高效的 AR 技术作为显示和交互手段。大家发现虚拟护士需要更多的技术组合和突破。比如语音交互，我们需要使用语音识别技术，对于日药品介绍我们需要计算机视觉和知识图谱技术结合，等等。

一、虚拟护士

虚拟护士，是指利用虚拟现实或者增强现实技术作为显示手段，利用人工智能技术作为大脑，以治未病、帮助患者康复以及辅助医疗系统为目标的医疗载体。

当人工智能在医疗系统中通过对医学影像的分析扮演了医生的眼睛和其他助手角色，减轻医生工作量，将部分医生从琐碎重复的工作中解放出来，相当于提供了更多的医疗资源，增加了医疗资源的供给。

那么人工智能能否减轻护士的工作量将护士从一些繁重琐碎的工作中解脱出来，将更多的时间和精力从事病人照顾工作呢？是不是可以脑洞更大呢？有一个随身虚拟护士，对每一个人提供 24 小时不间断的医疗服务呢？同学们是不是很激动呢？有商业头脑的同学脑子都炸了，哇，这个市场未来可以成为没有天花板的极为巨大的刚需市场，并且载体可能只是一块小小的手表。社会公益意识较强的同学可能觉得这是一个提升整个社会健康水平的巨大飞跃，实现从治有病到治未病的转变，从根源上极大减少了疾病的发生。在这种强力 AI 医疗的帮助下，人均寿命很可能会达到自然的极限。

AI 医疗护士能够医疗的场景从医院走向家庭、学校、餐厅等任意场所，AI 应用飞入寻常百姓家。同学们可以想象，只需要增加服务器数量，就可以以很低成本增加服务患者的数量，靠着算法的迭代就可以提升病患对于医疗服务的满意度，每一个人身边都有一个最强大的医疗团队不休息的提供医疗和健康指导,这是多么激动人心的事情啊!因为每增加一个虚拟护士的边际成本很低,所以未来每一个病患都能够享受到非常高质量的量身定做的医疗服务。

二、虚拟护士场景

医疗需求是人类最大的刚需之一,随着生活水平、医疗认知水平的提升,我们对于医疗需求的数量和质量都提出了更高的要求;从另外层面来看,医疗场景逐步扩散,从点到面,从面到体,从边缘计算到云上服务,从医院到公共场所医疗设施,慢慢地扩散到家庭、到个人,逐步形成一个庞大的医疗云,构建整个医疗生态系统,可以预见虚拟护士的场景会扩展到生活的方方面面。具体来讲,虚拟护士主要应用的医疗场景有如下几种。

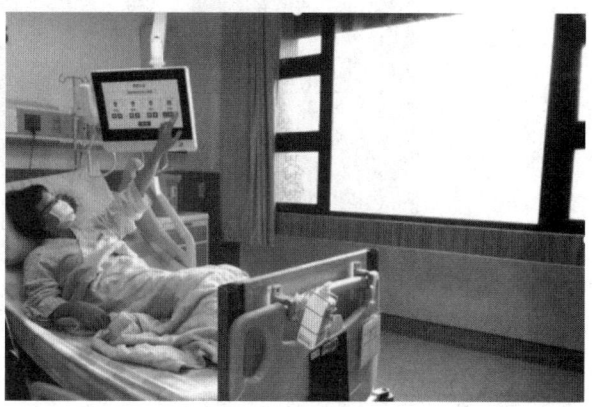

图 11-21 身边的虚拟护士

(一)医院场景

虚拟护士可以在不同科室为患者提供专业的医疗沟通和服务,24 小时实时监控病人生命体征,减轻护士的工作量和工作时间。在医疗建议之外,虚拟护士可以为患者提供娱乐游戏、聊天沟通等的交互。比如虚拟护士节省了医生对于慢性病患者进行常规检查的时间,经过了解,引入虚拟护士后,患者与虚拟护士的沟通交流热情很高,患者可以积极主动地参与进医疗过程,这就有效提升了患者与程序沟通的程度。虚拟护士还可以提升治疗效率,程序可以提供随时随地的咨询服务,这样就减少了医院的就诊次数,减少了医护人员的工作时间和劳动强度。人工智能从技术上来讲已经可以很专业地回答患者提出的很多问题,但是限于部分监管原因,目前没有全面普及。

(二)公共场所场景

在地铁、车站、广场等人流量密集的公共场所,针对突发性的医疗情况,进行现场紧急救护,可以第一时间呼叫最近的或者最对口的医院和医生,情况紧急时,利用虚拟现实或者增强现实技术,由内置专业程序或者专业医生直接远程指导行人对患者进行急救。

(三)家庭场景

在保证隐私的情况下,监控并且记录家庭成员的健康状况,如有异常,提供专业医疗机构联系方式或者直接联系专业医师,远程对接。对常规的较为常见的、轻微的家庭病症,在监管允许的条件下,可以直接对家庭成员进行指导。

(四)教学场景

在医科大学的教室里面,虚拟护士可以对学生进行专业教学活动,对一些难以获得的医学设备、医学材料进行模拟,对手术过程模拟,学生可以进行无限次数的练习,可以有效地缓解教学资源不足的问题,短时间极大地提升学生技术水平。

图 11-22　医学仿真教学平台

知识链接

虚拟护士机遇与挑战

机遇:人类已知的疾病超过一万种,人类的医疗人员是无法理解掌握所有的疾病知识的,但是人工智能不受疾病种类的限制,能够提供更加宽广的医疗知识。虚拟护士成本很低,企业和家庭都能够承担,对于医疗这种刚需,虚拟护士具有极为宽广的市场空间并且看不见行业天花板。

挑战:对于虚拟护士来讲,由于医疗责任主体不清晰,医疗事故责任不明确,所以监管部门会禁止虚拟护士提供疾病诊断的任何建议;目前深度学习技术具有黑箱属性,部分具有不可解释性,面临患者和医生对于过程不可解释性的质疑;患者缺乏基本的医疗知识,无法使用较为专业的医学术语描述自身的病症,虚拟护士无法从病人的描述中进一步深挖更多病症信息,人类医生能够更有针对性地提问和前瞻性地引导,能够高效深入地挖掘病人的潜在信息;相较于人类的医护,机器人目前无法具备人类的同理心、同情心,无法有效安抚病人情绪,给患者以心灵上的安慰和温暖,而人类的医护可以给病人温暖。

小试牛刀

1. 虚拟护士需要的技术有(　　)。
   A. 自然语言处理　　　　　　　　B. 语音处理
   C. 增强现实　　　　　　　　　　D. 虚拟现实
2. 虚拟护士的优点有(　　)。
   A. 不眠不休　　　　　　　　　　B. 可升级迭代
   C. 机器冰冷,缺乏同情心　　　　　D. 会引起患者的恐慌

11.4 智能康复设备

一、智能假肢

智能假肢,也叫神经义肢,是一种生物电子装置,是指医生们利用现代生物电子学技术为患者把人体神经系统与照相机、话筒、马达之类的装置连接起来以嵌入和听从大脑指令的方式替代这个人群的躯体部分缺失或损毁的人工装置。

即便筋肉骨骼损毁或丧失,曾经控制着它们的大脑区域及神经也会继续存活。对许多伤残者而言,与断肢对应的脑区和神经都在静候联络,如同话机被扯掉的电话线。目前已有大量的专项外科手术,把患肢与仿生装置连接起来。所使用的这些仿生装置被称作智能假肢。这是一项十分考验精度难度的工作,需要经历大量临床试验。虽说科学家们了解把机器与思想相连的可能性,但保持这种连接非常困难。

知识延伸

智能假肢未来发展的几个方向

1. 将人工智能与假肢相结合,实现假肢的智能化。
2. 仿生假肢将最终取代生物肢体。
3. 通过3D打印技术与人工智能相结合,实现高精度3D打印假肢。

图 11-23 应用深度学习的智能假肢

二、智能假肢的核心技术

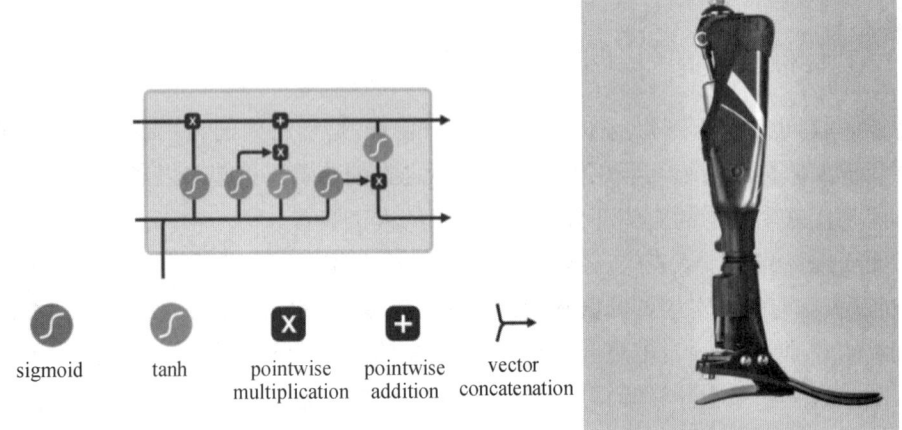

图 11-24　基于深度学习模型 LSTM 的智能下肢假肢

智能假肢的核心技术如下：

（1）搭载深度学习模型。以搭载 LSTM 为例，LSTM 的核心概念在于细胞状态以及"门"结构。细胞状态相当于信息传输的路径，让信息能在序列连中传递下去。可以将其看作网络的"记忆"。理论上来说，细胞状态能够将序列处理过程中的相关信息一直传递下去。因此，即使是较早时间步长的信息也能携带到较后时间步长的细胞中来，这克服了短时记忆的影响。信息的添加和移除我们通过"门"结构来实现，"门"结构在训练过程中会去学习该保存或遗忘哪些信息。采集健肢侧位于摆动相的时序数据，选用长短时记忆神经网络自动提取特征，并对下肢假肢运动意图进行识别。使假肢更智能化。

（2）3D 打印假肢。将 3D 打印技术和假肢相结合。

（3）仿生假肢最终取代生物肢体。

以上三部分不仅涉及了比较多的前沿技术，如深度学习知识、自然语言处理、传感器技术，还需要进行工作量巨大的临床实验研究，数据采集，进行大数据分析，在大数据的基础上，实现高精度的智能化。

三、智能假肢如何帮助截肢患者

假肢是截肢患者恢复正常生活的重要依托，智能假肢是仿造人的肢体功能进行研发、制作的。那么，它肯定具有生物肢体的大部分功能，还具有自动调节的功能，可以根据患者的行走情况自动调节假肢的模式，让患者更安全、舒适地使用假肢。假肢市场上有很多的伪智能假肢，很多不了解假肢的患者很容易被忽悠。例如，一些电子假肢腿就被宣传成智能假肢，其实不然，电子腿达不到智能的效果，它需要患者根据自身情况手动调节行走模式，需要患者手动调节的假肢真的是智能假肢吗？

智能假肢最大的特点就是安全、平稳，它可以根据患者的运动幅度调节假肢的行走模式,行走模式有慢走、快走、跑步、上下楼梯等模式。在安装智能假肢的时候,假肢公司会收集患者的运动幅度,然后传导进假肢的微电脑,微电脑以后就会通过之前的数据自动调节假肢的模式,在患者行走的时候,假肢还可以收集患者的使用情况来进行微调,让患者更安全、舒适地行走。

知识链接

智能假肢的三大优势

1. 能自动调节,使假肢与原来的肢体功能更接近。智能假肢可以提高患者的生活效率,在爬楼梯、下阶梯等过程中提供助力,而不用患者通过跨等关节过度发力,从而提升患者使用的幸福感。

2. 与患肢间连接紧密,融为一体,让患者使用、行走更自如。

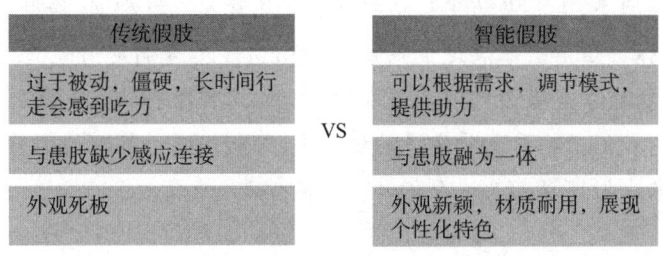

图 11-25　智能假肢与传统假肢优势对比

3. 具备较好的仿真造型,高度模仿人体力学结构,美观耐用。

智能假肢的核心价值在于对成本、效率、患者使用契合度等多方面解决痛点,并且在融入人工智能深度学习模型之后实现智能假肢功能升级转型,为广大伤残患者带来福音。

四、智能机械手

智能机械手主要包括:肌电手、电动假肢、机械假肢。

(一) 肌电手

这种手比较普遍,原理是通过肌肉电信号来控制假肢的开合及速度。但是该款假肢普遍存在较多问题,首先是肌肉电信号强度识别不准。由于皮肤的存在,体表肌肉电信号非常不容易识别。通过多通道肌肉电信号能够做出多个动作切换。至于传统假肢,有人用得非常流畅,但是更多人用不到一个月,假肢就放在抽屉里吃灰了。原因在于经常发生识别不准确、误操作、体表出汗导致灵敏度下降等问题。

(二) 电动假肢

这是一种新技术,原理是通过肌肉变形,触碰光电传感器或者其他类型传感器,控制手的抓握。其原理虽然不难,但是相对靠谱实用。缺点是一次只能操作一个动作,如果要

切换动作,需要配合按键或者蓝牙,多次按压传感器等动作进行。但是这种可靠性强的假肢,能够满足大部分日常生活。能够根据触碰者的身体情况,比如说肌肉起伏幅度,自动校正范围。根据肌肉起伏速度,控制手指抓握速度。

(三)机械假肢

通过机械传动的方式,带动手指的抓握。也叫自身力源假肢。优点在于,简单方便,不需要电池,体积小,操作灵敏。适合手指截肢的人群。手掌截肢的人群,则必须通过弯曲指定部位,比如说弯曲腕关节带动手指抓握,没有腕关节的人,通过弯曲肘关节进行抓握。

知识延伸

想象未来的智能假肢、机械手

智能假肢、机械手,主要是为了让伤残患者像正常人一样生活,借助设备,帮助他们最大程度地康复身体。但是除了满足最基本的帮助伤残患者们更好地重返社会,重建生活之外,智能假肢、机械手是否还可以让患者们拥有比正常生物肢体更灵敏强健的力量?在很多科幻电影中,我们不难看到非常多的机械手、智能假肢所拥有的力量超越了人类生物肢体的极限,未来我们可以朝着这个伟大的目标奋进……

小试牛刀

1. 智能假肢(又称神经义肢)相比传统假肢其优势在于(   )。
   A. 能自动调节,使假肢与原来的肢体功能更接近
   B. 与患肢间连接紧密,融为一体,让患者使用、行走更自如
   C. 具备较好的仿真造型,高度模仿人体力学结构,美观耐用
   D. 造价高昂
2. 智能机械手主要包括(   )。
   A. 肌电手   B. 机械假肢   C. 电动假肢   D. 以上都是
3. 随着人工智能技术的发展,智能假肢的研发势不可挡。智能假肢未来的研发方向主要包括(   )。
   A. 将人工智能与假肢相结合,实现假肢的智能化
   B. 仿生假肢将最终取代生物肢体
   C. 通过3D打印技术与人工智能相结合,实现高精度3D打印假肢
   D. 以上都是
4. 传统假肢的不足主要体现在(   )。
   A. 识别不准确,误操作
   B. 体表出汗导致灵敏度下降等原因
   C. 自身比较重,不够仿真

D. 以上都是

5. 相对于传统假肢,智能假肢主要是给患者提供(　　),它是真正实现智能化的核心技术。

　　A. 自动调节模式,主动主力　　　　B. 仿生外观

　　C. 结实耐用　　　　　　　　　　　D. 以上都是

思维与操作实训

小组讨论:人工智能未来还会运用于医疗的哪些方面?

1. 实训目的

在开始本实训之前,请认真阅读相关内容。

(1) 熟悉本任务中人工智能在医疗疾病识别方面的知识。

(2) 了解一些基础疾病常识。

2. 实训内容与步骤

开展头脑风暴小组讨论:立足现在,展望未来,大家思考一下,未来人工智能与人类医生的关系是怎样的?

记录小组讨论的主要观点,推选代表在课堂上简单阐述你们的观点。

【实训总结】

_____

_____

【教师对实训的评价】

_____

_____

拓展资源

上海:"AI"人工智能服务百姓医疗

任务十二

人工智能营造智能家居

案例导读

很多科幻电影中都会出现很多新奇的智能家居,这些家居虽然只是对未来美好的设想,但是其中的一部分已经逐渐走进了我们的视野,不管什么样的设计总是会给我们眼前一亮的感觉。

1. 全息互动式投影

在电影中作为出现频次很高的"高科技",每一次出现都有着令人窒息的操作,恨不得在自己家中安上一个。

例如电影《她》里面主人公在洛杉矶和上海的公寓中,没事就打打游戏看看电影,用手势和游戏角色进行互动。

图 12-1 《她》剧照

电影《饥饿游戏》中全息互动式投影的展现形式更加让人情不自禁地想拥有。影片中的全息互动式投影,不仅有着非常高的分辨率和识别精度,还能无死角反馈整个区域的实时环境状态。

现在也确实有很多的智能产品在往这些高端智能方向昂首阔步地前进,虽然只是一

图 12-2 《饥饿游戏》剧照

点点地实现着其中的一些功能,但是相信总有一天更多的高端智能产品会慢慢地走进我们的家庭中。

2. 全智能控制家居

《钢铁侠》系列的电影中,只要随便的一个指令,机器人就可以很自然地把所有的事情处理好。

在《碟中谍》中,阿汤哥也是通过语音系统直接开灯和开电视。

3. 超级智能系统

《钢铁侠》电影中,除了语音控制系统,还有令人印象深刻的人工智能贾维斯。不需要刻意地发布指令,有电脑的地方就有它的存在。

电影中,无论是在家中还是公司,都能和贾维斯无缝链接,实现很多功能,如倒咖啡、检查身体、陪自己女朋友过生日……

小到家居生活,大到拯救世界,只要有这套系统,随时变成一个上得厅堂、下得厨房的超级家居管家。

12.1 物联网与智能化生活

一、什么是物联网

物联网是以感知为目的,利用互联网等通信技术把传感器、控制器、机器、人和物等通过某种方式连接在一起,形成人与人、人与物、物与物相联,从而实现信息化、远程管理控制和智能化的网络。

物联网的本质是为物品赋予主动性,方便用户使用该物品。物联网的应用中有三项关键技术,如图 12-3 所示。

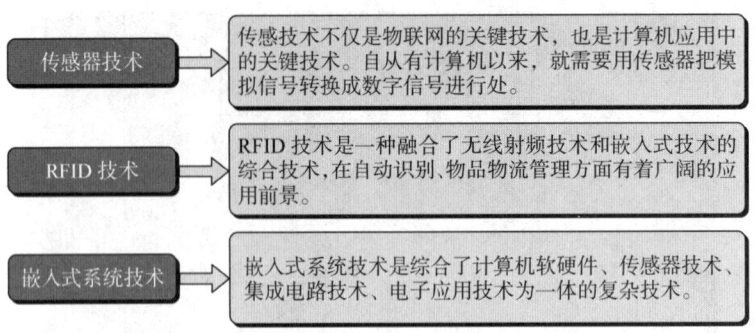

图 12-3　物联网应用中三项关键技术

现阶段,随着计算机通信技术的持续发展,人工智能、物联网技术逐渐成为时代的主题,与社会各行业的融合程度不断加深,智能家居领域也迎来了新的发展时期。智能家居系统是将现代科技融入家居生活的实践,综合发挥了各类智能化信息技术的优势,集架构、系统、应用、管理及优化组合为一体,具有智能化的感知、传输、记忆、推理、判断与决策能力,满足了居住者日益提高的现代化家居需求,有利于营造出人与建筑空间和谐交互的优质环境。《关于完善促进消费体制 进一步激发居民消费潜力的若干意见》中强调了智慧家居产品作为前沿信息消费产品的价值,这凸显了推动智能家居系统现代化发展的重要性。

在智能家居中,物联网的目标是通过射频识别(RFID)、红外感应、探测系统、智能插座和开关、智能手机等设备,按约定的协议,通过网络把家居中的灯光控制设备、音频设备、智能家电设备、安防报警设备、视频监控设备等任意设备与互联网连接起来,进行信息交换和通信,从而实现智能化设备的监控和管理,如图 12-4 所示。

图 12-4　智能家居物联网

物联网技术对传统家居的影响为其带来了全新的产业机会。传统家居行业技术落后、创新乏力、观点陈旧,发展一直停滞不前。物联网的出现,为家居行业带来了生机,一些优秀的传统企业纷纷涉足物联网智能家居行业。

二、物联系统

智能家居系统包含的主要子系统有：家居布线系统、家庭网络系统、智能家居（中央）控制管理系统、家居照明控制系统、家庭安防系统、背景音乐系统（如 TVC 平板音响）、家庭影院与多媒体系统、家庭环境控制系统等八大系统。其中，智能家居（中央）控制管理系统、家居照明控制系统、家庭安防系统是必备系统，家居布线系统、家庭网络系统、背景音乐系统、家庭影院与多媒体系统、家庭环境控制系统为可选系统。

在智能家居系统产品的认定上，厂商生产的智能家居（智能家居系统产品）必须是属于必备系统，能实现智能家居的主要功能，才可称为智能家居。因此，智能家居（中央）控制管理系统、家居照明控制系统、家庭安防系统都可直接称为智能家居（智能家居系统产品）。而可选系统都不能直接称为智能家居，只能用智能家居加上具体系统的组合表述方法，如背景音乐系统，称为智能家居背景音乐。将可选系统产品直接称作智能家居，是对用户的一种误导行为。

在智能家居环境的认定上，只有完整地安装了所有的必备系统，并且至少选装了一种及以上的可选系统的家居才能称为智能家居。

三、智能化生活

人们乍一听到智能化生活，首先想到的就是我们曾经在电视里面看到过的富豪的豪宅里有这东西。于是给我们的第一印象就是这东西很好，很"高大上"，很想自己也亲身体验甚至拥有这样的智能生活，不禁将其跟奢侈品划为同类型的东西。

事实上，智能家居进入国内市场已经 10 多年了，一直以高大上的面目出现在人们的视野中。近年来随着物联网、云计算等先进科技的应用，传统的有线的智能家居远远不能满足市场的需求和人们对功能丰富性和可操作性强的要求，智能家居呈现数字化、智能化、潮流化趋势，展现出强大的生命力，而且产品也越来越贴近生活，接地气。实用越来越成为智能家居企业的重点，打造一个安全、智能、快捷、舒适的生活环境，是以后智能家居企业的发展方向。

那么从消费者的角度来看待这个问题是企业家们正在思考的方向。无疑，智能家居是个朝阳行业，行业前景越来越明晰。近年来有众多大佬纷纷投入这个行业，行业内外的敏锐眼光都看向这里。苹果、谷歌、亚马逊、小米、中兴、京东都已经进入这个行业。互联网技术和智能手机的普及更是助推行业的发展。

知识延伸

物联网的产业应用示例

除了智能可穿戴设备、智能家电、智能网联汽车、智能机器人等消费生活领域的应用之外，物联网最典型的应用来源于工业领域，工业领域之外，物联网还在智慧城市建设中发挥着不可或缺的作用。

图 12-5　物联网的产业应用

以碧桂园的"碧合开放平台"为例，该平台主要包括四部分——物联网平台、互联网平台、支付平台和大数据平台。前两个平台是核心，构筑了碧合开放平台对第三方的应用和能力，向运营平台附着能力。碧桂园作为地产开发商本身具有资源整合属性，可以链接城市运营和建设中的各方，物联网平台、互联网平台以统一标准接入各方数据，经过大数据平台的数据整理，再将数据和服务需求开放给第三方应用服务商，企业服务和生活服务提供商可以通过统一的碧合 App 调用平台的开放能力为用户提供多样化服务。

在安防方面，小镇会利用无人机对主要干道和重点区域进行定点定时巡逻，利用"鹰眼"对小镇室外区域，进行全局监控与追踪，利用视频结构化对人员和车辆进行视频分析，以及单兵的调度、访客预约、人脸识别门禁等一系列手段，保障小镇企业员工与居民的办公、生活安全；交通方面，小镇将提供定时往返深圳、惠州城区的巴士实现内外交通出行，百度无人车技术将用以实现园区智能交通接驳，小镇会通过智能分析进行辅助决策是否需要交通引流或调整潮汐车道，避免令人烦恼的交通堵塞。以上仅是部分智慧城市生活场景，生活在这样的城市中，居民生活将变得更为便利和谐。

小试牛刀

1. 物联网是以（　　）为目的。
   A. 视觉　　　　　B. 感知　　　　　C. 触觉　　　　　D. 网络
2. 下列不是物联网应用中的三项关键技术的是（　　）。
   A. 传感器技术　　　　　　　　B. RFID 技术
   C. 嵌入式系统技术　　　　　　D. 并行技术
3. 物联网最典型的应用来源于（　　）。
   A. 机械领域　　　B. 工业领域　　　C. 商业领域　　　D. 教育领域

12.2　智 能 安 防

一、智能安防技术

智能安防技术，指的是安防服务的信息化、图象的传输和存储技术，其随着科学技术的发展与进步和 21 世纪信息技术的腾飞，已迈入了一个全新的领域。

物联网技术的普及应用，使城市的安防从过去简单的安全防护系统向城市综合化体系演变，城市的安防项目涵盖众多的领域，有街道社区、楼宇建筑、银行邮局、道路监控、机动车辆、警务人员、移动物体、船只等。特别是针对重要场所，如机场、码头、水电气厂、桥梁大坝、河道、地铁等场所，引入物联网技术后可以通过无线移动、跟踪定位等手段建立全方位的立体防护，兼顾了整体城市管理系统、环保监测系统、交通管理系统、应急指挥系统等应用的综合体系。特别是车联网的兴起，在公共交通管理上、车辆事故处理上、车辆偷盗防范上可以更加快捷准确地跟踪定位处理。还可以随时随地地通过车辆获取更加精准的灾难事故信息、道路流量信息、车辆位置信息、公共设施安全信息、气象信息等。

二、智能安防系统

就智能化安防来说，一个完整的智能化安防系统主要包括门禁、报警和监控三大部分。这三个方面共同作用，构成了智能家居安全的第一道防线。

（一）智能门锁

智能安防的发展已取得了令人瞩目的成就，随着住宅小区、长租公寓、酒店等智能安防需求的凸现，智能安防当前面临新的发展契机。在安防领域，锁在经历了挂锁、电子锁、指纹锁之后，终于进入了智能锁的阶段。

以三星智能锁为例，三星智能锁是由三星集团旗下高科技产业首尔通信技术株式会社自主开发的产品，是一款让人们的生活更安全、更舒适的智能产品，如图 12-6 所示。

图 12-6　三星智能锁带来安全感

三星智能锁应用第四代指纹识别技术,首先认证活体,再识别纹路,用户触摸一下指纹开启键,指纹窗就会自动翻起,同时指示灯亮起。用户将注册过的手指放上去,随着悦耳的提示音,锁就会自动开启。三星智能锁室外锁体的结构如图12-7所示。

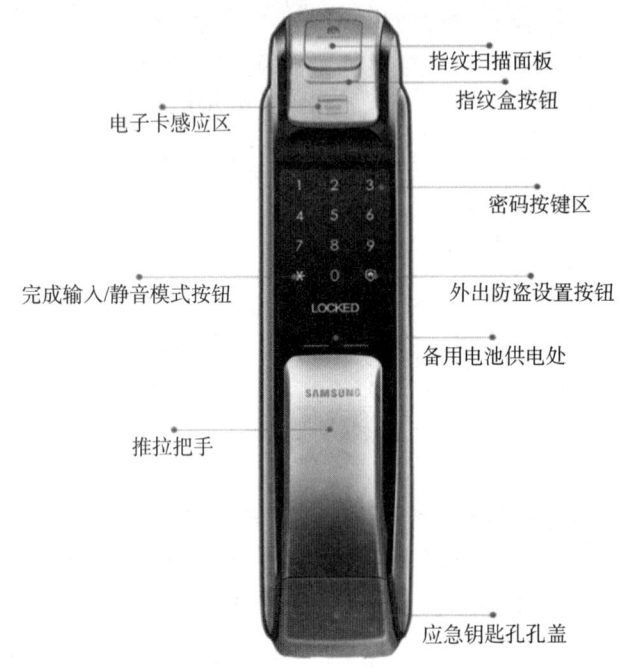

图12-7 三星智能锁室外锁体的结构

(二)智能摄像头

近年来,智能摄像头已经成为智能家居炙手可热的产品,智能摄像头不仅可以让用户随时知道并查看家里的异常情况,还极大地丰富了人们的视觉交互。

图12-8 智能摄像头

(三)家庭防盗防火系统

家庭防盗报警系统可以根据区域的不同分为两部分:一部分为住宅周界防盗,即在住宅的门、窗上安装门磁开关;一部分为住宅室内防盗,即在主要通道或重要的房间内安装红外探测器。家庭防火报警系统由家用火灾报警控制器、家用火灾探测器以及火灾声警报器组成。

当我们遇到突发事件,如火灾,铁窗防盗网对救援及逃生带来很大的影响。选择安全可靠、使用方便、功能齐全的防盗报警产品,已经成为现代生活的必备。提供智能防盗报警系统利用成熟的微电脑控制技术,采用普遍电话线传输报警信号,将防盗、防火、防有害气体、抗暴、防劫、急病救援、现场报警、无线报警等众多功能,集于一身。

需要外出时,人们只需按下手中的遥控器,报警系统就会自动进入防盗状态。期间如有歹徒企图打开门窗,就会触发门

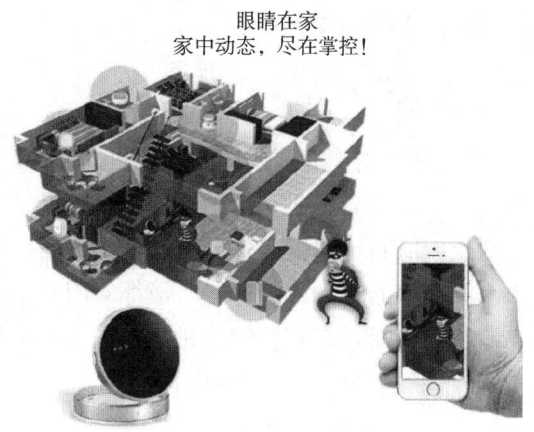

图 12-9 家庭防盗防火系统

磁感应器;假如非法之徒从阳台闯入,厅内的红外探测器会马上检测到非法入侵者。这时,报警主机会发出报警声,尖锐的报警声可把歹徒吓得落荒而逃,同时引起邻居、保安的注意。同时,通过电话线将警情报告到数个指定电话(如接警中心、保安部、居委会或亲友等),在几秒内收到报警信息后,人们也可以对家里情况进行异地监听,迅速采取应对措施,让歹徒得到相应的制裁,保障财产和生命的安全。

三、数字化技术要求

在组建智能化安防系统时,必须采用国际上通用的总线和接口,软件、硬件也必须采用开放式模块化结构,使整个智能化安防系统互换性和互操作性好,系统的标准化程度高,以方便与诸多类别的虚拟仪器相关部件兼容,并且方便修改、更新和升级换代。软件的设计必须达到如下要求:

(1)软件的设计应具有高质量的可靠性。

(2)软件的设计应具有高质量的效率。

(3)软件应保持不同平台和不同操作系统之间的可移植性,不同测试接口之间最大兼容及互换性和不同测试系统之间的通用性。

上述软件的设计不仅有高的要求,而且在设计时必须应用如下关键技术:

(1)为保证不同平台和不同操作系统之间的可移植性,必须采用符合 VPP(VXI Plug & Play)规范软件的开发环境。

(2)采用虚拟仪器软件 VISA 软件的结构技术,保证不同测试接口之间最大的兼容性及互换性。

(3)采用 VPP(VXI Plug & Play)规范软件的驱动程序结构,保证仪器驱动程序具有良好的兼容性及通用性。

(4)应用开放数据库 ODBC 互联技术及 SQL 数据库查询语言,保证软件的通用性。

(5)应用模块软件结构的设计方法,提高系统软件的灵活性、移植性和可维护性能,

以降低系统的复杂性能。

小试牛刀

1. 下列对于智能门锁的描述，正确的是（　　）。
   A. 智能门锁只能通过手机进行开锁
   B. 智能门锁如果没有电了就不能打开了
   C. 目前大部分智能门锁都采用了生物识别技术
   D. 智能门锁只能通过指纹进行开锁
2. 下列锁中，最安全便利的是（　　）。
   A. 传统的机械锁
   B. 普通感应锁
   C. 具备多种开锁方式、安全保险的智能门锁
   D. 用指纹识别打开的锁
3. 智能安防系统软件的设计需要注意的方面不包括（　　）。
   A. 可靠性　　　B. 可移植性　　　C. 通用性　　　D. 外观性

12.3　智　慧　管　家

一、智慧管家的综合应用

（一）NB-IoT 技术

下班回家想骑个共享单车，但是扫码后不能一下子打开智能锁，原因是物联网传输技术的局限。如何解决这个传输技术的缺点？NB-IoT 就是一项新的物联网技术。

在第四届世界互联网大会上，就可以看到利尔达科技集团股份有限公司展出的专业物联网产品，其中包括了 NB-IoT 模组、LoRaWAN、测试终端、USB Dongle 等硬件产品，以及共享单车锁、电动报警器、智慧楼宇、智能水气表等应用解决方案，涉及的领域从微观的智能产品、智能家居一直到宏观的智慧城市、智慧云端。

比如，该公司所展示的智能医院解决方案就让医院变得更为"智能"。通过物联网云平台，医护人员不但可以对病房进行远程监控，实现无人化自动消毒，还可以记录数据，对消毒行为进行管理和溯

图 12-10　NB-IoT 技术

源;智能教室解决方案则可以通过物联网设备让上课变得更为多样化,帮助教室节能。在上课、早晚自习、投影、休息等不同的课堂需求下,可以自动打开、关闭教室电脑并自动调节不同的光线。

(二) 艾米机器人

互联网大会现场机器人很多,其中包括一个可爱的家用机器人"艾米",由杭州艾米机器人有限公司出品,如今已经在商超、家庭生活、社区中经常出没。

"这是一款专为精英阶层量身定制的家庭服务机器人,我们希望它用于高知识高收入家庭。"杭州艾米机器人有限公司负责人说,本次大会上艾米机器人展示的机器人是 AMY-A1 型家用服务机器人,具备智能导航定位、纯语音控制交互、智能家居控制、在线健康管理、在线教育辅导、自主安防巡视等功能,在收到参展观众的语音要求后,艾米机器人可以进行拍照、导航、查询天气信息等一系列的工作。

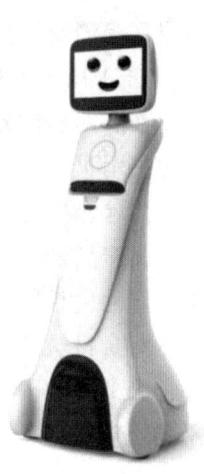

图 12-11　艾米机器人

该公司透露没有到现场参展的还有 AMY-M1 型商用机器人,这款商用机器人可以接受个人定制,并能为医院远程系统服务,满足远程视频会议,远程协作工作以及远程技术指导等商务需求。

(三) 私人翻译官

不懂外语也想出国旅游?这放在几年前可能有点困难。但随着智能手机的普及和翻译软件的成熟,语言不通早就不再是阻碍我们出国旅游的障碍了。

作为入选首批国家新一代人工智能开放创新平台的企业,科大讯飞在互联网大会上带来了八大 AI 产品。其中,晓译翻译机颇具亮点,还开启了"个人粉丝见面会"。

经过两次升级后,晓译翻译机已经能够实现中英离线翻译并支持中文与多国语言之间的互译。在本次大会上,晓译担任了志愿者的角色,为国内外参会人员提供翻译服

图 12-12　晓译翻译机

务,除了提供日常的中英交流之外,还提供日韩法西小语种服务。翻译的准确性让现场的与会者都直呼"厉害了"。如果在短期内,你需要与外国人交流,又觉得自己外语水平有限,让晓译成为你的私人随身翻译官是一个不错的选择。

(四) "魔镜"照出用户的心思

"魔镜魔镜,谁是世上最美的人?"魔镜对你眨眨眼,没说话,然后给出了一大堆搭配建议。

这是发生在互联网大会上的真实场景。"这是我们公司旗下产品奇点云在实际过程中的应用场景。"杭州比智科技有限公司经理介绍,这款有趣的广告系统,采用了业界领先的深度学习算法和海量多样的人脸标注数据,通过人脸检测、人脸识别等一整套技术方

案,依托云计算平台,利用大数据智能推荐引擎,为用户实现一对一商品推荐和广告展现。

"从顾客进门那一刻起,智能设备已经了解到每一位顾客的动向轨迹和个人喜好,摄像头也针对每位顾客生成了不同的Face ID。"林晓锋说,魔镜适用于各类零售实体店、旅游景区等消费场所,将有效地增强线下零售商店与客户的互动。

(五)用人工智能技术检测骨龄

在第四届世界互联网大会·互联网之光博览会现场,杭州纳里健康科技有限公司向大家展示了一个基于AI引擎的影像检测平台。这款影像平台依托于人工智能技术将方便医生检测患者的骨龄。

据产品经理刘鸣谦介绍,骨龄检测不仅可以确定儿童的生物学年龄,通过骨龄及早了解儿童的生长发育潜力以及性成熟的趋势,还可以通过骨龄来预测儿童的成年身高,并对于一些身材矮小的患者及时提供指导性意见。目前,卫宁健康旗下的纳里健康推出的这款检测平台的一年以内正确率已达到了98%,检测得到的骨龄平均绝对误差仅0.4岁,平均处理每张影像耗时0.4秒。

二、5G时代智能家居的环境感知将成为现实

1984年,美国联合科技公司在对康涅狄格州哈特福德市的一栋旧式大楼进行改造时,首次采用计算机系统对大楼的照明、电梯、空调等设备进行了监测和控制,并对大楼提供诸如语音通信、电子邮件和情报资料等一系列信息化服务。这是建筑设备信息化的首次应用。以前那种游离于信息主体之外,仅靠人为手动或传话控制的建筑载体似乎一定程度地活了起来,变得不再那么效率低下和死板僵化。在建筑界,这是智能化的开端,这栋旧大楼也有幸被人们称为世界首栋"智能型建筑"。虽然只是一栋旧楼,但代表着一个新趋势的开始,代表着智能家居的环境感知成为现实。

也就是从那时起,"智能家居"概念被广泛提及,人们将其定义为:将家庭中各种与信息相关的通信设备、家用电器和家庭保安装置通过家庭总线技术(HBS)连接到一个家庭智能化系统上进行集中的或异地的监视、控制和家庭事务性管理,并保持这些家庭设施与

图12-13 旧式大楼改造智能家居

住宅环境的和谐与协调。

智能家居颠覆了人们对家居的认知。在智能家居之中,信息互动无处不在,我们不需要人为地控制,建筑本身就能为我们完成一切,人、物和环境都只是这个智能网络中的一环。

智能家居想要达到的是信息的自动捕捉和调节,随着 5G 时代的到来,这一切正变得愈发简单。在 3G 或 4G 时代,人们对智能家居的控制主要依赖于手机远程遥控,而 5G 时代,人们更加注重智能设备的"自我感知"。也就是说,智能家居将不再是被动地接受用户的控制,而是主动地去"感知"环境,并做出相应的反应。

一栋智能的大楼应该可以感应天气,并自动调整窗户的状态。家居环境包含很多参数,例如室内的空气湿度、温度、质量以及光照强度、声音强度等。这些都是现代人非常看重的,毕竟现在城市的空气质量越来越不尽如人意,雾霾、沙尘暴的出现也让人们迫切地需要一个能够智能调节的家居系统。而 5G 智能家居能感知这些环境参数,并对这些参数进行分析,然后自动地联动相关设备。与之前的智能设备最大的区别,就是这些设备不需要人类去指导或遥控,一切都是主动进行的。

图 12-14 智能大楼

比如,中国柒贰零健康科技公司就是从环境感知切入,开发出世界上集成度很高的环境监测器,可以监测温度、湿度、噪声、甲醛、TVOC、PM2.5、PM10、二氧化碳等数据,通过 Wi-Fi、NB-IoT 等多种通信能力,把数据传送到网络上,通过智能云平台进行分析,对家庭中的空气净化器、新风机、抽油烟机等设备进行控制,进而实现环境感知和对空气质量的智能管理。

华为公司的智能家居平台,通过 HiLink 协议,把各种智能家居产品连接起来,照明、清洁、节能、环境、安防、健康、厨电、影音、卫浴等各类设备都通过 HiLink 协议逐渐打通,实现互操作,形成一个智能的服务体系。

随着 5G 的到来,智能家居将迎来爆发式增长,这个领域的大量设备已经拥有智能化的基础,只是需要一个低功耗的通信能力加入,就能在很大程度上改变产业格局。

> **小试牛刀**

1. NB-IoT 是一项新的（　　）技术。
   A. 算法　　　　　B. 嵌入式　　　　　C. 大数据　　　　　D. 物联网
2. 艾米机器人是一款（　　）。
   A. 家庭服务机器人　　　　　　　　B. 娱乐机器人
   C. 学习机器人　　　　　　　　　　D. 跳舞机器人
3. 5G 时代，人们更加注重智能设备的（　　）。
   A. 自我感知　　　B. 便捷性　　　　C. 防摔　　　　　D. 外观

12.4　打造自己的智慧家居

一、智能家居

智能家居是在物联网的影响之下物联化的体现。智能家居通过物联网技术将家中的各种设备（如音视频设备、照明系统、空调控制、安防系统、数字影院系统、网络家电以及三表抄送等）连接到一起，提供家电控制、照明控制、窗帘控制、电话远程控制、室内外遥控、防盗报警、环境监测、暖通控制、红外转发以及可编程定时控制等多种功能和手段。与普通家居相比，智能家居不仅具有传统的居住功能，兼备建筑、网络通信、信息家电、设备自动化，集系统、结构、服务、管理为一体的高效、舒适、安全、便利、环保的居住环境，提供全方位的信息交互功能，帮助家庭与外部保持信息交流畅通，优化人们的生活方式，帮助人们有效安排时间，增强家居生活的安全性，甚至为各种能源费用节约资金。

一方面，智能家居让用户以更方便的手段来管理家庭设备，比如通过触摸屏、手持遥控器、电话、互联网来控制家用设备，更可以执行情景操作，使多个设备形成联动；另一方面，智能家居内的各种设备相互间可以通信，不需要用户指挥也能根据不同的状态互动运行，从而给用户带来最大程度的方便、高效、安全与舒适。所谓智能家居时代就是物联网进入家庭的时代。它不仅指那些手机、平板电脑、大小家电、计算机、私家车，还应该包括吃喝拉撒睡、安全、健康、交友甚至家具等家中几乎所有的物品和生活。其目的是让人们的家庭生活更舒适、更简单、更方便、更快乐。

智能家居最早起源于 20 世纪 80 年代的美国，首个智能型建筑的建成揭开了全世界智能家居研究和探索的序幕。以 LifeSmart 云起打造的苹果 HomeKit 智慧

图 12-15　LifeSmart 云起

家居场景为例。

目前，LifeSmart 云起旗下已有 30 多款产品支持苹果 HomeKit，涵盖了家庭安防、环境调节、幻彩灯光、节能环保等智慧生活全系列场景。一句"hey, Siri"，LifeSmart 云起用户就可以轻松唤醒智慧生活。

Homekit 是苹果发布的智能家居平台，用户可以通过 iPhone、iPad 或 iPod Touch 控制灯光、室温，管理所有支持 HomeKit 平台的智能家居设备。苹果 HomeKit 向来以"严格的性能标准"著称，LifeSmart 云起是智能家居行业内少有通过 HomeKit 认证的企业之一，也是通过苹果 HomeKit 认证产品最多的企业。

LifeSmart 云起支持苹果 HomeKit 的产品包括智慧中心、多功能环境感应器、多功能门禁感应器、多功能动态感应器、辰星开关、流光开关、恒星开关、水浸感应器、智慧灯泡、幻彩灯带、智能窗帘电机等众多产品，可以实现多情景联动模式。

图 12-16　Homekit

图 12-17　用 Siri 自动打开窗帘

（一）起居场景

每天清晨，唤醒 Siri 帮你自动打开窗帘，享受阳光沐浴。当你步入厨房享用早餐时，多功能动态感应器感应到你的出现，立即开启照明灯，舒缓的音乐流淌在家中。当多功能环境感应器感应到室内温度高于设定温度时，联动空调上的智慧插座，自动打开空调，帮助营造舒适的生活空间。

（二）离家场景

出门离家，关上智能门锁，家庭安防系统自动打开，摄像头开始工作，门禁感应器感应到门窗打开，就会立即联动摄像头拍照发送到你的手机上。水浸感应器、燃气感应器等厨房安全设备也进入工作状态，一旦发生燃气泄露，将联动推窗器自动打开窗户，保证室内安全。智能安防系统，带给你更强大、更安全、更贴心的智能安全体验。

（三）影音场景

当你一个人在家时，在家庭 App 上一键开启影音场景，将立即开启电视、音响，开启幻彩灯光，缓缓关闭窗帘，客厅立即变身私人小影院，任你独自享受这静谧的时光。

LifeSmart 云起全屋智能系统还能实现更多样丰富的智能场景，它可以感知你喜欢的温度是多少，判断出你什么时候可以回到家，还可以知道你什么时候需要新鲜空气，整个房子就像一个会思考的生态系统，为你营造一个四季如春的居家环境，配合苹果 Homekit 为用户带来全新的智能交互体验。

图 12-18　离家智能安防系统

图 12-19　一键开启影音场景

二、远程遥控汽车充实智慧家居

汽车是一个家庭的必需品，与每个家庭息息相关，在实现家庭布置智慧的同时，汽车也是智慧家居的一个重要环节。

一个遥控器就能控制一架小飞机，遥控无人机已成为一种常见的设备，被广泛用于航拍和巡检等各个领域。一个遥控器还能控制一辆小汽车，这或许是你童年的玩具伙伴，但你见过远程操控真实行驶在道路上的汽车吗？

在 2019 年亚洲消费电子展展会期间，诺基亚贝尔与上海移动、上海汽车等多家企业合作，首次采用 5G 商用网络和诺基亚边缘云计算平台，成功展示了真实车辆 5G 遥控。

图 12-20　移动商用 5G 网络、商用 CPE 和边缘云计算平台的首次组合呈现

5G 网络正在为交通运输行业注入新的活力与动力,5G 远程遥控就是在这一全新动力下的创新技术之一。安全、可靠、低延迟和高带宽,成熟的 5G 将依靠自身的优势为无人驾驶汽车领域提供更多的技术支持。相信在不久的将来,远程驾驶、遥控驾驶、自动驾驶、无人驾驶等运输技术会走出实验室,步入寻常百姓家。

三、远程医疗助推智能家居

远程医疗是指通过计算机技术、遥控技术为依托,充分发挥大医院或专科医疗中心的医疗技术和医疗设备优势,对医疗条件较差的边远地区、海岛或舰船上的伤病员进行远距离诊断、治疗和咨询,旨在提高诊断与医疗水平,降低医疗开支,满足广大人民群众保健需求的一项全新的医疗服务。

目前,远程医疗技术已经从最初的电视监护、电话远程诊断发展到利用高速网络进行数字、图像、语音的综合传输,并且实现了实时的语音和高清晰图像的交流,为现代医学的应用提供了更广阔的发展空间。

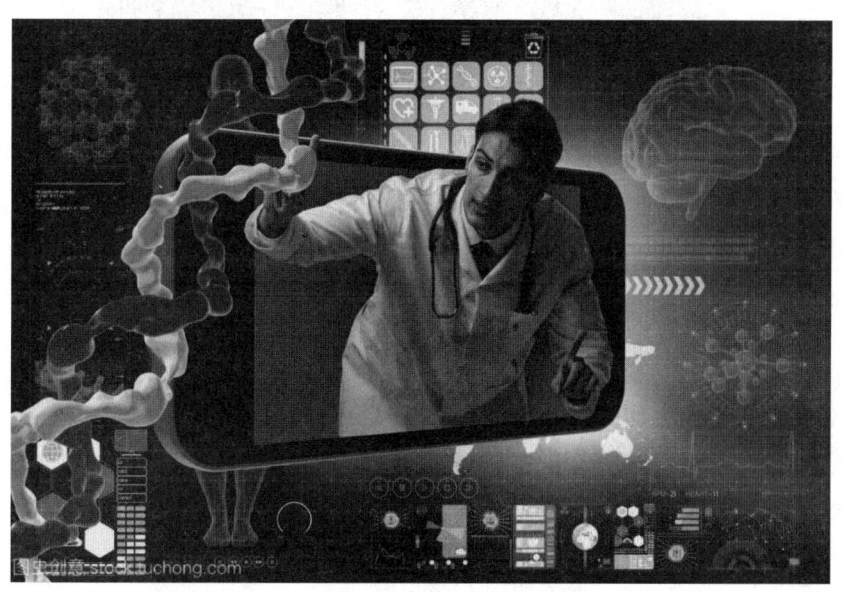

图 12-21 远程医疗

一场跨越 3000 公里的手术——全国首例基于 5G 的远程人体手术帕金森病"脑起搏器"植入手术于 2019 年 3 月成功完成。该手术通过 5G 网络,实现了北京与海南医院间的帕金森病"脑起搏器"植入手术。凌至培是中国人民解放军总医院第一医学中心兼海南医院神经外科主任,也是手术的负责医生,他平时在北京和海南两地轮换工作,而此次手术正是凌至培在海南工作期间,位于北京的帕金森病人需要进行手术,且该病人不宜飞往海南。

"借助 5G 网络的保障,首次实现了海南、北京两地远程手术,解决了 4G 网络条件下手术视频卡顿、远程控制延迟明显的问题。手术近乎实时操作,甚至感觉不到病人远在

3000公里之外。"凌至培表示,将来通过远程手术,上级医院高质量、高水平的专家可以远程、直接对偏远地区的患者进行手术,完成过去在基层难以完成的手术。

越来越多的5G远程手术正在成功完成。在巴基斯坦拉合尔举行的第四届国际心脏病学会年会期间,北京阜外医院专家吴永健教授及其团队,在合作医院——青岛阜外医院成功进行了心脏介入手术,并通过中国联通5G网络进行了手术直播。借5G网络传输,海外的医疗工作者在会议现场,通过大屏幕实时观看了青岛阜外医院进行的心血管手术,直播画面清晰稳定,流畅无卡顿。

中国联通表示,5G的增强带宽(eMBB)特征,在高效保障手术室高清直播画面回传的同时,还兼备了传输医学设备生理指标检测信号的合路传输能力。据悉,5G条件下,在远程医疗平台上传一个1.03G的测试包,花费不到20秒钟的时间,比普通4G网络快了40到50倍;同时5G也能够满足远程医疗对高分辨率图像,1080P、30FPS以上实时视频的要求。

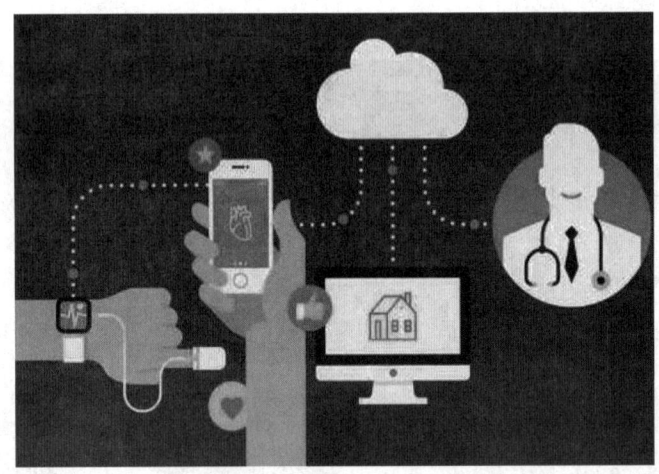

图 12-22　5G条件下的远程医疗

业内指出,此前由于网络传输技术的限制,真正意义上的远程医疗很难实现。但是5G的出现解决了连接技术上的困难,使要求更为严苛的远程手术成为可能。

在远程医疗领域,5G具备的大宽带、低时延和高可靠性能够满足远程医疗的要求,智慧医疗市场的投资预计2025年将超2300亿美元。中国信通院预计到2030年,我国远程医疗行业中5G相关投入(通信设备和通信服务)将达640亿美元。

四、智能家居工程案例

(一)入户门

(1)入户门设置灯光感应器,主人回家或客人来访时,灯光自动打开,方便主人开锁和客人按门铃,灯光过后会自动延时熄灭。

(2)入户门设置室内定点监控摄像机,记录进入人员的出入情况,实现24小时监控。

（二）自动车库识别

(1) 主人开车到达车库门时，按动车库门遥控开关，车库门自动打开。车辆进入后，主人下车，灯光自动打开，并延时等主人离开车库后熄灭。

(2) 车库进入室内的门口设置情景面板，可启动"夜间回家模式"（联动撤防、启动制定区域空调/采暖系统、同时打开大厅或起居室等制定区域的灯光；或者一键启动门口到主卧室沿途的灯光照明）；当离家时，在进入车库前一键启动"离家模式"（联动设防、关闭制定区域空调/采暖系统、灯光系统、音视频电源系统、窗帘系统、泳池设备等子系统）。

(3) 主人进入室内后，走廊灯光自动打开，穿过走廊后，灯光自动熄灭。

（三）家庭自主呼叫

(1) 主餐厅设置情景面板，方便进入时启动灯光并启动各种灯光场景（如晚餐、聚餐、西餐、中餐等场景，联动背景音乐，可依需求进行设计），同时可一键启动相应模式，关闭宅内其他房间的灯光、音视频等各个系统的工作，节约能源。

(2) 设置墙装智能背景音乐面板，可开启背景音乐，需要时呼叫家人或保姆。

（四）自动照明

(1) 左右两侧楼梯设置部分感应灯光，人来灯亮，人走灯灭，方便的同时节能。

(2) 电梯间设置感应灯光，人来灯亮，人走灯灭，方便的同时节能。

（五）安防

(1) 在每个与室外接触的窗户处安装红外感应探测器，当有人非法入侵时，系统会立刻以鸣笛、拨打预设电话的方式进行报警。

(2) 院落的四个拐角架设四台摄像机，实时监控，记录院内的情况。

(3) 厨房煤气泄漏报警、烟雾报警。

知识链接

扫地机器人

扫地机器人是智能家用电器的一种，能凭借一定的人工智能，自动在房间内完成地板清理工作。一般采用刷扫和真空方式，将地面杂物先吸纳进入自身的垃圾收纳盒，从而完成地面清理的功能。一般来说，将完成清扫、吸尘、擦地工作的机器人，也统一归为扫地机器人。扫地机器人的发展方向，将是更加高级的人工智能带来的更高的清扫效果、更高的清扫效率、更大的清扫面积。

扫地机器人对环境的识别分为以下两个方面：

1. 对房间大小的整体记录与扫描。通过几个对环境的熟悉，扫地机器人的微电脑会在内部形成房间的定置图，房间有多大；房间的家具如何摆放；房间中哪些地方是不能去打扫的等等这一系列的空间扫描结果，都会存储在扫地机的微电脑里，然后通过天花板的定位系统，来根据当前的位置，制订相应的工作计划。

图 12-23 智能扫地机器人

图 12-24 机器人对环境的识别

2. 对地面垃圾的识别。它通过红外感应,识别地板上垃圾的种类,然后决定是用吸还是用扫或是用擦的方式进行清理。当前的扫地机器人在这一点上还只能做到识别有没有垃圾,无法分辨种类,在清扫的方式上也比较单一,这是扫地机器人今后要解决的难题。

小试牛刀

1. 智能家居是在物联网的影响之下(　　)的体现。
    A. 信息化　　　　B. 物联化　　　　C. 识别　　　　D. 精确化
2. 下列不是远程医疗的依托的是(　　)。
    A. 遥感　　　　B. 遥测　　　　C. 计算机技术　　　　D. 工具
3. 扫地机器人一般采用刷扫和(　　)的方式。
    A. 激光　　　　B. 真空　　　　C. 水洗　　　　D. 擦洗

12.5　家庭智能化时代的展望

一、未来智能化时代的特点

(一) 泛在化

互联网已经从原来的虚拟世界渗透到物理世界,使我们的生活变得越来越便利。在可见的未来,为你提供无处不在的视频安防服务;为家里的老人和小孩提供无处不在的看护能力;每一个机器的运行情况和接收指令的情况你都知晓;可实时了解当前牲畜、土地的状况,从而进行精准的农业管理。未来网络如同生物神经将无处不在,成为人类数字化社会的基石。

(二) 多使命

未来的信息服务将是个承载多种业务目标的信息服务系统。对于智慧家庭而言,服务的对象主要是人,用基本的信息服务来满足人的体验;对于智慧城市,信息的服务主体由人过渡到机器,信息服务需要解决人与机器高效沟通的问题,核心问题是如何满足机器对于信息的处理需求;对于智能交通和未来工厂,信息服务的主要目标是需要满足机器的工业自动化和智能化处理的需求,对于信息服务的要求更倾向于确定性和更高的可靠性,最终满足机器的高速和高效运转的要求。在信息服务中,不同的应用就像不同的数字化的物种,将会有不同的信息服务来与之适应,这将是数字化时代网络链接的必然选择。

图 12-25　家庭智能化

(三) 智能化

现在的网络和未来的网络在智能化和自动化方面相比,就如同 20 世纪 90 年代 IBM 的深蓝和 21 世纪 Google 的 AlphaGo Zero,前者下的每一步棋是在已知棋谱的各种选项中选择一个最佳走法,而后者则可以由机器自己进行棋谱学习生成新的最佳走法。智能化、自动化的未来网络,将在效率或成本方面完全胜任全数字化信息社会对网络的需求。

目前,我国的人工智能技术在家庭服务业的应用范围还比较小,智能家居市场还处于起步阶段,并且存在技术水平低、伪智能化现象严重、安全性和可靠性低、行业标准未建立、用户年龄段过于集中等问题,怎样整合有效资源来解决这些问题使智能家居市场快速发展变得越来越重要。我们应该看好智能家居行业的发展,期待人工智能技术的提升给智能家居行业发展带来的改变,在抓住机遇的同时应对好各种挑战。

二、家庭智能化展望

随着人们对居住环境的要求提高,智能家居必定会得到更多的关注和发展。安全依旧是家居生活中最主要的问题,智能家居也必定会更重视家庭的安全性,家居的安全性发展,满足人们更高的生活环境需求和居住环境需求。

除此以外,环保节能也是未来发展的重要主题。相信通过各种传感器技术、监测技术和控制技术的不断发展,智能家居系统可以通过自动分配各种水资源、电力资源、煤气资源等,使室内能源得到绿色和高效的利用,达到低碳节能的目的。

人工智能技术、互联网技术、物联网技术的迅速发展使智能家居在近几年得到了迅猛发展,但由于智能家居是一个复杂的系统,其不仅涉及软件技术,还涉及很多硬件技术的模块,对多种领域多种技术的要求很高,导致现在的智能家居依旧处于安保和语音控制的

比较简单的级别。而现在，虽然大家都听说过智能家居，但真正应用了智能家居的家庭较少，普及度不高，受众面不广，对其的了解只停留在表面还未深入。因此，加大对相关技术的投资，提高智能家居的易用性、实用性和性价比是当前亟须解决的问题。

随着物联网的普及和发展，相信通过大数据等可以将人们对于智能家居的需求和应用领域更准确和直观地反映出来。相信在不久的将来，有越来越多的企业加入智能家居的潮流，越来越多的家庭可以拥有智能家居，智能家居将真正地为人们的生活提供便利。

趣味学习

寻找智能家居的人工智能技术

人工智能与智能家居的关系可以分为三个阶段：控制—反馈—融合。

第一级是控制：也就是远程开关、定时开关等控制方式。

第二级是反馈：把通过智能家居或可穿戴设备获得的数据通过智能管家反馈给主人，如"最近几天看电视有点多哦"。

第三级是融合：当主人跟智能管家聊别的事情的时候，智能管家知道主人的心情不好，就可以问主人要不要来一段音乐，或者直接播放一段主人平时听得最多的音乐。

人工智能技术帮助电脑去思考，让机器更像人类，让机器更大范围地替代人类。人工智能与智能家居将如何融合？在一些智能家居体验馆中，我们会发现，智能家居企业已经运用人工智能技术，让其嵌入更多生活场景，以此打造一个智慧生活场景的生态体系。

小试牛刀

1. 下列不是未来智能化时代的特点的是(　　)。
   A. 泛在化　　　B. 多使命　　　C. 智能化　　　D. 严格化
2. 下列(　　)不是智能家居当前亟须解决的问题。
   A. 外观性　　　B. 易用性　　　C. 实用性　　　D. 性价比
3. 下列(　　)不是人工智能与智能家居关系的三个阶段之一。
   A. 控制　　　B. 反馈　　　C. 统一　　　D. 融合

思维与操作实训

小组讨论：如何理解智能家居成为当今时代的主流发展趋势？

1. 实训目的

在开始本实训之前，请认真阅读相关内容。

(1) 熟悉人工智能概念，了解人工智能与智能家居的关系。

(2) 熟悉智能家居系统的内容与方式，了解智能家居系统的构成。

(3) 课外观看电影《碟中谍》，讨论人工智能技术未来对人类生活的影响。

2. 实训内容与步骤

开展头脑风暴小组讨论:在人工智能已遍布身边的今天,智能家居系统急需与人工智能进一步结合,我们如何理解"智能家居成为当今时代的主流发展趋势"这个命题?

记录小组讨论的主要观点,推选代表在课堂上简单阐述你们的观点。

【实训总结】

【教师对实训的评价】

拓展资源

智能家居

任务十三

人工智能重塑现代制造业

案例导读

智能工厂是经过数字化工厂的进一步发展后,综合物联网技术、监控技术来对工厂进行生产管理,使生产过程尽量让最少量人员参与就能达到高效生产,并且能科学合理地计划排程。智能工厂将各种智能策略、智能系统、智能方法等新兴智能技术综合应用,构建面向复杂市场需求、高效柔性化的工厂,同时建设高效、节能、绿色、环保、舒适的人文化工厂。

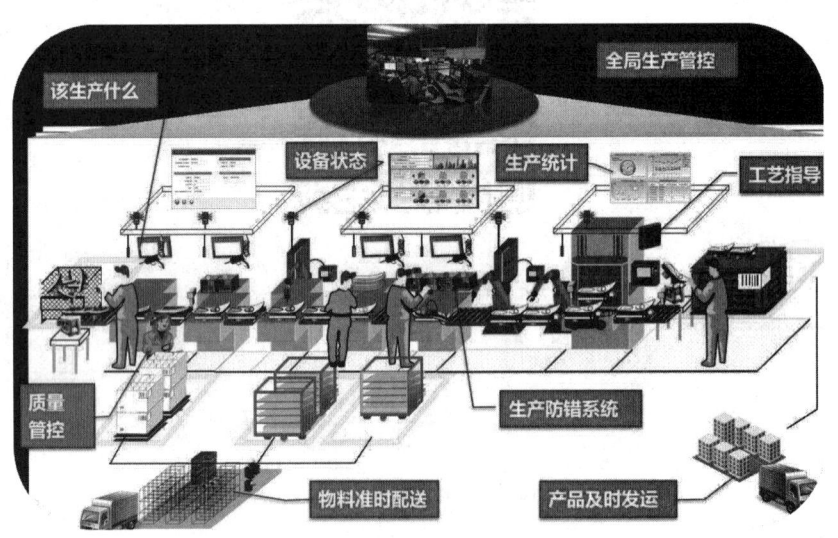

图 13-1 智能工厂流程示意图

13.1 智能工厂

一、智能工厂简述及特征

智能工厂以智能制造为背景,为了使工业生产更加可控、更少人控、高效高质、绿色低耗而提出的适应智能化、数字化的新工厂。智能工厂通过监控技术和物联网技术来加强生产信息管理服务。

智能工厂具有自主、自动化特性,对于生产更趋向于个性化,同时分工明确且具有自我学习能力,其自主性体现在对实时环境进行自主感知、判断、分析,进而做出规划的能力。在大规模生产中,智能工厂在信息物理系统(CPS)和物联网的支持之下,将整个工业系统有机结合,实现生产按照既定的规划高度有序地进行。个性化体现在产品可以根据具体需求意愿进行生产制造,通过对原料进行分析、设计并给出相应的解决方案,借助于整体可视技术和仿真模拟技术来进一步演示制造过程,从而达到个性化的目的。

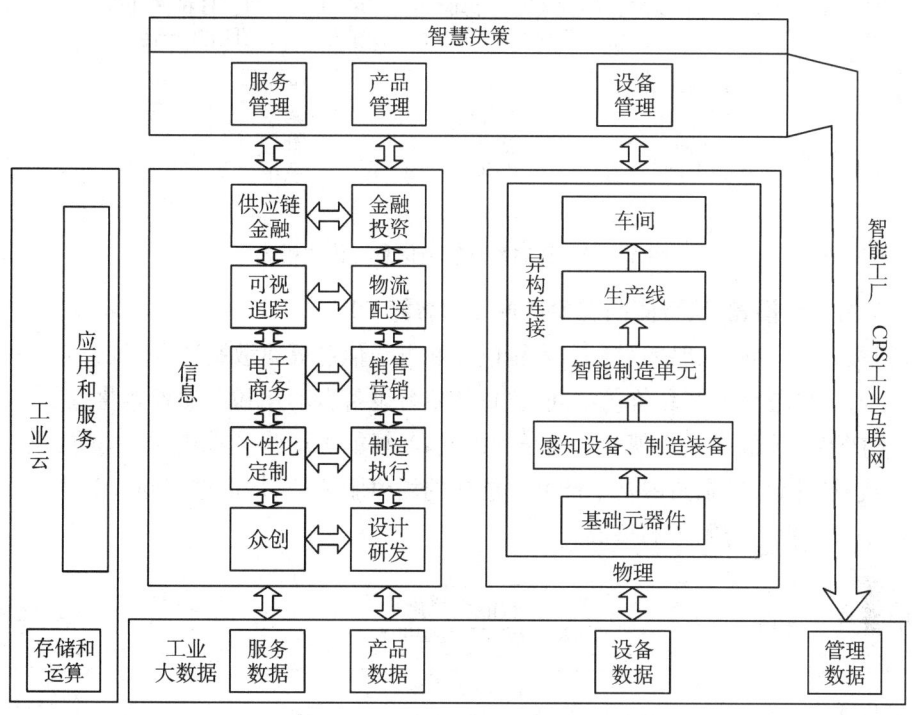

图 13-2 智能工厂原型

二、智能工厂主要建设模式

由于各个行业生产流程不同,加上各个行业智能化情况不同,智能工厂有以下几个不同的建设模式。

(一) 第一种模式:从生产过程数字化到智能工厂

在石化、钢铁、冶金、建材、纺织、造纸、医药、食品等流程制造领域,企业发展智能制造的内在动力在于产品品质可控,侧重从生产数字化建设起步,基于品控需求从产品末端控制向全流程控制转变。因此,其智能工厂建设模式为:一是推进生产过程数字化;二是推进生产管理一体化;三是推进供应链协同化;四是整体打造大数据化智能工厂。

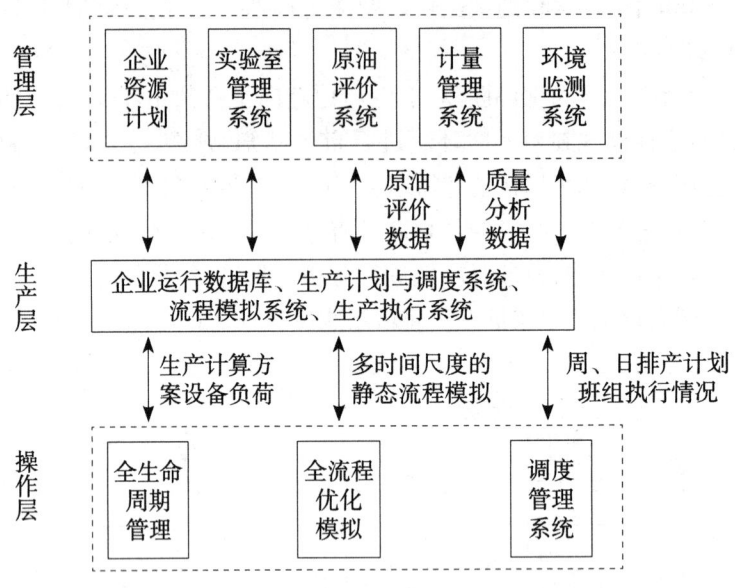

图 13-3 石油智能制造信息一体化模式

(二) 第二种模式:从智能制造生产单元到智能工厂

在机械、汽车、航空、船舶、轻工、家用电器和电子信息等离散制造领域,企业发展智能制造的核心目的是拓展产品价值空间,侧重从单台设备自动化和产品智能化入手,基于生产效率和产品效能的提升实现价值增长。因此,其智能工厂建设模式为:一是推进生产设备(生产线)智能化;二是拓展基于产品智能化的增值服务;三是推进车间级与企业级系统集成;四是推进生产与服务的集成。

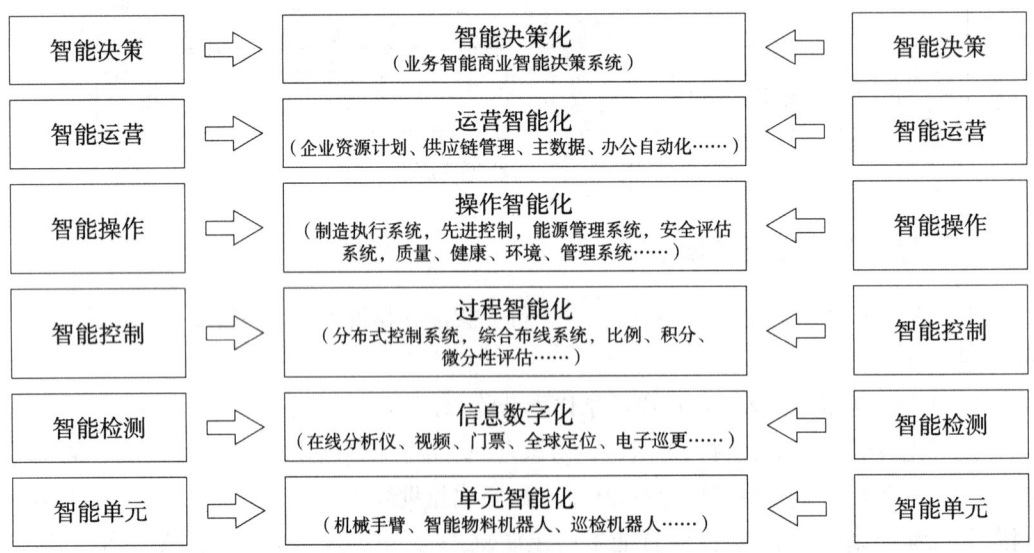

图 13-4 "六层面"智能工厂

(三) 第三种模式:从个性化定制到互联工厂

在家电、服装、家居等距离用户最近的消费品制造领域,企业发展智能制造的重点在于充分满足消费者多元化需求的同时实现规模经济生产,侧重通过互联网平台开展大规模个性定制模式创新。因此,其智能工厂建设模式为:一是推进个性化定制生产;二是推进设计虚拟化;三是推进制造网络协同化。

三、智能工厂发展趋势

一方面,从全球来看,工业控制系统领域的巨头都纷纷以工业互联和智能为核心的产业协同模式,搭建企业信息全集成的工业大数据平台,进一步提升工业信息化水平。从工业互联网平台的竞争格局可知,未来智能工厂发展的新浪潮是趋向平台化、系统化的大工程。另一方面,智能工厂建设主要依托于软硬件产品及系统。工业软件的集成与发展作为其核心,必将成为重点,尤其是与硬件层关系密切的软件部分,如制造执行系统、企业资源计划、PLM 等。此外,通用性强的硬件也将朝着模块化、标准化方向发展。未来的智能工厂是更加自动化、信息化、智能化、平台化的,将借助物联网技术,实现人、设备与产品的实时联通、精准识别、有效交互与智能控制,帮助企业实现安全、绿色、高效、节能的生产愿景,全面提升企业竞争力。

小试牛刀

1. 什么是智能工厂?智能工厂包含哪些内容?
2. 智能工厂主要有哪几个建设模式?

13.2 智 能 生 产

智能生产基于新一代信息技术,配合采用新能源、新材料、新工艺,涵盖了从设计生产到管理服务的各个制造阶段,将制造业中的自动化扩展到柔性化、集成化和智能化。虚拟网络和实体生产的相互渗透是智能制造的本质,一方面,信息网络将彻底改变制造业的生产组织方式,大大提高制造效率;另一方面,生产制造将作为互联网的延伸和重要节点,扩大网络经济的范围和效应。

一、生产过程

(一) 生产仿真技术应用

全面运用计算机生产仿真技术对拟定的生产计划进行生产过程的虚拟制造,根据生产仿真运行的结果对生产计划进行合理性、经济性验证,并进行相应的调整,确保整个生产过程各环节的均衡和高效,以实现生产成本和生产效率的最佳匹配。

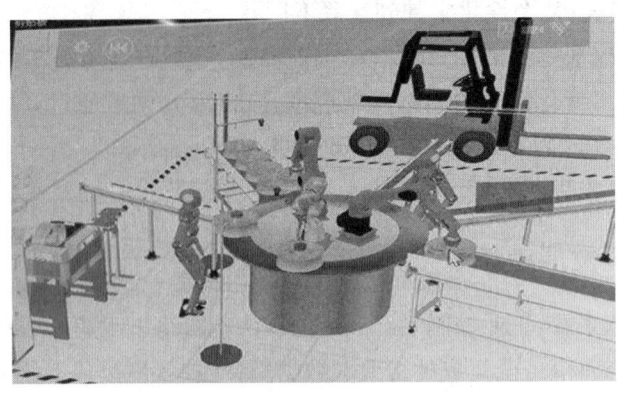

图 13-5 生产仿真

（二）制造过程

整个工厂的全部制造过程包括原材料切割—成型—焊接—喷涂—物流配送—装配，各生产环节的局部自动化、数字化通过网络实现生产过程的智能化。

1. 下料环节

通过导入生产订单，动态自动套排料，对切割程序实现规范化编制、规范化存储、规范化管理，并通过网络化管理实现切割设备自动化生产，同时通过远程监测手段采集设备各类运行信息用于统计、分析、测评数控设备利用效率，自动计算并生成报告，应用于生产系统分析。

2. 切割过程

切割通过精细等离子切割工业机器人系统完成。该系统具有运动精度高、重复定位精度高、自动弧压调高、动态过程自动检测等性能，同时具有离线编程、路径规划、系统仿真等数字功能，并带有切割工艺数据库，可实现与生产过程信息、质量信息和数字化车间管理信息系统无缝连接功能，实现智能化生产。

3. 材料成型

在材料成型生产过程中成功应用机器人自动上下料系统实现冲压件从取料、上料、冲压、下料全过程的无人化自动控制生产。

4. 焊接过程

焊接生产过程全面应用焊接机器人系统。该系统具有运动精度高、重复定位精度高、电弧跟踪、动态过程自动检测等性能。同时具有离线编程、路径规划、系统仿真等数字功能，并带有焊接工艺数据库和智能接口，可实现与生产过程信息、质量信息和数字化车间管理系统无缝连接功能，实现智能化生产。

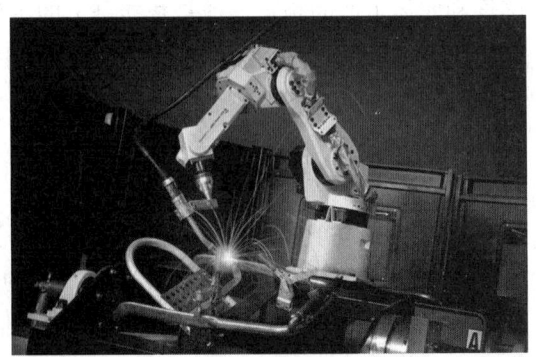

图 13-6 焊接过程示例

5. 喷涂过程

喷涂生产过程全面应用喷涂机器人系统取代人工喷涂作业。该系统具有运动精度及重复定位精度高的特点,与工件运输系统协同控制实现喷涂过程自动化,同时具有离线编程、路径规划、系统仿真等数字功能,并带有焊接工艺数据库和智能接口,可实现与生产过程信息、质量信息和数字化车间管理系统无缝连接功能,实现智能化生产。

6. 物流输送

物流输送系统是智能化工厂至关重要的组成部分,物流设备及输送系统在信息化生产系统的统一调度下自动完成输送作业。相较于传统的物流设备,智能化物流设备具有输送准时、准确、高效、自动等优势,对整个智能化生产系统起到横向连接、纵向贯穿的作用。

AGV 智能物流配送系统是装配单元的关键物流系统。该系统由物料识别系统、物料信息自动扫描系统、集成系统的中央控制系统、多台 AGV 小车、积放式物料托盘滚筒输送线、物料自动扫描系统组成,实现从物料自动识别、自动排队,并按照生产节拍对装配线各配送点的全自动、定点、准时配送,全面替代传统的人工分捡叉车配送的物料供应模式,实现了装配线所有采购物料的全自动智能配送。

7. 在线检测

整机在线检测技术的研究及应用弥补了企业对整机性能无法把控的空缺,根据数据变化自动判断潜在系统故障,代替了以经验判断问题的方法。同时,通过 MES 数据联网,收集在线检测系统中相关液压、制动、动力、传动等各系统的数据并进行系统分析,实现了质量检测自动化的同时为质量改善提供明确的方向。

二、生产管理过程

DNC 系统作为生产层控制系统的一个主要智能化功能单元,包括程序及数据的传递、机床状态信息采集与上报、根据工序计划自动分配 NC 程序及数据到相应机床;刀具数据的分配与传递;程序的统一管理及追溯;生产单元数据智能化共享等功能;DNC 系统的应用直观地反映及控制设备实时工作状态,实时统计设备的工况参数及分布,与生产计划实时对接,在指导生产、技术部门进行产能分析、优化的同时,使生产单元的生产管理及设备管理工作上升为自动化和数据化,使智能化生产管理成为可能。

三、产品效率与质量

通过生产计划的模拟仿真、生产制造过程的智能化控制及管理过程的全面信息化和自动化,保证了从计划下达到整机下线报工,整个生产过程的高效运行和严格受控,全面提高了生产效率,使产品的生产周期缩短了 60%。

随着大量的智能化设备和控制系统的全面推广应用,智能化系统的高精度与稳定性取代了人工操作的随意性和不稳定性,全面提高了产品的制造质量。其中,焊接机器人全面取代焊接工人进行作业,有效保证了结构件的焊接质量,使焊接质量问题反馈率下降了 90% 以上。涂装机器人的全面推广应用使漆膜厚度得到有效控制,使人工喷涂时不易控制的漆膜厚度的合格率达到100%。

四、生产成本

生产计划过程的模拟仿真使生产计划更加科学、合理,避免生产过程中产生瓶颈和出现局部产能过剩,确保生产过程的均衡和高效,降低了生产过程中的投入,有效降低了生产的运行成本。

小试牛刀

试阐述智能生产和管理过程。

13.3 工业机器人在制造业的广泛应用

一、工业机器人分类

(一)什么是工业机器人

近两年随着"中国制造2025"概念的提出,信息化和工业化融合的推进,中国智能制造作为装备领域的"名牌"已经引起社会的广泛关注。而在智能制造领域当中作为末端执行器的工业机器人,在工业生产中无论是对生产效率和方式还是整个产业结构都带来了重大的变革,同时也为新旧动能转换和产业升级创造了更大的空间。

工业机器人根据机械结构可分为串联结构和并联结构;按坐标形式分类可分为多关节型、直角坐标型、圆柱坐标型、平面关节型和球坐标型;按照程序的输入方式可分为编程输入型机器人和示教输入型

图13-7 工业机器人

机器人,现在市面上销售的机器人一般都兼顾示教器编程和离线编程;按用途分可分为搬运机器人、检测机器人、焊接机器人、装配机器人、喷涂机器人、码垛机器人等;按照驱动类型可分为液压驱动型机器人、气动驱动型机器人和电动驱动型机器人,电动驱动型机器人又可分为直流伺服驱动机器人和交流伺服驱动机器人。

(二)工业机器人的优势

(1)提高了生产效率和自动化程度。工业机器人最初只被用在代替人类从事抓取和搬运的工作。随后人类不断研发工业机器人的应用,如将工业机器人用于焊接、喷漆、水切割、涂胶、智能识别等。不同用途的工业机器人构成庞大的工业机器人系统,提高了生产效率和自动化系统。

(2)应用广泛。工业机器人发展到今天,已经由最初的搬运功能发展到各种用途,比如机器人涂装喷漆、机器人焊接、机器人涂胶、机器人水切割、机器人智能分栋、机器人组

装、机器人滚边等。

（3）精确度高。在工业现场，人类很难在重复性劳动中，每一次都将工作精度精确到 0.001 毫米。而机器人在程序编制好以后，每一次的操作运动，都会运行到设定好的位置，精确度极高。

（4）故障率低。工业现场对滚边、喷涂等工艺质量要求很高。机器人可以避免人类因疲劳或者情绪原因产生的质量波动。

（5）自动化程度高。在大规模自动化生产线上，工业机器人扮演着重要的角色。程序员通过为每一个机器人编制特定的程序、装配不同的工具、分配不同的工序，让工业机器人实现很高的自动化率。目前在汽车择装车间，自动化率一般都高达 93%。

（6）从事特殊环境下的劳动。工业机器人可以在诸如有毒有害环境、电磁辐射、强噪音、超低温或高温、化学液环境等不合适人类工作的环境中工作，并且稳定性高。

二、工业机器人在仓储分拣生产线上的应用

（一）什么是自动仓储分拣系统

如今，自动仓储行业的快速发展，已经给各个领域的企业带来较大的利益。在仓储货物中，最为重要的就是货物分拣，只有将不同的货物分拣到不同的区域，才能更合理化地管理货物，确保货物存储安全。在分拣货物中，最好的设备是自动仓储分拣系统，能代替人工操作，实现高效分拣工作。

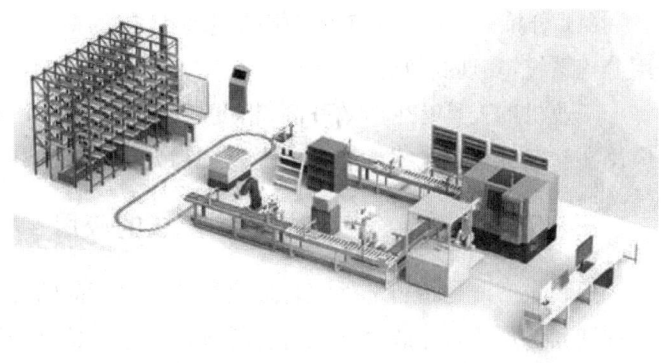

图 13-8 自动仓储分拣流水线

自动仓储分拣系统是根据分拣工作研发。以前众多货物分拣存储，都是人工一步一步地操作，效率低，准确率也低，无法提升企业的工作，阻碍企业快速成长，而使用自动仓储分拣系统的话，便能实现高效地分拣，同时也能确保货物存储安全。自动仓储分拣流水线如图 13-8 所示。

该应用系统是由工业机器人单元、AGV 机器人小车单元、生产线单元、托盘生产线单元、视觉 CCD 系统单元和码垛机立体仓库单元等六部分组成。各部分的作用如下：

（1）码垛机体仓库系统。用于存储工件托盘，并且按照要求码垛机完成出库和入库。

（2）AGV 小车。用于把放有工件的托盘从码垛机立体仓库系统运输至托盘流水线。

（3）托盘流水线。负责把工件托盘输送至视觉检测工位，经视觉定位识别后再输送至抓取工位。

（4）工件盒流水线。用于辅助工业机器人将工件装箱。

（5）视觉系统。对托盘流水线上的工件进行识别，并把识别结果发送至主控系统

的 PLC。

（6）工业机器人系统。根据主控系统的 PLC 发送的数据，对托盘上的工件进行分拣，放置于工件盒流水线上的指定工件盒中，再把空托盘放置于空托盘库中。

（二）自动仓储分拣系统的优势

（1）自动化分拣。分拣系统应用于设备中，可控制设备自动化分拣货物，不需要人工分拣。自动化分拣为企业减少了很多劳动成本，同时也加快了企业的工作进度，让企业更方便地管理存储货物。此外，企业也不需要花费更多的时间在分拣工作上，可以将精力放置在其他工作上。

（2）数据及时存储。分拣系统在工作的时候可以存储数据，数据存储主要是确保货物分拣正确，而这些数据一旦存储在系统中，便能保证分拣的货物不会丢失。人工分拣货物时，常常会出现分拣错误，例如出现货物丢失的情况，导致分拣工作出现各种各样的问题，而分拣系统数据存储则能有效避免类似问题的发生。

（3）货物安全。使用设备分拣货物，能确保货物分拣安全，同时也能保证货物分拣正确。然而，人工分拣货物的话，会出现各种问题，尤其是货物安全无法保证。

（4）分拣效率高。分拣效率高是系统应用的最大优势，这就促使许多企业都愿意使用分拣系统，实现高效分拣。

工业机器人具有生产效率高、精度高、安全系数高以及便于管理和维护等优点。将其应用在仓储分拣流水线上能大大提高货物分拣的效率和准确性。

三、工业机器人在汽车焊装生产线的应用

焊装生产线是指将部品组合成完整的车身产品的综合生产线，它包括焊接设备（包括点焊和其他焊接）、涂胶、包边、打号等辅助工艺设备，以及搬运和运输设备等。

汽车在制造系统中面临缩短时间和提高灵活性的巨大压力，从生产线规划到生产线投产是一个长期过程，并且工业机器人自动化生产线成本昂贵。在汽车制造商做出成本高昂的采购和安装调试决策之前，需要验证工艺规划正确性、设备规划正确性，以及方案的可行性。

焊装工厂改善机器人的管理和扩展机器人的应用，优势在于：

（1）工业机器人的管理改善，可以减少生产线故障停机的损失，提高生产效率。

（2）工业机器人新技术的应用，可以减少人工成本、降低劳动强度、降低产品成本。

小试牛刀

1. 工业机器人在生产过程中有哪些优势？
2. 什么是 AGV 小车？其工作原理是什么？

13.4 中国制造到中国智造——企业升级的必然之路

一、制造业数字化转型

制造业数字化转型是办公软件和管理系统的数字化、生产制造过程的数字化。中国制造业的技术是中国制造业发展的重要因素，随着信息通信技术的高速发展，推进了中国制造业技术的进步，也让中国迅速地跨入了数字化时代，现在互联网、移动、物联网、人工智能等高科技已改变了人们的生活，改变了消费者的行为模式，也使企业构建了新的管理模式、业务模式、办公软件和管理系统，为企业带来了更高的办公效率、更客观的企业收入，而实施这一种变化的过程叫数字化转型。制造业数字化离不开数字的生成、加工、修改、传输和储存，它是以数据源管理为纽带、数字样机为核心，在制造业的设计、制造和管理的过程中使用数字量取代模拟量、丢掉传统老套的技术改用新型的数字技术，借助数字化的手段促进制造业的加速改革，从而使制造业在改革中创造更大的价值，焕发出更强的生命力，让其能够更顺利地适应当前环境或未来环境的变化。

现如今，中国的消费者早已习惯了电子设备所带来的便捷生活，人们从各种数据化的途径中获取自己想要的信息，满足消费者的消费心理，提高了消费者的期望值，然而对于中国的制造商而言，数据化的转型能改变企业的价值，提高企业的效率，进而推动企业长足发展。目前，中国管理机构已经意识到数字化转型的重要性，在"中国制造 2025"的引领下，充分利用现代科技，如互联网、人工智能、物联网等网络技术全方面渗透，创造新的生产方式、管理模式、竞争战略，从而达到数字化曲线的根本性反转。

二、现代制造智能化的发展方向

（一）加强计算机设备的辅助

加强计算机设备的辅助对于未来机械制造生产有着巨大的帮助。所谓加强计算机设备辅助就是要改变传统的利用图纸设计的方式，借助计算机以及相关软件的计算来进行辅助设计。这样一来，不仅可以确保机械制造的精度，同时也可以根据实际的生产状况对于设计进行及时更新，保障机械制造的先进性。

（二）进一步完善制造体系结构

进一步完善机械制造体系结构需要注意三个方面的内容，分别是要提高机械系统的功效以及稳定性、形成不同档次的数控系统以及利用计算机网络进行远程控制。提高系统的功效以及稳定性可以有效提高整个数控系统的集成度以及系统的运行速度，从而提高机械系统的功效，同时也能够进一步加强机械的稳定性。而不同档次数控系统的形成就是要根据机械实际制作过程中所需要的不同功能，将其进行模块化之后形成系列化的产品，这样一来就可以形成不同档次的数控系统。最后要利用计算机网络技术进行远程控制，这样一来就可以实现无人化操作，有效减少人力资源的消耗，以此更加有效地降低企业的生产成本,帮助企业获取更大的经济效益。

(三) 制造功能的发展

机械制造功能的发展也包括三个方面的内容,分别是可视化技术、原功能的改善以及多媒体技术的应用。所谓可视化技术就是将可视化技术与虚拟环境技术进行结合,从而有效地拓展机械制造的功能,这样一来不仅能够有效提高机械制造的效率和质量,同时也能够减少生产成本。而对原功能的改造就是要在原有功能的基础之上,根据实际的生产过程对机械制造生产进行不断地完善和改造,这样一来才能更好地提高产品的品质。最后是多媒体技术的应用,通过多媒体技术的应用,能够更加方面、快捷地进行信息的处理、共享等,及时发现机械制造过程中可能存在的问题,快速反应并解决,这样才能有效提高机械制造产品的质量,以此获得更大的经济效益。

现代机械制造智能化的发展对于我国现代机械制造业的发展来说有着巨大作用。这是因为通过智能化的应用,能够有效提高机械制造的效率和品质,同时还能够减少生产成本,避免人力资源的浪费,这对于企业来说也是极为重要的。只有提高产品的质量,同时减少生产成本,才能帮助企业提高核心竞争力,在这个越来越激烈的市场上占据一席之地。

三、我国制造产业调整

(一) 加速整合,淘汰落后产能

为了解决产能过剩问题,政府出台了许多措施,但是使用最多的是兼并重组和淘汰落后产能。行业之间的兼并重组,有利于实现产能整合和行业集中度的提高,同时也提高了产能利用率。对于落后产能,不仅加剧了行业压力,更是对环境的破坏,所以有必要进行清除。同时也通过这种优胜劣汰的机制,促使企业进行创新,提升产品质量,优化调整好存量,并积极分析寻找新的增长点。

(二) 加强技术研发掌握核心科技

针对我国制造业大而不强、自主创新能力弱的现状,科技是解决这一现状的重要影响因素。科技是第一生产力,企业应加强技术研发、技术创新,提高企业的创新设计能力,在传统制造业、战略性新兴产业、现代服务业等重点领域开展创新设计示范,全面推广应用以绿色、智能、协同为特征的先进设计技术,切实把握"中国智造"的核心能力。企业一定要对技术研发能力加强重视,加大对科技创新的人力、物力和财力的投入,全面推动我国制造业发展动力向创新驱动转变,提升核心竞争力。

(三) 加大政府扶持促进"两化融合"

随着新一代工业革命的到来,新一代信息技术将会对制造业的转型升级发挥关键作用。越来越多的信息技术将运用到制造业中,能够精确地捕捉客户的个性化需求,敏锐地判断市场环境和行业形势,根据对信息和数据的需求灵活地调整生产节拍,扩大企业的有效供给,而不是盲目增加产量。实现融合的前提是基础网络设施的完善,所以不仅需要企业的参与,更需要政府的政策支持,如"降费提速"就给"两化融合"提供了很好的条件。

（四）加快人工智能降低人工成本

人工智能作为智能化发展的重要基础，是研究和开发用于模拟、延伸和扩展人类能力的新科学，实际理论方法、技术及应用为一体化的系统科学体系。它是下一代产业革命和互联网革命的核心与基础。当前，人工智能正式进入新一轮创新发展高峰，制造业可以借助互联网平台，提供人工智能创新，促进人工智能在制造业的推广应用，不仅替代人工完成体力劳动，还可以代替脑力劳动，在降低人工成本的同时，还可以给制造业的操作性带来便捷，更好地完成制造业智能化。

（五）提高清洁能源使用推进绿色发展

在制造业生产中，尽量使用清洁能源，减少对环境的污染，并提高资源投入的使用效率，实施能源清洁高效利用计划。同时也加强对机器设备的更新改造，提高资源利用效率，降低能源消耗，形成一套完整的绿色发展体系，改变以往以环境为代价来换取发展的粗放型生产方式，向节约型生产方式转换，大力推进绿色发展和循环发展。

小试牛刀

从"制造"到"智造"需要哪些产业调整？

思维与操作实训

分组讨论：产业升级如何实现"弯道超车"？如何在把握方向、把握速度的基础上实现安全着陆？

【实训总结】

【教师对实训的评价】

拓展资源

1. 纪录片《我会失业吗》——《人工智能真的来了》之第 6 期

2. 中国国际工业博览会 https://www.ciif-expo.com/

任务十四

人工智能的未来篇

案例导读

人工智能方兴未艾,人们享受着高科技带来的便捷和快乐。但大多数人对人工智能的认识,仅仅停留在人工智能技术的应用层面上,却没有认真思考过以下问题:人工智能技术究竟可以发展到什么程度?它会给人类带来什么?人工智能的发展是否存在边界?或者说我们应该在哪些方面做些什么去防范人工智能发展可能带来的隐患……

1. 智能机器发展到最后是否会超越人类?

近年来,一系列的事件让我们看到了人工智能的强大,智能机器的智能似乎已经远远超过人类:AlphaGo仅靠规则和算法,通过自我学习棋谱打败世界冠军;Facebook的两个聊天机器人自主发展出自己的语言;人工智能在阅读理解测试中胜过人类。此外,自动驾驶、语音助手、自动炒股、自动卖保险、自动写新闻等人工智能的实际应用也可能替代更多的从业者,这些都不禁引发人们对人工智能未来威胁人类的忧虑。美国著名的两大科技巨头的掌门人马斯克和扎克伯格,就因为在该问题上持有截然相反的观点而进行了唇枪舌剑的论战。

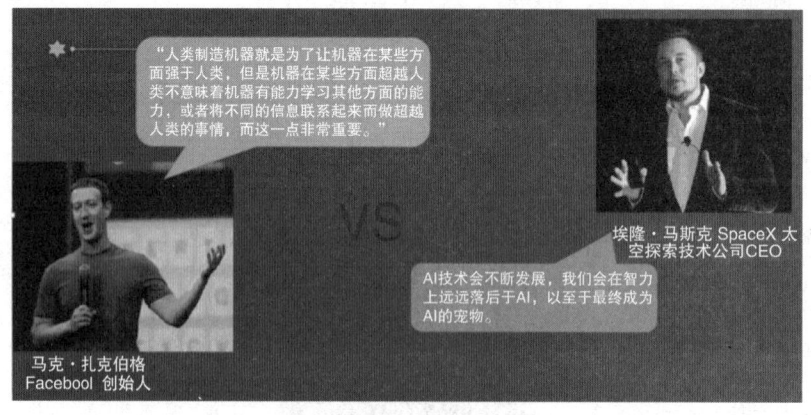

图 14-1 两大科技巨头关于 AI 的论战

2. 如何让 AI 技术造福人类有所为而有所不为?

目前,人工智能发展水平属于弱人工智能,即智能机器人只是在某个特定的领域或任务上可以超越人类。比如战胜围棋冠军的AlphaGo,但是在跨任务或领域上,机器还不能超过人类,而且相较于人类,机器还存在以下局限性:缺乏跨领域推理能力、缺乏抽象能力、不具备常识、没有自我意识、没有审美能力、没有情感不能产生共情等。

那么具有自我意识和意志,甚至具有像人脑一样的认知能力的强人工智能时代或者超强人工智能时代会不会到来呢?它将给我们带来的到底是什么呢?是惊喜还是恐惧?因此,我们在期盼人工智能技术不断发展的同时也需要前瞻性地思考其发展边界。

(1) 社会边界。人工智能技术的应用给我们的生活带来便捷和舒适的同时,也让很多人面临失业的危险。人工智能到底会对未来的职业造成哪些影响?当人工智能技术带来社会结构的改变时,社会的公平公正如何得到保证?如何避免少数人通过操控智能机器来控制大多数人的垄断?

(2) 法律边界。有观点认为,对人类来说,人工智能比核战争更危险。其实,人工智能技术就像核能一样是为人类所用的工具,用得好可以造福人类,如果被别有用心的人操控也是会伤害人类的,所以智能技术的发展必须受到法律的约束。而且由于AI的飞速发展,法律规则必须具有前瞻性的思考,制定相应法律保障人工智能技术的健康发展,及时惩治利用智能技术犯罪的行为。

(3) 道德伦理边界。人工智能技术的发展不能违背人类的道德准则,弱人工智能时代,智能机器不具备自我意识,智能机器的设计者是机器道德伦理的植入者。因此对人工智能算法的制定和开发应有最低道德准则的规定。随着智能技术的发展,当强人工智能时代或超强人工智能时代到来时,假如智能机器真的有了自我意识及判断能力,是不是可以和人一样成为道德的主体?

人工智能技术的发展确实深刻地改变了人们的生活。我们希望充分利用人工智能技术,不光将我们从繁重繁杂的体力劳动中解放出来,还为我们提供优质的教育服务、医疗服务、金融服务等,可以减少能源的消耗,保护环境,让我们有时间去做更富有创造力的工作,享受更有品质的生活。我们在拥抱人工智能技术的同时,也要正视它可能给我们带来的危机和隐患,思考如何让AI技术的发展使人类的社会发展更加公平且可持续。

——《人工智能的边界在哪里?》,腾讯云,https://cloud.tencent.com/developer/news/280297

14.1 人工智能未来发展规划——国家层面

如同蒸汽机带来了第一次产业革命,让人类进入蒸汽时代;电的发明带来第二次产业革命,将人类带入电气时代;计算机和互联网把人类带入信息时代,被称为第三次产业革命;人工智能正成为推动人类进入智能时代的决定性力量,也被人们称为第四次产业革命。全球产业界充分认识到人工智能技术引领新一轮产业变革的重大意义,纷纷转型发展,抢滩布局人工智能创新生态。世界主要发达国家均把发展人工智能作为提升国家竞争力、维护国家安全的重大战略,力图在国际科技竞争中掌握主导权。各国政府纷纷制定广泛的人工智能战略与规划,包括全面的政策计划、有力的伦理监管、技术的研发和应用等。

本节我们将简单介绍中国及其他国家的人工智能相关发展规划及部署。

一、我国制定《新一代人工智能发展规划》

2017年7月,为抢抓人工智能发展的重大战略机遇,构筑我国人工智能发展的先发优势,加快建设创新型国家和世界科技强国,党中央、国务院发布了《新一代人工智能发展规划》(以下简称《规划》)。

(一)《规划》中指出战略目标分三步走

第一步,到2020年,人工智能总体技术和应用与世界先进水平同步,人工智能产业成为新的重要经济增长点,人工智能技术应用成为改善民生的新途径,有力支撑进入创新型国家行列和实现全面建成小康社会的奋斗目标。

第二步,到2025年,人工智能基础理论实现重大突破,部分技术与应用达到世界领先水平,人工智能成为带动我国产业升级和经济转型的主要动力,智能社会建设取得积极进展。

第三步,到2030年,人工智能理论、技术与应用总体达到世界领先水平,成为世界主要人工智能创新中心,智能经济、智能社会取得明显成效,为跻身创新型国家前列和经济强国奠定重要基础。

(二)《规划》提出六个方面重点任务

(1) 构建开放协同的人工智能科技创新体系,从前沿基础理论、关键共性技术、创新平台、高端人才队伍等方面强化部署。

(2) 培育高端高效的智能经济,发展人工智能新兴产业,推进产业智能化升级,打造人工智能创新高地。

(3) 建设安全便捷的智能社会,发展高效智能服务,提高社会治理智能化水平,利用人工智能提升公共安全保障能力,促进社会交往的共享互信。

(4) 加强人工智能领域军民融合,促进人工智能技术军民双向转化、军民创新资源共建共享。

(5) 构建泛在、安全、高效的智能化基础设施体系,加强网络、大数据、高效能计算等基础设施的建设升级。

(6) 前瞻布局重大科技项目,针对新一代人工智能特有的重大基础理论和共性关键技术瓶颈,加强整体统筹,形成以新一代人工智能重大科技项目为核心、统筹当前和未来研发任务布局的人工智能项目群。

(三)《规划》中提出了六个保障措施

(1) 制定促进人工智能发展的法律法规和伦理规范。

(2) 完善支持人工智能发展的重点政策。

(3) 建立人工智能技术标准和知识产权体系。

（4）建立人工智能安全监管和评估体系。
（5）大力加强人工智能劳动力培训。
（6）广泛开展人工智能科普活动。

知识链接

科大讯飞股份有限公司通过语音合成技术所研发的"AI女主播"具有形象逼真、口音自然、口型精准等优点。未来人工智能在传媒领域将发挥更大的作用。

图14-2　AI女主播

百度作为中国最早布局人工智能的公司之一，一直以来都十分关注人工智能技术。百度创始人李彦宏在出席2018年世界人工智能大会上海开幕式时，以"人脸识别"和"自动驾驶"技术为例，讲述了人工智能将让社会更加美好。如今，在百度园区内"阿波龙"无人车、无人扫地车、无人售货车均处于工作状态。

图14-3　百度阿波龙无人车

二、美国加强政策扶持和资金投入以确保人工智能领先地位

2018年，美国政府采取多项举措来巩固和保障其在人工智能领域的领先地位和话语权。

(一) 美国政府成立多个人工智能管理与指导部门

2018年5月,美国成立人工智能专门委员会,该机构可以就人工智能问题向联邦政府及总统提供建议,并具有审查人工智能开发方面的优先事项和投资的职能。

2018年6月,美国国防部成立联合人工智能中心(JAIC),其目的是让国防部各人工智能项目形成合力,加速及扩大人工智能的使用。

2018年11月,美国成立人工智能国家安全委员会,不仅要考察人工智能技术在军事活动中的风险,以及对国际法的影响,还要考察其在国家安全及国防中的伦理道德问题,并建立公开训练数据的标准,推动数据的分享。

(二) 美国政府开始优先对人工智能投资

2018年8月,美国白宫管理与预算办公室发布《2020财年政府研究与开发预算优先事项》备忘录,为各部门制定2020财年的预算提供指南,并指出美国政府必须在人工智能、自主系统、高超声速、现代化核威慑以及先进的微电子、计算和网络能力等重点研发领域进行优先投资,应投资人工智能基础和应用研究,包括机器学习、自主系统和人类技术前沿的应用。

(三) 美国开展并更新战略计划

2018年4月,美国国防部拟制了《国防部人工智能战略》,借此推动人工智能技术和关键应用智能的发展,加快人工智能部署。

2018年7月,美国新安全中心(CNAS)发布《人工智能与国际安全》报告,分析了人工智能在网络安全、信息安全、经济和金融、国家防御、情报、国土安全等方面的应用,研究了人工智能变革对全球安全的不利影响。

美国国家科技委员会2019年更新的《国家人工智能研究发展战略规划》是指导联邦政府人工智能研发投资的国家战略。该战略提出八大研发方向:一是继续长期投资基础性人工智能研究;二是开发补充和增强人类能力的人工智能系统,更加关注未来工作前景;三是应对人工智能的伦理、法律和社会影响;四是创造强健和可信的人工智能系统;五是加强数据集和相关资源的可获取性;六是支持人工智能技术标准和相关工具的开发;七是发展人工智能研发人才队伍,包括开发和使用人工智能的人才;八是拓展公私伙伴关系以加快人工智能发展。

三、欧洲各国相继出台人工智能重大发展战略

(一) 欧盟

2018年4月,欧盟正式提出《欧盟人工智能》报告,宣布将在2018年至2020年间完成200亿欧元总投资、促进教育和培训体系升级、研究制定人工智能道德准则这三大目标来推动人工智能加快发展,让各国民众能适应人工智能给就业带来的影响。

欧盟2020年2月发布《人工智能白皮书》,力促人工智能产业发展。在过去3年里,欧盟用于人工智能研究和创新的资金增至15亿欧元,同比增长70%。欧盟近期还提出了一项重大的专项拨款,用于支持在"数字欧洲"计划下的人工智能研究项目。欧盟希望

未来10年每年吸引超过200亿欧元的投资用于人工智能领域。

（二）英国

2018年1月，英国宣布投入超过13亿美元，力争在人工智能领域处于领先地位。

2018年4月，英国政府发布了《人工智能行业新政》报告，涉及推动政府和公司研发、STEM教育投资、提升数字基础设施、增加人工智能人才和领导全球数字道德交流等方面内容，旨在推动英国成为全球人工智能领导者。

2018年4月，英国议会下属的人工智能特别委员发布《英国人工智能发展的计划、能力与志向》，认为英国在发展人工智能方面有能力成为世界领导者，并呼吁英国政府制定国家人工智能战略。

2018年11月，英国政府宣布将拨款5000万英镑，用来更深入地开发人工智能在医疗细分领域的应用，以便提升癌症等多种疾病早期诊断和病患护理效率，将在2019年秋季之前建立第一批共五处人工智能医疗技术中心。

（三）法国

2018年3月，法国宣布《人工智能发展战略》，以赶上人工智能的世界领导者（即中国和美国），承诺五年内提供超过18.5亿美元资金，以推动该国在人工智能的研究，特别是在医疗保健和自动驾驶汽车领域的研究。

（四）德国

2018年11月，德国联邦政府正式发布名为"AI Made in Germany"的人工智能战略，从而将人工智能的重要性提升到了国家的高度，该战略全面思考了人工智能对社会各领域的影响、定量分析了人工智能给制造业带来的经济效益、重视人工智能在中小企业中的应用，并计划在2025年之前投资30亿欧元用于推动德国人工智能的发展，这笔资金主要将用于使该国人工智能领域新增至少100名教授席位，将建立由12个人工智能研究中心组成的全国创新网络。

四、亚洲其他国家紧追人工智能潮流力争向先进国家看齐

亚洲的日本、印度、韩国等国家的政府和企业界非常重视人工智能的发展，将物联网、人工智能和机器人作为新一轮产业革命的核心，还在国家层面建立了相对完整的研发促进机制。

（一）日本

2018年6月，日本政府召开人工智能技术战略会议，敲定了推动人工智能普及的实行计划；同年，日本公布了2018—2019年度科学技术政策基本方针《综合创新战略》，突显大学改革、加强政府对创新的支持、人工智能、农业发展、环境能源等五大重点措施。在日本2019年度预算的概算要求中，科学技术领域的要求额较2018年度最初预算增长13.3%，达到4.351万亿日元（约2666亿元人民币），重点用于人工智能相关技术开发和人才培养等。

（二）韩国

2018年5月，韩国发布《人工智能研发战略》，并计划在五年内投入20亿美元用于国

防、生命科学和公共安全领域应用人工智能解决方案,该计划还包括呼吁在未来五年内培训 5000 名人工智能专家。

(三) 印度

2018 年,印度为"数字印度计划"拨款 4.77 亿美元,推动人工智能、机器学习等技术发展,该计划不仅限于治理和服务,还延伸到军事部门。印度政府在 2018—2019 年度的财政预算中对人工智能拨款提高了一倍,达到 4.8 亿美元,并决定在人工智能、数字制造、区块链和机器学习等技术的研究、培训和技能开发方面投入巨资。

2018 年 6 月,印度发布《人工智能国家战略》,以实现"AI for all"为目标,指出了印度人工智能发展的优势与问题,特别关注军事安全与道德隐私领域,并就印度人工智能国家战略的构建提出了框架方案,该战略将人工智能应用重点放在健康护理、农业、教育、智慧城市和基础建设与智能交通五大领域上,以"AI 卓越研究中心"(CORE)与"国际 AI 转型中心"(ICTAI)两级综合战略为基础,投资科学研究,鼓励技能培训,加快人工智能在整个产业链中的应用,最终实现将印度打造为人工智能发展模板的宏伟蓝图。

(四) 阿联酋

2018 年 3 月,阿联酋内阁批准组建"阿联酋人工智能委员会",以确保人工智能技术广泛应用于阿联酋各个领域。该委员会将研究并确定人工智能技术可以融合的政府部门和领域,并为其开展相关基础设施发展提供建议。此外,人工智能还将被纳入阿联酋不同教育阶段。

小试牛刀

1. 各国为什么要加强人工智能的国家战略规划及部署?说说你的看法。
2. 请你展望人工智能未来发展中可能面临的问题。

14.2 人工智能对未来职业的影响

一、逐渐被智能机器代替的工作

那么,人工智能技术到底会给我们未来的职业带来什么样的影响呢?我们先来回顾科技给人类职业带来的已有影响。按照人工智能淘汰的职业类型不同,我们把它划分为以下几个阶段。

第一阶段:机器首先代替那些繁重的体力劳动,将人们从那些让人身心俱疲的工作中解脱出来。就像第一次工业革命,机器大生产代替了手工生产,纺织机解放了纺织女工,同时也让她们失去了工作。人工智能时代,智能机器首先替代的也是那些繁重枯燥的体力劳动,比如在亚马逊,由于仓库过于庞大,工人们要完成挑选和包装的任务必须在偌大的库房里跑来跑去,非常消耗体力,后来诞生的"亚马逊机器人"可以把货架搬到工人面前,工人们就不需要跑来跑去了。

图 14-4　快递分拣机器人"小黄人"

中国每年产生 300 亿件快递包裹,大数据系统甚至能计算出每个包裹需要多大纸箱。中国快递业最大智能分拣工厂要确保包裹在三个半小时内全部发出去,必须依赖于这些不知疲倦的"小黄人"——快递分拣机器人。

第二阶段:智能机器代替的工作不再是"脏、重、累、危险"的工作,而是单调、重复、枯燥乏味的工作。这类工作虽然不再是体力劳动,却不需要做太多的决策。比如秘书、行政类的事务性服务工作。订机票、会议、行程安排这些程序化的事务,由于转换成代码很容易,在计算机系统中就能够实现自助式服务。

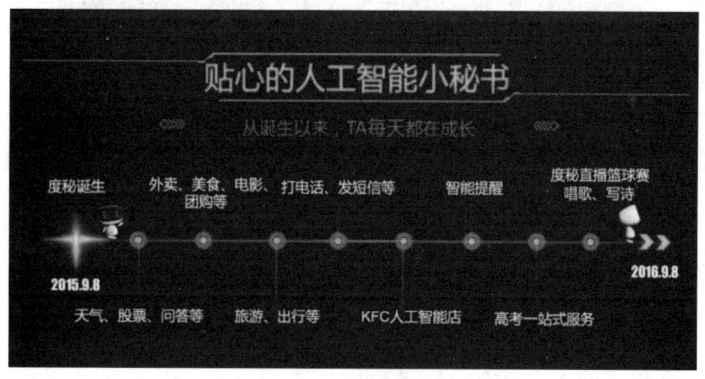

图 14-5　人工智能小秘书的发展

第三阶段:此阶段的智能机器智能程度加强,它们做出的决策比人类更加明智,因此在驾驭了繁重、危险以及枯燥的工作之后,它们开始进军知识性或决策性的工作。也就是说智能机器开始完全或部分代替人类完成的职业类型包括那些需要专门知识或特殊训练的职业:医生、律师、科学家、教授、会计等,还有飞行员、船长、私人侦探等。以往从事这些职业的人都必须努力学习且需要一定的智慧和才能,而随着智能技术的发展,这些工作都会有一些重要部分可以由自动化系统来完成。

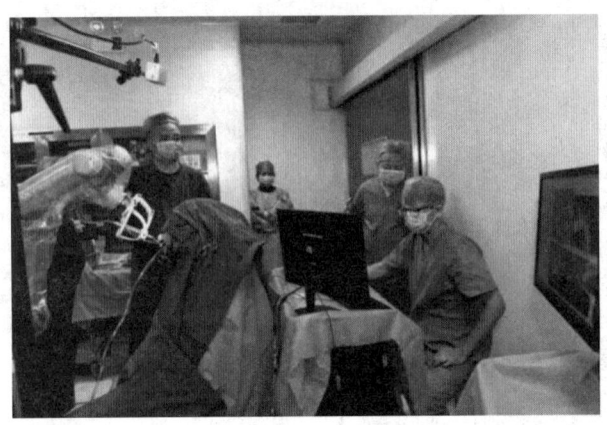

图 14-6 种植牙手术机器人

如图 14-6,手术中,医生轻点鼠标操作电脑程序,这台自主式种植牙机器人按照预先设定的运动路径进入患者口腔,在确定牙齿缺失位置后,机器人移动机械"手臂"将种植体拧入牙齿缺失的窝洞内。不到一个小时,两颗种植体被成功植入患者口腔。

图 14-7 可识别与分拣分子的 DNA 纳米机器人

如图 14-7,这个加利福尼亚理工学院的华裔科学家钱璐璐及其团队研发的 DNA 机器人,不仅可以对不同荧光分子进行识别、分拣,还可以将目标分子转运到特殊地点"卸货",当多机器人协同工作时,准确率更是接近 100%。

有人说,如果说原来我们的职业有"蓝领"和"白领"之分,那么现在又有一个新"领"出现,那就是"金属领",也就是智能机器。它们不仅取代了大部分"蓝领"的工作,还取代很多"白领"的工作。那么 AI 的发展真的会对人类造成威胁吗?

连美国高新科技界两大巨头的掌门人马斯克和扎克伯格也就此问题隔空"互怼"。马斯克认为人工智能是人类文明面临的最大风险,而扎克伯格则称自己对人工智能保持乐观态度。

> **知识链接**

未来将被人工智能淘汰的十大行业

在当下人工智能高速发展的大环境下,人工智能已经迅速发展成各大领域的中坚力量,在之前,凡事都要靠双手、靠大脑的时代,现已经被颠覆。以前,人们觉得很烦琐很困难的工作,现在在人工智能看来却很简单。我们来细数一下,在未来将被人工智能淘汰的十大行业。

一、电销人员

AI首先替代的行业必须是电销,因为按照目前的技术发展来看,AI人工智能已经开始替代电销人员!只是技术没得到很好的完善,所以人工智能电销还未得到很好的普及。而人工智能电销相比人工电销而言,它不仅大量节约了人工成本,而且还把抱怨率降低为0。此外,人工智能对客户的了解很有可能比客户自己还了解自己。它可以通过自己的神经元系统进行大数据统计,从而分析客户需求,将合适的商品进行匹配推销给客户。后续,人工智能机器人的对话功能的加入,可以快速进行电话营销。

二、售后服务

在未来的售后服务领域,人工智能式的售后服务将有很大的市场。在开始阶段,人工智能将会以邮件、电话或者信息类的形式回复客户。而这种固定式的回复将会替代重复性的人工售后,主要是用来回复某些固定性的问题,而对于一些带有情绪的客户,将转由人工服务,主要是用于安抚客户情绪。而慢慢的,随着人工智能的发展,情绪类客户的对接客服也将慢慢被人工智能售后客服所取代。

三、仓库搬运工

目前其实大部分的搬运工已经开始被取代,在跨境电商亚马逊仓库已经实现机器人对进仓后货物的分拣,它的功能已经可以精准地将美国每个地区每个品类的货物精分到每个货架上。在未来,待人工智能进化到从搬运、装车到派送的全程人工智能化,仓库搬运工就将彻底被代替。

四、银行工作人员

山西省太原市,人工智能机器人"呆小萌"出现在邮政银行,该机器人集齐"说学逗唱"等本领。此外,呆小萌还可以充当人工客服,给客户解决各方面疑问。但是这种机器人目前还没有被广泛使用,等到以后经过多方的测试、提议后得到改善便可以进行量产。

五、收银员

大家都知道,现在已经有无人超市出现,虽然没有进行大面积的推广使用,但是经过第一次无人超市的经营经验,经过改善后便会开始大量地使用。在未来,可以实现真正的拿了东西就走,只需要扫脸支付便可。所以随着无人超市的发展,超市收银员的需求量也会大大降低。

六、电话接线员

在所有的领域里面,电话接线员是相对比较不需要技术含量的工作。而随着现在微信、QQ的发展,移动电话的功能也慢慢被取代。当下大部分人还是习惯使用微信语音、语音通话、视频聊天等功能。而有关电话类的工作人员,被淘汰也是时间长久的问题。

七、服务员

目前,所有的餐馆、酒店等都需要大量的服务人员。在不久的将来,不仅在烹饪方面,而且在服务方面,服务员的工作也饱受挑战。现已推出餐厅机器人,它的功能不仅仅是端盘送菜,而且还可以自动播放音乐。

八、洗碗工

美国已经发明出来了可以洗碗的智能机器人。它不仅可以洗碗,甚至它还可以收拾桌面。这样大大地节约了人力成本。在未来,洗碗的人工智能机器人会有很美好的前景。

九、质检员

质检员这项工作看似是最难被取代的,但在不久的将来也一定会被取代。因为这项工作有着很高的重复性,还具备一定的复杂性。但是这些对人工智能机器人来说,它是最容易实现的。虽然目前的技术还没能够真正将人工淘汰,但是目前人工智能视觉系统的快速发展,使人工智能的灵敏度也有了很大程度的提高。所以质检员被人工智能所取代,是时间的问题。

十、快递小哥

虽然说目前仓库的分拣、货物的分类都可以由人工智能来解决,但是在派送这一块还是需要用到我们的快递小哥。目前人工智能的快递还面临很大的挑战,如货物的安全性问题等都饱受质疑等。

——摘自《AI 科技最前沿》

二、智能机器无法替代的工作

虽然人工智能在发展过程中,其应用领域在不断扩大,也代替了很多人的职业,但是还有一些工作是智能机器无法替代人类的。

我们来看看相对于人类而言,目前的智能机器还有哪些欠缺的东西?又有哪些工作是它们无法完成的?

(1) 复杂的、全局的决策性工作,即高层管理的工作。这一类工作需要依靠很多以往的经验,再根据实际情况加以灵活运用,并做出艰难判断。

(2) 直接与人打交道的工作。相较于冰冷而无感情的机器而言,人类直接接触时的温暖与默契是无可替代的。所以像医生、教师、护士等由人提供服务会比较舒心的工作,是不可能被智能机器完全替代的。

(3) 人类无需计算机或者不要接入互联网就可以完成的工作。但是需要从业人员有一些突出的非认知、非计算方面的特长,比如同理心、幽默感、创造力等;他们要么极其善于与他人合作,要么在独立工作时既有创造力又富有成效;他们从事的工作每天很少重复,而且他们的工作方式很难被描述清楚,无法实现自动化。

三、培养你的不被智能机器代替的素质

人工智能时代的到来,智能机器的强大功能和广泛应用会让人们的一些技能和知识毫无用武之地,我们该如何去面对这样的变化呢?积极的应对策略是,发挥人类独有的竞争优势,去学习人工智能完成不了的工作,那么人类到底有哪些能力是无可替代的呢?未来的智能社会,机器具有了超强智能,人类需要具备多元智能。人类需要引导智能机器去开发更具人性化、更有价值、符合人类需求的工作方法。人类只有凭借诸如创造力、同理心、幽默感以及好奇心这些人类独有的特长,才能帮助自己走得更远。

自动化技术和人工智能取代了无数的工作岗位,让我们从繁重、枯燥、乏味、重复的工作中解放出来了,可以释放更多的时间,更加专注于工作的本质。因为更多需要创造力和创新能力的、更加符合人性化的工作并不是智能机器可以胜任的,因此,智能技术的发展会让很多职业衰退的同时,必然也会诞生一些新兴的职业。

小试牛刀

1. 请列举一些你认为将来会被智能机器代替的职业。
2. 请列举一些新兴的职业类型。

14.3 人工智能对人类伦理与道德的挑战

一、人工智能带来的伦理问题

(一)隐私权问题

当人脸识别、语音识别、指纹识别这些人工智能技术的应用给我们带来便捷的同时,是否想过我们的隐私有被泄露的风险?

人工智能技术的基础是数据,人工智能越是"智能",就越需要获取、存储、分析更多的信息数据。可以说,海量信息数据是人工智能迭代升级不可缺少的"食粮"。而这些海量的大数据就包含了大量的个人隐私信息,获取和处理海量信息数据不可避免会涉及个人隐私保护这一重要伦理问题。

一些重视自己隐私权的人呼吁,"让每个人拥有掌控自己数据的权利"。举一个简单的例子,作为消费者的你,在互联网上无意中鼠标点击了一下,就有可能暴露想要购买某件商品的想法,后续便不断收到同类商品的广告宣传,不胜其扰。

2019年6月17日,我国新一代人工智能治理专业委员会发布《新一代人工智能治理原则——发展负责任的人工智能》,要求人工智能发展应尊重和保护个人隐私,充分保障个人的知情权和选择权。人工智能从业人员要树立社会主义核心价值观,加强自律,规范技术应用的标准、流程、方法,最大限度尊重和保护个人隐私。

（二）安全隐患问题

人工智能技术的广泛应用给人类带来了福祉，但是它背后也潜藏着安全隐患，首先是系统是否安全的问题。人工智能技术依赖机器学习，机器学习的基础是海量数据和算法。随着人工智能技术的发展，这些软件越来越复杂，算法对于人工智能的使用者来说也是不透明的，我们无法透过表面去看清它的本质，也无法对它的运行结果做出预见。此外，人工智能技术的发展离不开收集利用大量的数据，数据的安全也是一大挑战。也就是说人工智能技术依赖的两大核心——数据和算法，如果不能保证其安全可靠，人工智能技术的系统一旦运行后很难受到人类的监控，这样势必会产生一系列安全问题。数据安全风险主要来自两方面：一是逆向攻击可导致算法模型内部的数据泄露；二是人工智能技术加强数据挖掘分析能力时会加大隐私泄露风险。脸书公司的数据泄露事件就是典型案例。

算法的安全风险主要包括：算法设计或实施有误，可能产生与预期不符甚至伤害性结果；算法潜藏着偏见和歧视，导致决策结果可能存在不公；算法的黑箱即不透明导致人工智能决策不可解释，引发监督审查困难。此外含有噪声或偏差的训练数据会影响算法模型的准确性，对抗样本的攻击也可诱使算法识别出现误判漏判，产生错误结果。

事实上，已经有很多人工智能技术造成的人类伤害事件，包括机器人袭击工作人员，无人驾驶汽车造成交通事故，等等。我们必须找出方法，使人工智能参与的系统得到有效的监督和审查。2016 年 3 月，美国微软公司 Twitter 上推出了一位清纯可人的少女机器人 Tay。然而，上线不到 24 小时，Tay 就"学坏"了，不但发出"喜欢希特勒，说 911 事件是小布什所为"等不当言论、还脏话连篇，微软只得不停删贴，进行下线调整。

（三）隐性机器歧视问题

我们浏览网页时网站推送的你感兴趣的文章，听音乐时推荐的曲目，上电商平台时映入眼帘的商品是不是你最近正想买的？这些正是基于大数据的人工智能技术给我们带来的便捷之处，但这正是商家可以利用的手段，通过特定算法全方位了解用户偏好和需求，为消费者"量身定制"并"精准推送"。

曾有消费者投诉国内某知名电商平台，自己用不同账号登陆，显示的同样的商品价格却完全不同，这显然存在用户歧视。此外，人工智能技术还被用于对用户的信用进行评估、对应聘者的能力进行评估、对犯罪风险进行评估等活动，把这些评估权利交给了人工智能机器，那么人工智能机器是否真的公平，其中是否存在巨大的公平隐患呢？例如，使用 Northpointe 公司开发的犯罪风险评估算法 COMPAS 时，黑人被错误地评估为具有高犯罪风险的概率是白人的两倍。

知识延伸

道德和伦理

伦理是指在处理人与人、人与社会相互关系时应遵循的道理和准则；是有关人类关系的自然法则。

道德是人们共同生活及其行为的准则和规范。

人工智能发展到最后,技术问题已经不是主要问题,人工智能与人类的关系问题才是我们需要去面对的,这就是人工智能的伦理学和跨人类主义的伦理学问题。

二、如何编制人工智能的道德代码

道德准则受到社会文化、价值观的影响,虽然不同时代、不同国家有所不同,但在保护隐私、公平、安全、问责等方面都有类似的道德准则。"透明、负责"则是所有道德准则的基石。不少著名的科技企业也都在价值理念上有自己的准则,比如谷歌公司的"不作恶"(do not be evil),腾讯公司提出的"科技向善"(Tech for social good),等等。美国的技术巨头——IBM、苹果、Amazon、微软、Facebook以及Google的计算机科学家联合了一个新联盟,名字叫作"造福社会与公众的人工智能合作伙伴关系"。该联盟的目标之一是建立AI领域最佳实践的规范标准。

知识链接

电 车 难 题

我们把电车难题中的道德衡量评判用到无人机驾驶的例子中来。想象一下,2050年的一天,你坐在一辆无人驾驶汽车里悠闲地观看视频,突然间,车子出现了机械故障,刹车失灵了。如果继续行驶,会冲进人行道上的人群;如果这时候拐弯,会撞到路边一个不相干的人,用他一个人的生命来换那些行人的生命;如果这时候车辆拐弯并撞墙,会连你在内人车俱毁,却挽救了其他人的生命。——哪个才是更好的选择?

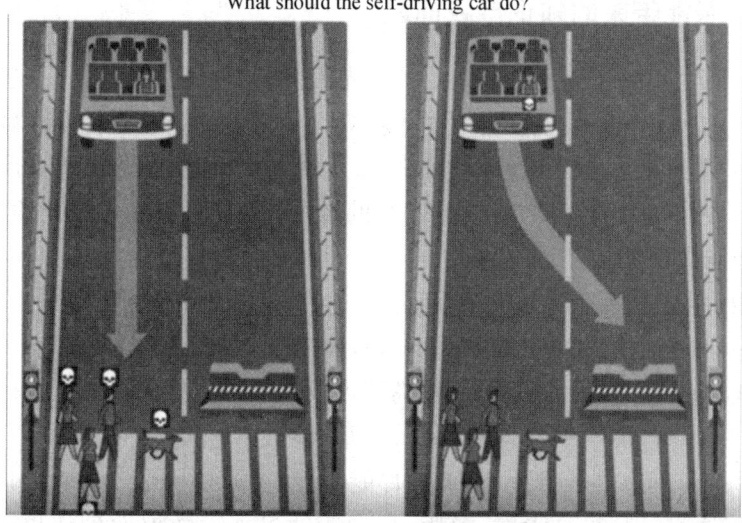

图14-8 无人车的道德评判标准

如何给人工智能体赋予道德准则?有三种观点:第一种是认为机器人没有像人一样

的自由意志,不能成为道德主体,也就是说即使做出伤害人类的事件也无须承担道德责任。第二种观点认为,机器也有心灵,也具有思维,并承认其道德主体的权利资格。第三种观点则认为,机器人不具备道德主体的资格,人类可以通过强制性地嵌入道德程序,让人工智能体符合人类的道德准则,也就是人类承担这机器的"道德监护人"的角色。

小试牛刀

请列举生活中可能存在隐私权被侵犯的现象,并谈谈如何进行自我隐私的保护?

14.4 人工智能带来的法律挑战

一、公民人格权的侵犯问题

人格权是民事主体享有的生命权、身体权、健康权、姓名权、名称权、肖像权、名誉权、荣誉权、隐私权等权利。

由于人工智能的广泛发展应用,很多场合都采用了人脸识别、指纹识别、声音识别等。比如,有的景区为了提高游客的进入效率会采用人脸识别系统,另外语音识别系统也是需要搜集公民的语音信息数据;再比如,网络上会有通过使用名人的声音制作的音频或视频来达到一些效果。无论是人脸、声音,还是指纹,这些都属于公民的个人生物信息,所以就对目前的相关民法提出了新的挑战。个人指纹、声音这些生物信息是否也和公民个人信息一样属于个人隐私归属于公民的人格权,需要得到保护?人工智能技术要健康有序地发展,需要相关法律在这些方面进行规制。

二、人工智能带来的知识产权问题

2017 年,诗人"小冰"发表了一本名为《阳光失去了玻璃窗》的诗集,引起了轰动。造成轰动的原因是,小冰为微软公司开发的一款机器人,而这本诗集是完全由她创作的。微软小冰还化名"夏语冰",在中央美术学院 2019 届研究生毕业作品展上首次展出一组作品《历史的焦虑》;还是这个"小冰"创作了 2020 世界人工智能大会云端峰会的主题曲,并携手其他人工智能共同演唱了这首曲目。

人工智能的生成作品已经越来越多而且形式多样,作为一种智力成果,它和人类的其他创作作品一样需要得到法律的保护。不同的是,谈到人工智能生成物的知识产权保护,不光是要谈其知识产权保护的必要性,还需要涉及人工智能生成物的可版权性及其权利归属问题。

先说知识产权保护的必要性。人工智能生成物虽然为机器人所创作,但却是由人通过设置算法、规则,提高素材、模版,机器人通过深度学习而创作出来的,也是人类劳动的成果,如果不将其纳入知识产权保护范围会打击创作者及投资者的积极性;而且没有知识产权法的保护必然会带来肆意的抄袭和传播,产生大量雷同的作品,不利于行业的发展。

人工智能生成物和其他人类创作作品不同的是,虽然是人提供的可运行算法及可生成表达的素材,但是人类并不直接参与创作,不能决定生成物的最终内容和形式,自然人与人工智能生成物之间的归属关系明显弱化,这也是它给著作权法带来的冲击。

首先,人工智能的生成物是否能称之为作品。具有著作权法上的可版权性,就是一个极具争议的问题。有的说法认为,人工智能的生成物是人类设置一定的算法获得的,并非创作性的智力成果,不能像人类的创造作品一样有独创性。

其次,人工智能作品的著作权的归属问题也是众说纷纭,有的认为归属于人工智能的程序开发者,因为编程者对人工智能生成物付出的劳动比使用者、投资者的更具创造性,权利应当归属于人工智能背后的编程设计者;也有的人认为人工智能的程序开发者已经享有版权,人工智能生成物的归属权应该属于人工智能的使用者或所有者;甚至还有人认为人工智能的生成物归属于机器人,这就涉及机器人是否能成为法律主体的问题。

知识延伸

著作权法所称的作品是指文学、艺术和科学领域内,具有独创性并能以某种有形形式复制的智力创造成果。

三、人工智能侵权责任认定问题

人工智能在汽车行业的典型应用就是无人驾驶,但是近年来,除了无人驾驶领域发生了一些导致严重伤亡的事故外,在其他智能技术运用领域也同样出现了不少伤害事故。英国首例机器人心瓣恢复手术中,机器人把病人的心脏放错位置,并戳穿大动脉,最终导致病人在术后一周死亡。2016年11月,在深圳举办的第十八届中国国际高新技术成果交易会上,一台名为小胖的机器人突然发生故障,在没有指令的前提下自行打砸展台玻璃,砸坏了部分展台,并导致一人受伤。以上都是正常使用人工智能造成的社会伤害,其责任到底如何认定呢?有人认为现阶段的智能机器人仍然属于弱智能机器人,其所有行为都是在人类设置和编制的程序范围内实施的,本质上只是人类处理某一类具体事务的辅助工具,体现的是人的意志而不具备自身的意志,所以要追究人的责任,但是是追究使用者还是研发者的责任呢?

四、智能机器人能否具有法律主体地位

强人工智能和弱人工智能的区别在于是否具有自主的意识和意志。目前的人工智能技术还处于弱人工智能时代,即智能机器人是在设计和编制的程序范围内实施行为,不具有独立的意志,其行为体现的是人类的意志;那么强人工智能时代会不会到来呢?具有自主意识和意志的智能机器人要不要赋予其法律主体地位呢?有人认为,智能机器人如果可以自主决策,符合法律主体"自由意志"的要件,应赋予其主体地位。而且,具有自主意

识和意志的机器人,人类再把它视为工具和电子奴隶,无论在伦理还是感情上都是不能接受的,所以赋予其法律主体地位更恰当。

如果赋予了智能机器人法律主体地位,那么它就拥有了权利,这样就解决了人工智能创造物的知识产权权利分配的难题。作为法律主体,同时也应承担责任,这样也可解决人工智能致害的责任分配问题。在人工智能可以享受权利的情况下,其既可以拥有知识产权权利,也可以拥有其他财产权利以及获得报酬等。因此,在对其他法律主体造成损害的情况下,人工智能可以用其所拥有的财产提供金钱上的救济。

但是一旦赋予人工智能机器人法律主体地位,又会带来哪些不良后果呢?因为智能机器人不是血肉之躯,不会有痛苦,也不知疲倦,没有情感,更不会死亡,赋予它法律主体地位,让它享有和人类同样的权利,人类会不会从而失去主体地位?而对智能机器人的惩罚除了经济上的之外,其他诸如监禁、缓刑、死刑都没有任何意义。

知识延伸

法 律 主 体

法律主体是指活跃在法律之中,享有权利、负有义务和承担责任的人。此处所说的"人"主要是指自然人。在特定情况下,可以将法人等"人和组织"类推为法律主体。

新闻链接

2017年智能机器人"索菲娅"被沙特授予公民资格,是地球上首次将机器人与人放在同等地位的例子,这意味着索菲娅和沙特其他公民一样享有同等的权利与平等。这台由由中国香港的汉森机器人技术公司开发研制的最先进的机器人,集机器人技术、人工智能和艺术创造于一体,索菲亚看起来就像人类女性,拥有橡胶皮肤,能够表现出超过62种面部表情。她还会多国语言,能和人类进行无障碍交流,

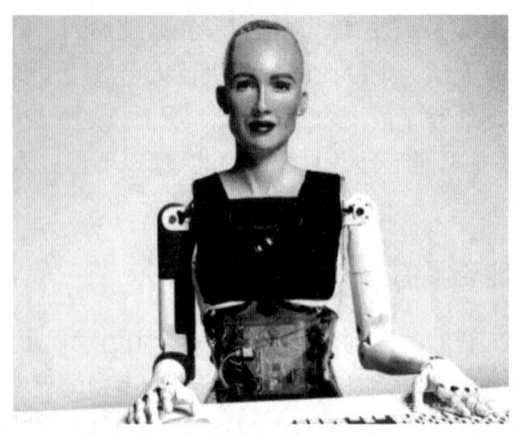

图14-9 机器人"索菲亚"

总而言之,人工智能技术的发展只有短短几十年,却给我们的生活带来了剧变。人类

也许对它的迅猛发展还有些措手不及,尤其是如何通过法律制度来对其进行规制,让它更好地服务于人类,是一个必须面对的挑战。

小试牛刀

结合实例,谈谈人工智能给法制领域会带来哪些方面的挑战。

14.5 未来的人工智能社会

我们如今的日常生活,无论你是否感受到,其实已经是和人工智能息息相关了。虽然目前还处于弱人工智能阶段,强人工智能时代或超强人工智能时代是否到来、什么时候到来等还未可知。但是人工智能技术是不会停止它的发展脚步的。那么 AI 技术高度发达的未来的社会又是什么样的呢?人工智能技术在人类未来的社会生活中将扮演什么样的角色呢?这个问题一直以来都是广受关注的焦点。

一、人工智能给未来的社会带来哪些影响

(一)人工智能将推动人类进入普惠型智能社会

人工智能将提升各行业运转效率,促进人工智能技术与社会各行各业的融合提升(智慧制造、智慧医疗、智慧安防、智慧交通、智慧零售等),营造出高效益、广范围的普惠型智能社会。制造生产流程更加简化,购物体验更加个性化,所有的一切都将根据每个人的情况量身定制,我们的生活因此变得更加自在。越来越多的医疗机构用人工智能诊断疾病,越来越多的汽车制造商开始使用人工智能技术研发无人驾驶汽车,越来越多的普通人开始使用人工智能做出投资、保险等决策。人工智能产品进入消费级市场,成为可购买的智慧服务。AI 整合到医疗保健、智能城市、法律和其他基础服务行业,能够通过简化流程提高效率,而让人们把注意力放在需要重点关注的相关问题上。利用 AI 技术可以改善农业和提高粮食产量,从而解决世界上的饥饿和贫困问题。

图 14-10　智能制造

图 14-11 智慧农业

(二) 改变产业结构,形成新的经济生态

人工智能技术被看成是第四次产业革命,与过去发生的每一次技术革命一样,会有大量旧的工作过时后消失,当然也会出现一些全新的行业。教育会变得越来越重要,自由职业也将成为普通大众的常见选择。有人预测人工智能将彻底取代 IT 工作岗位,但其实人工智能会产生相反的效果。人工智能与人类思维在一起协同工作时,可能会出现一种新型的主动型工作,做这种工作的专业人员有专门的时间将重点放在出谋划策上,专门考虑如何改进产品及推动业务发展。

(三) 基于深度学习的人工智能的认知能力将达到人类专家顾问级别

人工智能具有超强的学习能力,当使用人工智能的人越多,它的数据存储就越多,它就变得越聪明。反过来,人工智能越聪明,愿意使用它的人就越多。这就像人类某个领域的专家顾问一样,其水平很大程度上取决于对服务客户的经验积累,人工智能的经验就是数据以及处理数据的经历。随着使用人工智能专家顾问的人越来越多,未来人工智能有望达到人类专家顾问的水平。

二、未来的人工智能如何挑战人类社会

随着人工智能的不断发展,它将在各个层面挑战着人类社会。

(一) 技术层面

1. 在开发上,如何保证人工智能系统不出错

智能系统造成错误结果,一方面是开发者不正确的目的,另一方面可能是开发者的技术问题或疏忽。无论如何,由于人工智能的发展,深度学习的算法越来越复杂,人无法知道机器的思考过程,也无法判读其数据的正确与否,人工智能就有可能成为教坏的孩子。是否需要一个类似于人工智能安全管理系统的监督系统用于检测风险程序?

2. 在开发应用上如何避免智能产品的单一化

智能机器是人类开发的,智能产品上往往带着设计者的想法的印记。如果开发智能

产品的技术人员过于单一的话，可能很难满足大多数用户的需求。

3. 在产品运用上如何保证易操控

人工智能产品虽然具有强大的能力，但是终端用户不一定具有充分地使用该应用的知识和技能，如何对人工智能的服务群体进行指引和监督，将是一大难题。

总而言之，人工智能系统当然会出错，会出现单一化、难操控、难预测等各种问题，这都需要我们来不断解决和优化，创造一个更加智能的时代。

（二）社会层面

1. 对人的认知的冲击

当人工智能越来越强大，尤其是强人工智能时代甚至超人工智能时代到来时，人们对自身的认知是越来越困惑，因为人和机器的边界越来越模糊，人会越来越物化，而机器越来越像人。

而且人工智能正让人类渐渐失去学习的热情。因为机器越来越聪明，人类还有了被取代的焦虑，也有的人会产生"无力感"，丧失了发展的动力和信心。

2. 对人类社会结构的冲击

人工智能一方面可以为解决贫困与不平等问题提供方案；另一方面也可能因为技术的壁垒将一部分人永久性地排斥在劳动力市场之外，而掌握智能机器的少数人占据垄断地位。

总而言之，人工智能一方面给我们带来极大的便捷与财富，另一方面又给我们带来许多的困惑与焦虑。人工智能的发展是机遇也是挑战，挑战我们的智力和心理，但新时代终究会以不可阻挡的趋势到来。

知识链接

未来人工智能机器人的七大发展趋势

一、语言交流功能越来越完美

智能机器人，既然已经被赋予"人"的特殊称号，那当然需要有比较完美的语言功能，这样就能与人类进行一定的甚至完美的语言交流，所以机器人语言功能的完善是一个非常重要的环节，主要是依赖于其内部存储器内预先储存大量的语音语句和文字词汇语句，其语言的能力取决于数据库内储存语句量的大小以及储存的语言范围。

二、各种动作的完美化

机器人的动作是相对于模仿人类动作来说的，我们知道人类能做的动作是极至多样化的，招手、握手、走、跑、跳等各种手势，都是人类的惯用动作。不过现代智能机器人虽也能模仿人的部分动作，不过相对是有点僵化的感觉，或者动作是比较缓慢的。

三、外形越来越酷似人类

科学家研制越来越高级的智能机器人，是主要以人类自身形体为参照对象的。所以首先需有一个很仿真的人型外表。

四、复原功能越来越强大

凡是人类都会有生老病死,而对于机器人来说,虽无此生物的常规死亡现象,但也有一系列故障发生的时刻,如内部原件故障、线路故障、机械故障、干扰性故障等。这些故障也相当于人类的病理现象。未来智能机器人将具备越来越强大的自行复原功能,对于自身内部零件等运行情况,机器人会随时自行检索一切状况,并做到及时排除。

五、体内能量储存越来越大

智能机器人的一切活动都需要体内持续的能量支持,这就像人类需要吃饭是同一道理,不吃会没力气,会饿死。机器人动力源多数使用电能,供应电能就需要大容量的蓄电池,机器人的电能消耗应该说是较大的。

六、逻辑分析能力越来越强

人类的大部分行为能力是需要借助于逻辑分析,例如思考问题需要非常明确的逻辑推理分析能力,而相对平常化的走路、说话之类看似不需要多想的事,其实也是种简单逻辑。因为走路需要的是平衡性,大脑在根据路况不断地分析判断该怎么走才不至于摔倒,而机器人走路则是要通过复杂的计算来进行。

七、具备越来越多样化的功能

人类制造机器人的目的是为人类服务,所以就会尽可能地把它变成多功能化。

——摘自小白人智媒体

小试牛刀

1. 请比较智能机器与人类的优势和劣势,从而分析未来哪些职业是AI无法替代的?
2. 根据电车难题的启示,谈谈你在设计无人车规避风险时会遵循什么原则?损失最小原则还是利己原则或者其他什么?

思维与操作实训

小组讨论:描绘未来几十年后的人工智能时代的生活场景。

【实训总结】

【教师对实训的评价】

拓展资源

https://zhuanlan.zhihu.com/p/101973336

参考文献

[1] 习近平.高举中国特色社会主义伟大旗帜 为全面建设社会主义现代化国家而团结奋斗:在中国共产党第二十次全国代表大会上的报告[M].北京:人民出版社,2022.

[2]《党的二十大报告学习辅导百问》编写组.党的二十大报告学习辅导百问[M].北京:学习出版社,党建读物出版社,2022.

[3] 周苏,王文.人工智能概论[M].北京:中国铁道出版社,2020.

[4] 王万良,等.人工智能通识教程[M].北京:清华大学出版社,2020.

[5] 张善文,等.图像模式识别[M].西安:西安电子科技大学出版社,2020.

[6] 工控帮教研组.机器视觉原理与案例详解[M].北京:电子工业出版社,2019.

[7] 周志敏,纪爱华.人工智能[M].北京:人民邮电出版社,2017.

[8] 周志华.机器学习[M].北京:清华大学出版社,2016.

[9] 李德毅.人工智能导论[M].北京:中国科学技术出版社,2018.

[10] 史忠植.人工智能[M].北京:机械工业出版社,2016.

[11] 王士同.人工智能教程[M].北京:电子工业出版社,2006.

[12] 尹朝庆,尹晧.人工智能与专家系统[M].北京:中国水利水电出版社,2002.

[13] 陈立潮.知识工程和专家系统[M].北京:高等教育出版社,2013.

[14] 琼斯,帕夫纳.生物信息算法导论[M].王翼飞,译.北京:化学工业出版社,2007.

[15] 潘正君,等.演化计算[M].南宁:广西科学技术出版社,1998.

[16] 陈国良,等.遗传算法及其应用[M].北京:人民邮电出版社,1996.

[17] 林思荣.一本书读懂智能家居[M].北京:清华大学出版社,2019.

[18] 李德毅,等.人工智能导论[M].北京:中国科学技术出版社,2018.

[19] 野村直之.人工智能改变未来:工作方式、产业和社会的变革[M].付天祺,译.北京:东方出版社,2018.

[20] 王作冰.人工智能时代的教育革命[M].北京:北京联合出版有限公司,2017.

[21] 李侃.人工智能:机器学习理论与方法[M].北京:电子工业出版社,2020.

[22] 汤晓鸥.人工智能入门(第四册)[M].北京:商务印书馆,2019.

[23] 吴飞.人工智能导论:模型与算法[M].北京:高等教育出版社,2020.

［24］杨超杰,裴以建,刘朋.改进粒子群算法的三维空间路径规划研究［J］.计算机工程与应用,2019(11).

［25］贾云富,等.蚁群算法及其在路由优化中的应用综述［J］.计算机工程与设计,2009(19).

［26］王玫,朱云龙,何小贤.群体智能研究综述［J］.计算机工程,2005(22).

［27］黄磊.粒子群优化算法综述［J］.机械工程与自动化,2010(5).

［28］吴禄慎,程伟,王晓辉.应用模拟退火粒子群算法优化二维熵图像分割［J］.计算机工程与设计,2019(9).

［29］肖文波,等.人工智能技术的教学讨论:以粒子群算法为例［J］.物理通报,2021(1).

［30］郝晋,石立宝,周家启.求解复杂TSP问题的随机扰动蚁群算法［J］.系统工程理论与实践,2002(9).

［31］何珍梅,徐雪松.人工免疫系统研究综述［J］.华东交通大学学报,2007(4).

［32］黄欣荣.新一代人工智能研究的回顾与展望［J］.新疆师范大学学报(哲学社会科学版),2019,40(4).

［33］廖佚.基于知识图谱的专家系统发展综述［J］.现代情报,2012,32(2).

［34］李聪,王晓光."知识库"概念的扩散与内涵演化［J］.图书情报知识,2012(4).